全国高职高专“十三五”规划教材

计算机一级 MS Office 全真模拟手册

（第二版）

主　编　张建军　李　瑛　王　锋

副主编　赵志茹　刘　涛　郭洪兵　韩耀坤　于慧凝

主　审　赵津考

中国水利水电出版社

www.waterpub.com.cn

·北京·

内 容 提 要

本书为《计算机应用基础情景化教程（Windows 7+Office 2010）》（第二版）的配套用书，同时结合全国计算机等级考试一级 MS Office 的要求编写。通过本书的学习，力求使学生不仅能够具备良好的实践应用能力，也能够很好地适应全国计算机等级考试的要求。

全书共 6 章，按照题目类型分为选择题、基本操作题、文字处理 Word 操作题、电子表格 Excel 操作题、演示文稿制作 PowerPoint 操作题、计算机网络基础操作题，并附有选择题答案与评析以供参考。

本书既可作为高职高专院校“计算机应用基础”课程的教材辅导用书，也可作为计算机等级考试的培训用书。

图书在版编目（CIP）数据

计算机一级MS Office全真模拟手册 / 张建军，李瑛，王锋主编. -- 2版. -- 北京 : 中国水利水电出版社，2018.7（2019.9 重印）
全国高职高专“十三五”规划教材
ISBN 978-7-5170-6580-7

Ⅰ. ①计… Ⅱ. ①张… ②李… ③王… Ⅲ. ①办公自动化－应用软件－高等职业教育－教学参考资料 Ⅳ. ①TP317.1

中国版本图书馆CIP数据核字(2018)第138067号

策划编辑：陈红华　责任编辑：封　裕　加工编辑：王玉梅　封面设计：李　佳

书　名	全国高职高专“十三五”规划教材 计算机一级 MS Office 全真模拟手册（第二版） JISUANJI YIJI MS Office QUANZHEN MONI SHOUCE
作　者	主　编　张建军　李　瑛　王　锋 副主编　赵志茹　刘　涛　郭洪兵　韩耀坤　于慧凝 主　审　赵津考
出版发行	中国水利水电出版社 （北京市海淀区玉渊潭南路 1 号 D 座　100038） 网址：www.waterpub.com.cn E-mail：mchannel@263.net（万水） sales@waterpub.com.cn 电话：（010）68367658（营销中心）、82562819（万水）
经　售	全国各地新华书店和相关出版物销售网点
排　版	北京万水电子信息有限公司
印　刷	三河市鑫金马印装有限公司
规　格	184mm×260mm　16 开本　15.25 印张　382 千字
版　次	2015 年 9 月第 1 版　2015 年 9 月第 1 次印刷 2018 年 7 月第 2 版　2019 年 9 月第 3 次印刷
印　数	7001—8000 册
定　价	31.00 元

本书编委会

主　编　张建军　李　瑛　王　锋

副主编　赵志茹　刘　涛　郭洪兵　韩耀坤　于慧凝

主　审　赵津考

参　编　李世锦　刘　伟　刘际平　李彦玲　王万丽

陆　洲　孙　妍　刘素芬　车鹏飞　曹　琳

赵红伟　王　芳　庞　宇　禹　晨　石芳堂

王宏斌　王慧敏　刘婧婧　温立霞　王慧敏

张英芬　李　军　池明文　方森辉　王　敏

陈　江　刘莉娜　刘泽宇

前　　言

本书为《计算机应用基础情景化教程（Windows 7+Office 2010）》（第二版）的配套用书，同时结合全国计算机等级考试一级 MS Office 的要求编写。通过本书的学习，力求使学生不仅能够具备良好的实践应用能力，也能够很好地适应全国计算机等级考试的要求。

本书共 6 章，按照题目类型分为选择题、基本操作题、文字处理 Word 操作题、电子表格 Excel 操作题、演示文稿制作 PowerPoint 操作题、计算机网络基础操作题，并附有选择题答案与评析以供参考。

本书既可作为高职高专院校“计算机应用基础”课程的教材辅导用书，也可作为计算机等级考试的培训用书。

本书由张建军、李瑛、王锋任主编，赵志茹、刘涛、郭洪兵、韩耀坤、于慧凝任副主编，赵津考担任主审，李世锦、刘伟、刘际平、李彦玲、王万丽、陆洲、孙妍、刘素芬、车鹏飞、曹琳、赵红伟、王芳、庞宇、禹晨、石芳堂、王宏斌、王慧敏、刘婧婧、温立霞、王慧敏、张英芬、李军、池明文、方森辉、王敏、陈江、刘莉娜、刘泽宇也参与了本书部分内容的编写。

由于时间仓促，书中难免有疏漏之处，敬请读者指正批评。

编　者

2018 年 4 月

目　　录

第 1 章　选择题

第 1 套题

1．下列关于计算机病毒的叙述中，错误的是______。
   A．计算机病毒具有潜伏性
   B．计算机病毒具有传染性
   C．感染过计算机病毒的计算机具有对该病毒的免疫性
   D．计算机病毒是一个特殊的寄生程序
2．把用高级程序设计语言编写的程序转换成等价的可执行程序，必须经过______。
   A．汇编和解释　　B．编辑和链接　　C．编译和链接　　D．解释和编译
3．以下关于电子邮件的说法，不正确的是______。
   A．电子邮件的英文简称是 E-mail
   B．加入因特网的每个用户通过申请都可以得到一个“电子信箱”
   C．在一台计算机上申请的“电子信箱”，以后只有通过这台计算机上网才能收信
   D．一个人可以申请多个电子信箱
4．下列叙述中，错误的是______。
   A．把数据从内存传输到硬盘的操作称为写盘
   B．Windows 属于应用软件
   C．把高级语言编写的程序转换为机器语言的目标程序的过程叫编译
   D．计算机内部对数据的传输、存储和处理都使用二进制
5．计算机安全是指计算机资产安全，即______。
   A．计算机信息系统资源不受自然有害因素的威胁和危害
   B．信息资源不受自然和人为有害因素的威胁和危害
   C．计算机硬件系统不受人为有害因素的威胁和危害
   D．计算机信息系统资源和信息资源不受自然和人为有害因素的威胁和危害
6．一个完整的计算机系统的组成部分的确切提法应该是______。
   A．计算机主机、键盘、显示器和软件
   B．计算机硬件和应用软件
   C．计算机硬件和系统软件
   D．计算机硬件和软件
7．域名 MH.BIT.EDU.CN 中主机名是______。
   A．MH　　B．EDU　　C．CN　　D．BIT
8．组成计算机指令的两部分是______。
   A．数据和字符　　B．操作码和地址码
   C．运算符和运算数　　D．运算符和运算结果

9．构成 CPU 的主要部件是______。

A．内存和控制器　　B．内存和运算器

C．控制器和运算器　　D．内存、控制器和运算器

10．在微机中，西文字符所采用的编码是______。

A．EBCDIC 码　　B．ASCII 码　　C．国标码　　D．BCD 码

11．世界上公认的第一台电子计算机诞生的年代是______。

A．20 世纪 30 年代　　B．20 世纪 40 年代

C．20 世纪 80 年代　　D．20 世纪 90 年代

12．能直接与 CPU 交换信息的存储器是______。

A．硬盘存储器　　B．CD-ROM　　C．内存储器　　D．U 盘存储器

13．编译程序的最终目标是______。

A．发现源程序中的语法错误

B．改正源程序中的语法错误

C．将源程序编译成目标程序

D．将某一高级语言程序翻译成另一高级语言程序

14．计算机网络分为局域网、城域网和广域网，下列属于局域网的是______。

A．ChinaDDN 网　　B．Novell 网

C．ChinaNET 网　　D．Internet

15．运算器的完整功能是进行______。

A．逻辑运算　　B．算术运算和逻辑运算

C．算术运算　　D．逻辑运算和微积分运算

16．Modem 是计算机通过电话线接入 Internet 时所必需的硬件，它的功能是______。

A．只将数字信号转换为模拟信号　　B．只将模拟信号转换为数字信号

C．为了在上网的同时能打电话　　D．将模拟信号和数字信号互相转换

17．下列各组软件中，全部属于应用软件的是______。

A．程序语言处理程序、数据库管理系统、财务处理软件

B．文字处理程序、编辑程序、UNIX 操作系统

C．管理信息系统、办公自动化系统、电子商务软件

D．Word 2010、WindowsXP、指挥信息系统

18．汉字的区位码由汉字的区号和位号组成。区号和位号的范围各为______。

A．区号 1～95 位号 1～95　　B．区号 1～94 位号 1～94

C．区号 0～94 位号 0～94　　D．区号 0～95 位号 0～95

19．20GB 的硬盘表示容量约为______。

A．20 亿个字节　　B．20 亿个二进制位

C．200 亿个字节　　D．200 亿个二进制位

20．在微机的配置中常看到“P4 2.4G”字样，其中数字“2.4G”表示______。

A．处理器的时钟频率是 2.4GHz　　B．处理器的运算速度是 2.4GIPS

C．处理器是 Pentium4 第 2.4 代　　D．处理器与内存间的数据交换速率是 2.4GB/S

第 2 套题

1．下列设备组中，完全属于计算机输出设备的一组是______。

A．喷墨打印机，显示器，键盘　　B．激光打印机，键盘，鼠标

C．键盘，鼠标，扫描仪　　D．打印机，绘图仪，显示器

2．以太网的拓扑结构是______。

A．星型　　B．总线型　　C．环型　　D．树型

3．上网需要在计算机上安装______。

A．数据库管理软件　　B．视频播放软件

C．浏览器软件　　D．网络游戏软件

4．在计算机指令中，规定其所执行操作功能的部分称为______。

A．地址码　　B．源操作数　　C．操作数　　D．操作码

5．下列关于计算机病毒的叙述中，正确的是______。

A．反病毒软件可以查、杀任何种类的病毒

B．计算机病毒发作后，将对计算机硬件造成永久性的物理损坏

C．反病毒软件必须随着新病毒的出现而升级，增强查、杀病毒的功能

D．感染过计算机病毒的计算机可以免疫

6．下列叙述中，错误的是______。

A．计算机系统由硬件系统和软件系统组成

B．计算机软件由各类应用软件组成

C．CPU 主要由运算器和控制器组成

D．计算机主机由 CPU 和内存储器组成

7．计算机网络最突出的优点是______。

A．资源共享和快速传输信息　　B．高精度计算和收发邮件

C．运算速度快和快速传输信息　　D．存储容量大和高精度

8．五笔字型汉字输入法的编码属于______。

A．音码　　B．形声码　　C．区位码　　D．形码

9．度量计算机运算速度常用的单位是______。

A．MIPS　　B．MHz　　C．MB/s　　D．Mbps

10．如果在一个非零无符号二进制整数之后添加一个 0，则此数的值为原数的______。

A．10 倍　　B．2 倍　　C．1/2　　D．1/10

11．造成计算机中存储数据丢失的原因主要是______。

A．病毒侵蚀、人为窃取　　B．计算机电磁辐射

C．计算机存储器硬件损坏　　D．以上全部

12．计算机操作系统的主要功能是______。

A．管理计算机系统的软硬件资源，以充分发挥计算机资源的效率，并为其他软件提供良好的运行环境

B．把高级程序设计语言和汇编语言编写的程序翻译成计算机硬件可以直接执行的目标程序，为用户提供良好的软件开发环境

C．对各类计算机文件进行有效的管理，并提交计算机硬件高效处理

D．使用户可以方便地操作和使用计算机

13．蠕虫病毒属于______。

A．宏病毒　B．网络病毒　C．混合型病毒　D．文件型病毒

14．控制器的功能是______。

A．指挥、协调计算机各相关硬件工作

B．指挥、协调计算机各相关软件工作

C．指挥、协调计算机各相关硬件和软件工作

D．控制数据的输入和输出

15．现代微型计算机中所采用的电子器件是______。

A．电子管　B．晶体管

C．小规模集成电路　D．大规模和超大规模集成电路

16．ROM 中的信息是______。

A．由计算机制造厂预先写入的

B．在系统安装时写入的

C．根据用户的需求，由用户随时写入的

D．由程序临时存入的

17．用高级程序设计语言编写的程序______。

A．计算机能直接执行　B．具有良好的可读性和可移植性

C．执行效率高　D．依赖于具体机器

18．计算机软件的确切含义是______。

A．计算机程序、数据与相应文档的总称

B．系统软件与应用软件的总和

C．操作系统、数据库管理软件与应用软件的总和

D．各类应用软件的总称

19．在下列字符中，其 ASCII 码值最小的一个是______。

A．空格字符　B．0　C．A　D．a

第 3 套题

1．当电源关闭后，下列关于存储器的说法中，正确的是______。

A．存储在 RAM 中的数据不会丢失　B．存储在 ROM 中的数据不会丢失

C．存储在 U 盘中的数据会全部丢失　D．存储在硬盘中的数据会丢失

2．显示或打印汉字时，系统使用的是汉字的______。

A．机内码　B．字形码　C．输入码　D．国标交换码

3．计算机网络中常用的有线传输介质有______。

A．双绞线，红外线，同轴电缆　B．激光，光纤，同轴电缆

C．双绞线，光纤，同轴电缆　D．光纤，同轴电缆，微波

4．下列选项属于“计算机安全设置”的是______。

A．定期备份重要数据　B．不下载来路不明的软件及程序

C．停掉 Guest 账号　　D．安装杀（防）毒软件

5．计算机的系统总线是计算机各部件间传递信息的公共通道，它分________。

A．数据总线和控制总线　　B．地址总线和数据总线

C．数据总线、控制总线和地址总线　　D．地址总线和控制总线

6．在计算机中，组成一个字节的二进制位位数是______。

A．1　　B．2　　C．4　　D．8

7．拥有计算机并以拨号方式接入 Internet 的用户需要使用______。

A．CD-ROM　　B．鼠标　　C．U 盘　　D．Modem

8．下列设备组中，完全属于外部设备的一组是______。

A．CD-ROM 驱动器，CPU，键盘，显示器

B．激光打印机，键盘，CD-ROM 驱动器，鼠标

C．内存储器，CD-ROM 驱动器，扫描仪，显示器

D．打印机，CPU，内存储器，硬盘

9．计算机网络的主要目标是实现______。

A．数据处理和网络游戏　　B．文献检索和网上聊天

C．快速通信和资源共享　　D．共享文件和收发邮件

10．如果删除一个非零无符号二进制数尾部的 2 个 0，则此数的值为原数______。

A．4 倍　　B．2 倍　　C．1/2　　D．1/4

11．计算机指令由两部分组成，它们是______。

A．运算符和运算数　　B．操作数和结果

C．操作码和操作数　　D．数据和字符

12．下列关于计算机病毒的叙述中，正确的是______。

A．反病毒软件可以查、杀任何种类的病毒

B．计算机病毒是一种被破坏了的程序

C．反病毒软件必须随着新病毒的出现而升级，提高查、杀病毒的功能

D．感染过计算机病毒的计算机具有对该病毒的免疫性

13．计算机系统软件中最核心的是______。

A．程序语言处理系统　　B．操作系统

C．数据库管理系统　　D．诊断程序

14．下列关于 ASCII 编码的叙述中，正确的是______。

A．一个字符的标准 ASCII 码占一个字节，其最高二进制位总为 1

B．所有大写英文字母的 ASCII 码值都小于小写英文字母的 ASCII 码值

C．所有大写英文字母的 ASCII 码值都大于小写英文字母的 ASCII 码值

D．标准 ASCII 码表有 256 个不同的字符编码

15．以下名称是手机中的常用软件，属于系统软件的是______。

A．手机 QQ　　B．Android　　C．Skype　　D．微信

16．计算机的技术性能指标主要是指______。

A．计算机所配备的程序设计语言、操作系统、外部设备

B．计算机的可靠性、可维护性和可用性

C．显示器的分辨率、打印机的性能等配置

D．字长、主频、运算速度、内/外存容量

17．世界上公认的第一台电子计算机诞生在______。

A．中国 B．美国 C．英国 D．日本

18．正确的 IP 地址是______。

A．202.112.111.1 B．202.2.2.2.2

C．202.202.1 D．202.257.14.13

19．下列软件中，属于系统软件的是______。

A．办公自动化软件 B．Windows XP

C．管理信息系统 D．指挥信息系统

第 4 套题

1．有一域名为 bit.edu.cn，根据域名代码的规定，此域名表示______。

A．教育机构 B．商业组织

C．军事部门 D．政府机关

2．计算机硬件能直接识别、执行的语言是______。

A．汇编语言 B．机器语言

C．高级程序语言 D．C++语言

3．在数制的转换中，下列叙述中正确的一条是______。

A．对于相同的十进制正整数，随着基数 R 的增大，转换结果的位数小于或等于原数据的位数

B．对于相同的十进制正整数，随着基数 R 的增大，转换结果的位数大于或等于原数据的位数

C．不同数制的数字符是各不相同的，没有一个数字符是一样的

D．对于同一个整数值，二进制数表示的位数一定大于十进制数的位数

4．以拨号方式接入 Internet 可______。

A．提高可靠性 B．提高计算机的存储容量

C．运算速度快 D．实现资源共享和快速通信

5．假设某台式计算机的内存储器容量为 1GB，硬盘容量为 1TB。硬盘容量是内存容量的______。

A．40 倍 B．60 倍 C．80 倍 D．100 倍

6．计算机系统软件中，最基本、最核心的软件是______。

A．操作系统 B．数据库管理系统

C．程序语言处理系统 D．系统维护工具

7．计算机感染病毒的可能途径之一是______。

A．从键盘上输入数据

B．随意运行外来的、未经防病毒软件严格审查的软盘上的软件

C．所使用的软盘表面不清洁

D．电源不稳定

8．1946 年首台电子数字计算机 ENIAC 问世后，冯·诺伊曼（Von Neumann）在研制 EDVAC 计算机时，提出两个重要的改进，它们是______。

A．采用二进制和存储程序控制的概念

B．引入 CPU 和内存储器的概念

C．采用机器语言和十六进制

D．采用 ASCII 编码系统

9．CPU 主要技术性能指标有______。

A．字长、主频和运算速度　　B．可靠性和精度

C．耗电量和效率　　D．冷却效率

10．下列叙述中，正确的是______。

A．内存中存放的只有程序代码

B．内存中存放的只有数据

C．内存中存放的既有程序代码又有数据

D．外存中存放的是当前正在执行的程序代码和所需的数据

11．世界上第一台计算机是 1946 年美国研制成功的，该计算机的英文缩写名为______。

A．MARK-II　　B．ENIAC　　C．EDSAC　　D．EDVAC

12．计算机指令主要存放在______。

A．CPU　　B．内存　　C．硬盘　　D．键盘

13．用“综合业务数字网”（又称“一线通”）接入因特网的优点是上网通话两不误，它的英文缩写是______。

A．ADSL　　B．ISDN　　C．ISP　　D．TCP

14．已知英文字母 m 的 ASCII 码值为 6DH，那么 ASCII 码值为 71H 的英文字母是______。

A．M　　B．j　　C．P　　D．q

15．下列设备组中，完全属于输入设备的一组是______。

A．CD-ROM 驱动器，键盘，显示器

B．绘图仪，键盘，鼠标

C．键盘，鼠标，扫描仪

D．打印机，硬盘，条码阅读器

16．十进制整数 127 转换为二进制整数等于______。

A．1010000　　B．0001000　　C．1111111　　D．1011000

17．防火墙是指______。

A．一个特定软件　　B．一个特定硬件

C．执行访问控制策略的一组系统　　D．一批硬件的总称

18．能保存网页地址的文件夹是______。

A．收件箱　　B．公文包

C．我的文档　　D．收藏夹

19．下列软件中，属于系统软件的是______。

A．航天信息系统　　B．Office 2003

C．Windows Vista　　D．决策支持系统

20．若已知一汉字的国标码是 5E38H，则其内码是______。

A．DEB8H　　B．DE38H　　C．5EB8H　　D．7E58H

第 5 套题

1．若网络的各个结点通过中继器连接成一个闭合环路，则称这种拓扑结构为______。

A．总线型拓扑　　B．星型拓扑　　C．树型拓扑　　D．环型拓扑

2．在以下：①字处理软件，②Linux，③UNIX，④学籍管理系统，⑤Windows XP 和⑥Office 2003 等六个软件中，属于系统软件的有______。

A．①②③　　B．②③⑤

C．①②③⑤　　D．全部都不是

3．计算机操作系统通常具有的五大功能是______。

A．CPU 管理、显示器管理、键盘管理、打印机管理和鼠标管理

B．硬盘管理、U 盘管理、CPU 管理、显示器管理和键盘管理

C．处理器（CPU）管理、存储管理、文件管理、设备管理和作业管理

D．启动、打印、显示、文件存取和关机

4．按电子计算机传统的分代方法，第一代至第四代计算机依次是______。

A．机械计算机，电子管计算机，晶体管计算机，集成电路计算机

B．晶体管计算机，集成电路计算机，大规模集成电路计算机，光器件计算机

C．电子管计算机，晶体管计算机，小、中规模集成电路计算机，大规模和超大规模集成电路计算机

D．手摇机械计算机，电动机械计算机，电子管计算机，晶体管计算机

5．计算机网络中数据传输速率的单位是 bps，其含义是______。

A．字节/秒　　B．字/秒　　C．字段/秒　　D．二进制位/秒

6．假设某台式计算机的内存储器容量为 16GB，硬盘容量为 2TB。硬盘的容量是内存容量的______。

A．200 倍　　B．160 倍　　C．120 倍　　D．100 倍

7．下列叙述中，正确的是______。

A．CPU 能直接读取硬盘上的数据

B．CPU 能直接存取内存储器上的数据

C．CPU 由存储器、运算器和控制器组成

D．CPU 主要用来存储程序和数据

8．下列叙述中，正确的是______。

A．计算机病毒只在可执行文件中传染，不执行的文件不会传染

B．计算机病毒主要通过读/写移动存储器或 Internet 进行传播

C．只要删除所有感染了病毒的文件就可以彻底消除病毒

D．计算机杀病毒软件可以查出和清除任意已知的和未知的计算机病毒

9．在微机的硬件设备中，有一种设备在程序设计中既可以当作输出设备，又可以当作输入设备，这种设备是 ______。

A．绘图仪　　B．网络摄像头　　C．手写笔　　D．磁盘驱动器

10．在 ASCII 码表中，根据码值由小到大的排列顺序是______。
A．空格字符、数字符、大写英文字母、小写英文字母
B．数字符、空格字符、大写英文字母、小写英文字母
C．空格字符、数字符、小写英文字母、大写英文字母
D．数字符、大写英文字母、小写英文字母、空格字符

11．一个完整的计算机系统应该包括______。
A．主机、键盘和显示器　B．硬件系统和软件系统
C．主机和它的外部设备　D．系统软件和应用软件

12．在计算机中，每个存储单元都有一个连续的编号，此编号称为______。
A．地址　B．位置号　C．门牌号　D．房号

13．一般而言，Internet 环境中的防火墙建立在______。
A．每个子网的内部　B．内部子网之间
C．内部网络与外部网络的交叉点　D．以上 3 个都不对

14．下列各选项中，不属于 Internet 应用的是______。
A．新闻组　B．远程登录　C．网络协议　D．搜索引擎

15．下列计算机程序设计语言中，不属于高级程序设计语言的是______。
A．Basic 语言　B．C 语言　C．FORTAN 语言　D．汇编语言

16．字长是 CPU 的主要性能指标之一，它表示______。
A．CPU 一次能处理二进制数据的位数
B．CPU 最长的十进制整数的位数
C．CPU 最大的有效数字位数
D．CPU 计算结果的有效数字长度

17．十进制数 18 转换成二进制数是______。
A．010101　B．101000　C．010010　D．001010

18．下列关于指令系统的描述，正确的是______。
A．指令由操作码和控制码两部分组成
B．指令的地址码部分可能是操作数，也可能是操作数的内存单元地址
C．指令的地址码部分是不可缺少的
D．指令的操作码部分描述了完成指令所需要的操作数类型

19．若要将计算机与局域网连接，至少需要具有的硬件是 ______。
A．集线器　B．网关　C．网卡　D．路由器

20．以下关于编译程序的说法正确的是______。
A．编译程序直接生成可执行文件　B．编译程序直接执行源程序
C．编译程序完成高级语言程序到低级语言程序的等价翻译
D．各种编译程序构造都比较复杂，所以执行效率高

第 6 套题

1．CPU 的指令系统又称为______。
A．汇编语言　B．机器语言　C．程序设计语言　D．符号语言

2．为实现以 ADSL 方式接入 Internet，至少需要在计算机中内置或外置的一个关键硬件设备是______。

A．网卡　　B．集线器

C．服务器　　D．调制解调器（Modem）

3．关于世界上第一台电子计算机 ENIAC 的叙述中，错误的是______。

A．ENIAC 是 1946 年在美国诞生的

B．它主要采用电子管和继电器

C．它是首次采用存储程序和程序控制自动工作的电子计算机

D．研制它的主要目的是用来计算弹道

4．用来控制、指挥和协调计算机各部件工作的是______。

A．运算器　　B．鼠标　　C．控制器　　D．存储器

5．在下列字符中，其 ASCII 码值最小的一个是______。

A．9　　B．p　　C．Z　　D．a

6．假设邮件服务器的地址是 email.bj163.com，则用户的正确的电子邮箱地址的格式是______。

A．用户名#email.bj163.com　　B．用户名@email.bj163.com

C．用户名&email.bj163.com　　D．用户名$email.bj163.com

7．十进制整数 64 转换为二进制整数等于______。

A．1100000　　B．1000000　　C．1000100　　D．1000010

8．操作系统的主要功能是______。

A．对用户的数据文件进行管理，为用户管理文件提供方便

B．对计算机的所有资源进行统一控制和管理，为用户使用计算机提供方便

C．对源程序进行编译和运行

D．对汇编语言程序进行翻译

9．已知三个字符为：a、X 和 5，按它们的 ASCII 码值升序排序，结果是______。

A．5，a，X　　B．a，5，X

C．X，a，5　　D．5，X，a

10．防火墙用于将 Internet 和内部网络隔离，因此它是______。

A．防止 Internet 火灾的硬件设施

B．抗电磁干扰的硬件设施

C．保护网线不受破坏的软件和硬件设施

D．保护网络安全和信息安全的软件和硬件设施

11．在因特网技术中，缩写 ISP 的中文全名是______。

A．因特网服务提供商　　B．因特网服务产品

C．因特网服务协议　　D．因特网服务程序

12．计算机病毒是指能够侵入计算机系统并在计算机系统中潜伏、传播，破坏系统正常工作的一种具有繁殖能力的______。

A．流行性感冒病毒　　B．特殊小程序

C．特殊微生物　　D．源程序

13．随机存取存储器（RAM）的最大特点是______。
A．存储量极大，属于海量存储器
B．存储在其中的信息可以永久保存
C．一旦断电，存储在其上的信息将全部消失，且无法恢复
D．在计算机中，只是用来存储数据的
14．组成一个完整的计算机系统应该包括______。
A．主机、鼠标、键盘和显示器
B．系统软件和应用软件
C．主机、显示器、键盘和音箱等外部设备
D．硬件系统和软件系统
15．以下程序设计语言是低级语言的是______。
A．FORTRAN 语言　　B．Java 语言
C．Visual Basic 语言　　D．80X86 汇编语言
16．计算机网络最突出的优点是______。
A．精度高　　B．运算速度快　　C．容量大　　D．共享资源
17．计算机网络常用的传输介质中传输速率最快的是______。
A．双绞线　　B．光纤　　C．同轴电缆　　D．电话线
18．办公自动化（OA）按计算机应用的分类，属于________。
A．科学计算　　B．辅助设计　　C．实时控制　　D．信息处理
19．把用高级程序设计语言编写的源程序翻译成目标程序（.OBJ）的程序称为______。
A．汇编程序　　B．编辑程序　　C．编译程序　　D．解释程序
20．下列不是度量存储器容量的单位是______。
A．KB　　B．MB　　C．GHz　　D．GB

第 7 套题

1．DVD-ROM 属于______。
A．大容量可读可写外存储器　　B．大容量只读外存储器
C．CPU 可直接存取的存储器　　D．只读内存储器
2．HTTP 是______。
A．网址　　B．域名　　C．高级语言　　D．超文本传输协议
3．操作系统中的文件管理系统为用户提供的功能是______。
A．按文件作者存取文件　　B．按文件名管理文件
C．按文件创建日期存取文件　　D．按文件大小存取文件
4．下列各存储器中，存取速度最快的一种是______。
A．RAM　　B．光盘　　C．U 盘　　D．硬盘
5．汇编语言是一种______。
A．依赖于计算机的低级程序设计语言
B．计算机能直接执行的程序设计语言
C．独立于计算机的高级程序设计语言

D．执行效率较低的程序设计语言

6．下列度量单位中，用来度量CPU时钟主频的是______。

A．MB/s B．MIPS C．GHz D．MB

7．操作系统是计算机软件系统中______。

A．最常用的应用软件 B．最核心的系统软件

C．最通用的专用软件 D．最流行的通用软件

8．1KB的准确数值是______。

A．1024Bytes B．1000Bytes C．1024bits D．1000bits

9．下列不属于计算机特点的是______。

A．存储程序控制，工作自动化 B．具有逻辑推理和判断能力

C．处理速度快、存储量大 D．不可靠、故障率高

10．在外部设备中，扫描仪属于______。

A．输出设备 B．存储设备 C．输入设备 D．特殊设备

11．计算机之所以能按人们的意图自动进行工作，最直接的原因是因为采用了______。

A．二进制 B．高速电子元件 C．程序设计语言 D．存储程序控制

12．CPU的中文名称是______。

A．控制器 B．不间断电源

C．算术逻辑部件 D．中央处理器

13．TCP协议的主要功能是______。

A．进行数据分组 B．确保数据的可靠传输

C．确定数据传输路径 D．提高数据传输速度

14．下列叙述中，正确的是______。

A．计算机病毒是由于光盘表面不清洁而造成的

B．计算机病毒主要通过读写移动存储器或Internet进行传播

C．只要把带病毒的U盘设置成只读状态，那么此盘上的病毒就不会因读盘而传染给另一台计算机

D．计算机病毒发作后，将造成计算机硬件永久性的物理损坏

15．下列各项中，正确的电子邮箱地址是______。

A．L202@sina.com B．TT202#yahoo.com

C．A112.256.23.8 D．K201&yahoo.com.cn

16．在下列字符中，其ASCII码值最大的一个是______。

A．9 B．Q C．d D．F

17．为了防止信息被别人窃取，可以设置开机密码，下列密码设置最安全的是______。

A．12345678 B．nd@YZ@g1 C．NDYZ D．Yingzhong

18．面向对象的程序设计语言是一种______。

A．依赖于计算机的低级程序设计语言

B．计算机能直接执行的程序设计语言

C．可移植性较好的高级程序设计语言

D．执行效率较高的程序设计语言

19．十进制数 29 转换成无符号二进制数等于______。

A．11111　B．11101　C．11001　D．11011

20．Internet 中不同网络和不同计算机之间相互通信的协议是______。

A．ATM　B．TCP/IP　C．Novell　D．X.25

第 8 套题

1．通常打印质量最好的打印机是______。

A．针式打印机　B．点阵打印机
C．喷墨打印机　D．激光打印机

2．对声音波形采样时，采样频率越高，声音文件的数据量______。

A．越小　B．越大
C．不变　D．无法确定

3．微机上广泛使用的 Windows 是______。

A．多任务操作系统　B．单任务操作系统
C．实时操作系统　D．批处理操作系统

4．传播计算机病毒的一大可能途径是______。

A．通过键盘输入数据时传入　B．通过电源线传播
C．通过使用表面不清洁的光盘　D．通过 Internet 传播

5．组成计算机系统的两大部分是______。

A．硬件系统和软件系统　B．主机和外部设备
C．系统软件和应用软件　D．输入设备和输出设备

6．下列各存储器中，存取速度最快的一种是______。

A．U 盘　B．内存储器　C．光盘　D．固定硬盘

7．把内存中数据传送到计算机硬盘上去的操作称为______。

A．显示　B．写盘　C．输入　D．读盘

8．局域网硬件中主要包括工作站、网络适配器、传输介质和______。

A．Modem　B．交换机　C．打印机　D．中继站

9．在标准 ASCII 码表中，已知英文字母 D 的 ASCII 码是 68，则英文字母 A 的 ASCII 码是______。

A．64　B．65　C．96　D．97

10．影响一台计算机性能的关键部件是______。

A．CD-ROM　B．硬盘　C．CPU　D．显示器

11．因特网中 IP 地址用四组十进制数表示，每组数字的取值范围是______。

A．0～127　B．0～128　C．0～255　D．0～256

12．下列各组软件中，全部属于应用软件的是______。

A．视频播放系统、操作系统
B．军事指挥程序、数据库管理系统
C．导弹飞行控制系统、军事信息系统
D．航天信息系统、语言处理程序

13．电子计算机最早的应用领域是______。
A．数据处理 B．科学计算 C．工业控制 D．文字处理
14．十进制数 32 转换成无符号二进制整数是______。
A．100000 B．100100 C．100010 D．101000
15．计算机网络的目标是实现______。
A．数据处理和网上聊天 B．文献检索和收发邮件
C．资源共享和信息传输 D．信息传输和网络游戏
16．解释程序的功能是______。
A．解释执行汇编语言程序 B．解释执行高级语言程序
C．将汇编语言程序解释成目标程序 D．将高级语言程序解释成目标程序
17．Pentium（奔腾）微机的字长是______。
A．8 位 B．16 位 C．32 位 D．64 位
18．存储一个 48×48 点阵的汉字字形码需要的字节数是______。
A．384 B．144 C．256 D．288
19．Internet 最初创建时的应用领域是______。
A．经济 B．军事 C．教育 D．外交
20．面向对象的程序设计语言是______。
A．汇编语言 B．机器语言 C．高级程序语言 D．形式语言

第 9 套题

1．能够利用无线移动网络上网的是______。
A．内置无线网卡的笔记本电脑 B．部分具有上网功能的手机
C．部分具有上网功能的平板电脑 D．以上全部
2．实现音频信号数字化最核心的硬件电路是______。
A．A/D 转换器 B．D/A 转换器
C．数字编码器 D．数字解码器
3．存储 1024 个 24×24 点阵的汉字字形码需要的字节数是______。
A．720B B．72KB C．7000B D．7200B
4．下列各软件中，不是系统软件的是______。
A．操作系统 B．语言处理系统
C．指挥信息系统 D．数据库管理系统
5．Windows 是计算机系统中的______。
A．主要硬件 B．系统软件 C．工具软件 D．应用软件
6．计算机技术中，下列的英文缩写和中文名字的对照中，正确的是______。
A．CAD——计算机辅助制造 B．CAM——计算机辅助教育
C．CIMS——计算机集成制造系统 D．CAI——计算机辅助设计
7．下列叙述中，错误的是______。
A．内存储器一般由 ROM 和 RAM 组成
B．RAM 中存储的数据一旦断电就全部丢失

C．CPU 不能访问内存储器

D．存储在 ROM 中的数据断电后也不会丢失

8．在计算机内部用来传送、存储、加工处理的数据或指令所采用的形式是______。

A．十进制码　　B．二进制码　　C．八进制码　　D．十六进制码

9．英文缩写 ROM 的中文译名是______。

A．高速缓冲存储器　　B．只读存储器

C．随机存取存储器　　D．优盘

10．通常网络用户使用的电子邮箱建在______。

A．用户的计算机上　　B．发件人的计算机上

C．ISP 的邮件服务器上　　D．收件人的计算机上

11．在下列设备中，不能作为微机输出设备的是______。

A．鼠标　　B．打印机

C．显示器　　D．绘图仪

12．操作系统对磁盘进行读/写操作的物理单位是______。

A．磁道　　B．字节

C．扇区　　D．文件

13．下列说法正确的是______。

A．CPU 可直接处理外存上的信息

B．计算机可以直接执行高级语言编写的程序

C．计算机可以直接执行机器语言编写的程序

D．系统软件是买来的软件，应用软件是自己编写的软件

14．当计算机病毒发作时，主要造成的破坏是______。

A．对磁盘片的物理损坏

B．对磁盘驱动器的损坏

C．对 CPU 的损坏

D．对存储在硬盘上的程序、数据甚至系统的破坏

15．与高级语言相比，汇编语言编写的程序通常______。

A．执行效率更高　　B．更短

C．可读性更好　　D．移植性更好

16．一个字符的标准 ASCII 码的长度是______。

A．7 bits　　B．8 bits　　C．16 bits　　D．6 bits

17．设任意一个十进制整数为 D，转换成二进制数为 B。根据数制的概念，下列叙述中正确的是______。

A．数字 B 的位数<数字 D 的位数　　B．数字 B 的位数≤数字 D 的位数

C．数字 B 的位数≥数字 D 的位数　　D．数字 B 的位数>数字 D 的位数

18．域名 ABC.XYZ.COM.CN 中主机名是______。

A．ABC　　B．XYZ　　C．COM　　D．CN

19．微机的销售广告中“P4 2.4G/256M/80G”中的 2.4G 是表示______。

A．CPU 的运算速度为 2.4GIPS　　B．CPU 为 Pentium 4 的 2.4 代

C．CPU 的时钟主频为 2.4GHz　　D．CPU 与内存间的数据交换速率是 2.4Gbps

20．Internet 实现了分布在世界各地的各类网络的互联，其最基础和核心的协议是______。

A．HTTP　　B．FTP

C．HTML　　D．TCP/IP

第 10 套题

1．调制解调器（Modem）的主要功能是______。

A．模拟信号的放大　　B．数字信号的放大

C．数字信号的编码　　D．模拟信号与数字信号之间的相互转换

2．写邮件时，除了发件人地址之外，另一项必须要填写的是______。

A．信件内容　　B．收件人地址　　C．主题　　D．抄送

3．用来存储当前正在运行的应用程序和其相应数据的存储器是______。

A．RAM　　B．硬盘　　C．ROM　　D．CD-ROM

4．为了提高软件开发效率，开发软件时应尽量采用______。

A．汇编语言　　B．机器语言　　C．指令系统　　D．高级语言

5．下列的英文缩写和中文名字的对照中，正确的是______。

A．CAD——计算机辅助设计　　B．CAM——计算机辅助教育

C．CIMS——计算机集成管理系统　　D．CAI——计算机辅助制造

6．下列选项中，既可作为输入设备又可作为输出设备的是______。

A．扫描仪　　B．绘图仪　　C．鼠标　　D．磁盘驱动器

7．若对音频信号以 10kHz 采样率、16 位量化精度进行数字化，则每分钟的双声道数字化声音信号产生的数据量约为______。

A．1.2MB　　B．1.6MB　　C．2.4MB　　D．4.8MB

8．计算机网络的目标是实现______。

A．数据处理　　B．文献检索　　C．资源共享和信息传输　　D．信息传输

9．组成一个计算机系统的两大部分是______。

A．系统软件和应用软件　　B．硬件系统和软件系统

C．主机和外部设备　　D．主机和输入/出设备

10．CPU 中，除了内部总线和必要的寄存器外，主要的两大部件分别是运算器和______。

A．控制器　　B．存储器　　C．Cache　　D．编辑器

11．接入因特网的每台主机都有一个唯一可识别的地址，称为______。

A．TCP 地址　　B．IP 地址　　C．TCP/IP 地址　　D．URL

12．下列不能用作存储容量单位的是______。

A．Byte　　B．GB　　C．MIPS　　D．KB

13．十进制数 60 转换成无符号二进制整数是______。

A．0111100　　B．0111010　　C．0111000　　D．0110110

14．下列关于磁道的说法中，正确的是______。

A．盘面上的磁道是一组同心圆

B．由于每一磁道的周长不同，所以每一磁道的存储容量也不同

C．盘面上的磁道是一条阿基米德螺线

D．磁道的编号是最内圈为 0，并依序由内向外逐渐增大，最外圈的编号最大

15．下列叙述中，正确的是______。

A．C++是一种高级程序设计语言

B．用 C++程序设计语言编写的程序可以无需经过编译就能直接在机器上运行

C．汇编语言是一种低级程序设计语言，且执行效率很低

D．机器语言和汇编语言是同一种语言的不同名称

16．下列各组软件中，全部属于应用软件的是______。

A．音频播放系统、语言编译系统、数据库管理系统

B．文字处理程序、军事指挥程序、UNIX

C．导弹飞行系统、军事信息系统、航天信息系统

D．Word 2010、Photoshop、Windows 7

17．在标准 ASCII 编码表中，数字、小写英文字母和大写英文字母的前后次序是______。

A．数字、小写英文字母、大写英文字母

B．小写英文字母、大写英文字母、数字

C．数字、大写英文字母、小写英文字母

D．大写英文字母、小写英文字母、数字

18．在计算机网络中，英文缩写 WAN 的中文名是______。

A．局域网　　B．无线网　　C．广域网　　D．城域网

19．下列叙述中，正确的是______。

A．字长为 16 位表示这台计算机最大能计算一个 16 位的十进制数

B．字长为 16 位表示这台计算机的 CPU 一次能处理 16 位二进制数

C．运算器只能进行算术运算

D．SRAM 的集成度高于 DRAM

20．操作系统将 CPU 的时间资源划分成极短的时间片，轮流分配给各终端用户，使终端用户单独分享 CPU 的时间片，有独占计算机的感觉，这种操作系统称为______。

A．实时操作系统　　B．批处理操作系统

C．分时操作系统　　D．分布式操作系统

第 11 套题

1．十进制数 59 转换成无符号二进制整数是______。

A．0111101　　B．0111011　　C．0110101　　D．0111111

2．下列软件中，不是操作系统的是______。

A．Linux　　B．UNIX　　C．MS-DOS　　D．MS Office

3．下列各组软件中，属于应用软件的一组是______。

A．Windows XP 和管理信息系统　　B．UNIX 和文字处理程序

C．Linux 和视频播放系统　　D．Office 2003 和军事指挥程序

4．在 Internet 上浏览时，浏览器和 WWW 服务器之间传输网页使用的协议是______。

A．HTTP　　B．IP　　C．FTP　　D．SMTP

5．一般说来，数字化声音的质量越高，则要求______。

A．量化位数越少、采样率越低　　B．量化位数越多、采样率越高

C．量化位数越少、采样率越高　　D．量化位数越多、采样率越低

6．字长是 CPU 的主要技术性能指标之一，它表示的是______。

A．CPU 的计算结果的有效数字长度

B．CPU 一次能处理二进制数据的位数

C．CPU 能表示的最大的有效数字位数

D．CPU 能表示的十进制整数的位数

7．下列叙述中，正确的是______。

A．高级语言编写的程序可移植性差

B．机器语言就是汇编语言，无非是名称不同而已

C．指令是由一串二进制数 0、1 组成的

D．用机器语言编写的程序可读性好

8．在标准 ASCII 码表中，已知英文字母 A 的十进制码值是 65，英文字母 a 的十进制码值是______。

A．95　　B．96

C．97　　D．91

9．“千兆以太网”通常是一种高速局域网，其网络数据传输速率大约为______。

A．1000000 位/秒　　B．1000000000 位/秒

C．1000000 字节/秒　　D．1000000000 字节/秒

10．下列叙述中，错误的是______。

A．硬磁盘可以与 CPU 之间直接交换数据

B．硬磁盘在主机箱内，可以存放大量文件

C．硬磁盘是外存储器之一

D．硬磁盘的技术指标之一是每分钟的转速 rpm

11．下列关于 CPU 的叙述中，正确的是______。

A．CPU 能直接读取硬盘上的数据

B．CPU 能直接与内存储器交换数据

C．CPU 主要组成部分是存储器和控制器

D．CPU 主要用来执行算术运算

12．汇编语言程序______。

A．相对于高级程序设计语言程序具有良好的可移植性

B．相对于高级程序设计语言程序具有良好的可读性

C．相对于机器语言程序具有良好的可移植性

D．相对于机器语言程序具有较高的执行效率

13．计算机技术中，下列度量存储器容量的单位中，最大的单位是______。

A．KB　　B．MB　　C．Byte　　D．GB

14．根据域名代码规定，表示政府部门网站的域名代码是______。

A．.net　　B．.com　　C．.gov　　D．.org

15．一个完整的计算机系统应该包括______。

A．主机、键盘和显示器　　B．硬件系统和软件系统

C．主机和它的外部设备　　D．系统软件和应用软件

16．下列的英文缩写和中文名字的对照中，错误的是______。

A．CAD——计算机辅助设计　　B．CAM——计算机辅助制造

C．CIMS——计算机集成管理系统　　D．CAI——计算机辅助教育

17．用来存储当前正在运行的应用程序及相应数据的存储器是______。

A．内存　　B．硬盘　　C．U 盘　　D．CD-ROM

18．随着 Internet 的发展，越来越多的计算机感染病毒的可能途径之一是______。

A．从键盘上输入数据

B．通过电源线

C．所使用的光盘表面不清洁

D．通过 Internet 的 E-mail，附着在电子邮件的信息中

19．计算机网络是一个______。

A．管理信息系统　　B．编译系统

C．在协议控制下的多机互联系统　　D．网上购物系统

20．下列设备中，可以作为微机输入设备的是______。

A．打印机　　B．显示器　　C．鼠标　　D．绘图仪

第 12 套题

1．通常所说的计算机的主机是指______。

A．CPU 和内存　　B．CPU 和硬盘

C．CPU、内存和硬盘　　D．CPU、内存与 CD-ROM

2．用 MIPS 衡量的计算机性能指标是______。

A．处理能力　　B．存储容量

C．可靠性　　D．运算速度

3．为防止计算机病毒传染，应该做到______。

A．无病毒的 U 盘不要与来历不明的 U 盘放在一起

B．不要复制来历不明 U 盘中的程序

C．长时间不用的 U 盘要经常格式化

D．U 盘中不要存放可执行程序

4．1GB 的准确值是______。

A．1024×1024Bytes　　B．1024KB

C．1024MB　　D．1000×1000 KB

5．下列叙述中，正确的是______。

A．用高级语言编写的程序称为源程序

B．计算机能直接识别、执行用汇编语言编写的程序

C．机器语言编写的程序执行效率最低

D．不同型号的 CPU 具有相同的机器语言

6. 在 CD 光盘上标记有“CD-RW”字样，“RW”标记表明该光盘是______。
   A. 只能写入一次，可以反复读出的一次性写入光盘
   B. 可多次擦除型光盘
   C. 只能读出，不能写入的只读光盘
   D. 其驱动器单倍速为 1350KB/S 的高密度可读写光盘
7. 第二代电子计算机的主要元件是______。
   A. 继电器　　B. 晶体管　　C. 电子管　　D. 集成电路
8. 计算机网络是计算机技术和______。
   A. 自动化技术的结合　　B. 通信技术的结合
   C. 电缆等传输技术的结合　　D. 信息技术的结合
9. 十进制数 100 转换成无符号二进制整数是______。
   A. 0110101　　B. 01101000　　C. 01100100　　D. 01100110
10. 目前广泛使用的 Internet，其前身可追溯到______。
   A. ARPAnet　　B. CHINAnet　　C. DECnet　　D. Novell
11. 硬盘属于______。
   A. 内部存储器　　B. 外部存储器　　C. 只读存储器　　D. 输出设备
12. 下列选项属于面向对象程序设计语言的是______。
   A. Java 和 C　　B. Java 和 C++　　C. VB 和 C　　D. VB 和 Word
13. 某 800 万像素的数码相机，拍摄照片的最高分辨率大约是______。
   A. 3200×2400　　B. 2048×1600　　C. 1600×1200　　D. 1024×768
14. 下列软件中，属于应用软件的是______。
   A. 操作系统　　B. 数据库管理系统
   C. 程序设计语言处理系统　　D. 管理信息系统
15. 办公自动化（OA）是计算机的一项应用，按计算机应用的分类，它属于______。
   A. 科学计算　　B. 辅助设计　　C. 实时控制　　D. 信息处理
16. 下列关于电子邮件的叙述中，正确的是______。
   A. 如果收件人的计算机没有打开时，发件人发来的电子邮件将丢失
   B. 如果收件人的计算机没有打开时，发件人发来的电子邮件将退回
   C. 如果收件人的计算机没有打开时，当收件人的计算机打开时再重发
   D. 发件人发来的电子邮件保存在收件人的电子邮箱中，收件人可随时接收
17. 显示器的主要技术指标之一是______。
   A. 分辨率　　B. 亮度　　C. 重量　　D. 耗电量
18. 计算机中，负责指挥计算机各部分自动协调一致地进行工作的部件是______。
   A. 运算器　　B. 控制器　　C. 存储器　　D. 总线
19. 下面关于操作系统的叙述中，正确的是______。
   A. 操作系统是计算机软件系统中的核心软件
   B. 操作系统属于应用软件
   C. Windows 是 PC 机唯一的操作系统
   D. 操作系统的五大功能是：启动、打印、显示、文件存取和关机

20．在标准 ASCII 码表中，已知英文字母 K 的十六进制码值是 4B，则二进制 ASCII 码 1001000 对应的字符是______。

A．G　　B．H　　C．I　　D．J

第 13 套题

1．下列叙述中，正确的是______。

A．用高级语言编写的程序可移植性好

B．用高级语言编写的程序运行效率最高

C．机器语言编写的程序执行效率最低

D．高级语言编写的程序可读性最差

2．对一个图形来说，通常用位图格式文件存储与用矢量格式文件存储所占用的空间比较______。

A．更小　　B．更大　　C．相同　　D．无法确定

3．在计算机的硬件技术中，构成存储器的最小单位是______。

A．字节（Byte）　　B．二进制位（bit）

C．字（Word）　　D．双字（Double Word）

4．下列关于电子邮件的说法，正确的是______。

A．收件人必须有 E-mail 账号，发件人可以没有 E-mail 账号

B．发件人必须有 E-mail 账号，收件人可以没有 E-mail 账号

C．发件人和收件人均必须有 E-mail 账号

D．发件人必须知道收件人的邮政编码

5．在因特网上，一台计算机可以作为另一台主机的远程终端，使用该主机的资源，该项服务称为______。

A．Telnet　　B．BBS　　C．FTP　　D．WWW

6．操作系统是______。

A．主机与外设的接口　　B．用户与计算机的接口

C．系统软件与应用软件的接口　　D．高级语言与汇编语言的接口

7．按计算机应用的分类，铁路联网售票系统属于______。

A．科学计算　　B．辅助设计　　C．实时控制　　D．信息处理

8．广域网中采用的交换技术大多是______。

A．电路交换　　B．报文交换　　C．分组交换　　D．自定义交换

9．下列关于计算机病毒的描述，正确的是_____。

A．正版软件不会受到计算机病毒的攻击

B．光盘上的软件不可能携带计算机病毒

C．计算机病毒是一种特殊的计算机程序，因此数据文件中不可能携带病毒

D．任何计算机病毒一定会有清除的办法

10．移动硬盘或优盘连接计算机所使用的接口通常是______。

A．RS-232C 接口　　B．并行接口

C．USB　　D．UBS

11．计算机主要技术指标通常是指______。

A．所配备的系统软件的版本

B．CPU 的时钟频率、运算速度、字长和存储容量

C．扫描仪的分辨率、打印机的配置

D．硬盘容量的大小

12．组成微型机主机的部件是______。

A．内存和硬盘　　B．CPU、显示器和键盘

C．CPU 和内存　　D．CPU、内存、硬盘、显示器和键盘

13．编译程序将高级语言程序翻译成与之等价的机器语言程序，该机器语言程序称为______。

A．工作程序　　B．机器程序　　C．临时程序　　D．目标程序

14．在标准 ASCII 码表中，已知英文字母 A 的 ASCII 码是 01000001，则英文字母 D 的 ASCII 码是______。

A．01000011　　B．01000100　　C．01000101　　D．01000110

15．下面关于随机存取存储器（RAM）的叙述中，正确的是______。

A．存储在 SRAM 或 DRAM 中的数据在断电后将全部丢失且无法恢复

B．SRAM 的集成度比 DRAM 高

C．DRAM 的存取速度比 SRAM 快

D．DRAM 常用来做 Cache 用

16．“32 位微机”中的 32 位指的是______。

A．微机型号　　B．内存容量　　C．存储单位　　D．机器字长

17．下列选项中，不属于显示器主要技术指标的是______。

A．分辨率　　B．重量

C．像素的点距　　D．显示器的尺寸

18．无符号二进制整数 111111 转换成十进制数是______。

A．71　　B．65　　C．63　　D．62

19．下列软件中，属于系统软件的是______。

A．C++编译程序　　B．Excel 2003

C．学籍管理系统　　D．财务管理系统

20．通信技术主要是用于扩展人的______。

A．处理信息功能　　B．传递信息功能

C．收集信息功能　　D．信息的控制与使用功能

第 14 套题

1．下列度量单位中，用来度量计算机外部设备传输率的是______。

A．MB/s　　B．MIPS　　C．GHz　　D．MB

2．用户名为 XUEJY 的正确电子邮件地址是______。

A．XUEJY @ bj163.com　　B．XUEJY&bj163.com

C．XUEJY#bj163.com　　D．XUEJY@bj163.com

3．下面关于优盘的描述中，错误的是______。

A．优盘有基本型、增强型和加密型三种

B．优盘的特点是重量轻、体积小

C．优盘多固定在机箱内，不便携带

D．断电后，优盘还能保持存储的数据不丢失

4．下列各项中，非法的 Internet IP 地址是______。

A．202.96.12.14　　B．202.196.72.140

C．112.256.23.8　　D．201.124.38.79

5．电子商务的本质是______。

A．计算机技术　　B．电子技术　　C．商务活动　　D．网络技术

6．UPS 的中文译名是______。

A．稳压电源　　B．不间断电源　　C．高能电源　　D．调压电源

7．局域网中，提供并管理共享资源的计算机称为______。

A．网桥　　B．网关　　C．服务器　　D．工作站

8．按照数的进位制概念，下列各个数中正确的八进制数是______。

A．1101　　B．7081　　C．1109　　D．B03A

9．早期的计算机语言中，所有的指令、数据都用一串二进制数 0 和 1 表示，这种语言称为______。

A．Basic 语言　　B．机器语言

C．汇编语言　　D．Java 语言

10．下面关于 USB 的叙述中，错误的是______。

A．USB 接口的尺寸比并行接口大得多

B．USB2.0 的数据传输率大大高于 USB1.1

C．USB 具有热插拔与即插即用的功能

D．在 Windows XP 下，使用 USB 接口连接的外部设备（如移动硬盘、U 盘等）不需要驱动程序

11．微机的字长是 4 个字节，这意味着______。

A．能处理的最大数值为 4 位十进制数 9999

B．能处理的字符串最多由 4 个字符组成

C．在 CPU 中作为一个整体加以传送处理的为 32 位二进制代码

D．在 CPU 中运算的最大结果为 2 的 32 次方

12．以.jpg 为扩展名的文件通常是______。

A．文本文件　　B．音频信号文件

C．图像文件　　D．视频信号文件

13．下列设备组中，完全属于外部设备的一组是______。

A．激光打印机，移动硬盘，鼠标

B．CPU，键盘，显示器

C．SRAM 内存条，CD-ROM 驱动器，扫描仪

D．优盘，内存储器，硬盘

14．下列软件中，属于应用软件的是______。

A．Windows XP　　B．PowerPoint 2003

C．UNIX　　D．Linux

15．计算机病毒的危害表现为______。

A．能造成计算机芯片的永久性失效

B．使磁盘霉变

C．影响程序运行，破坏计算机系统的数据与程序

D．切断计算机系统电源

16．在下列关于字符大小关系的说法中，正确的是______。

A．空格>a>A　　B．空格>A>a　　C．a>A>空格　　D．A>a>空格

17．KB（千字节）是度量存储器容量大小的常用单位之一，1KB 等于______。

A．1000 个字节　　B．1024 个字节　　C．1000 个二进位　　D．1024 个字

18．以下有关光纤通信的说法中错误的是______。

A．光纤通信是利用光导纤维传导光信号来进行通信的

B．光纤通信具有通信容量大、保密性强和传输距离长等优点

C．光纤线路的损耗大，所以每隔 1～2 公里距离就需要中继器

D．光纤通信常用波分多路复用技术提高通信容量

19．操作系统的作用是______。

A．用户操作规范　　B．管理计算机硬件系统

C．管理计算机软件系统　　D．管理计算机系统的所有资源

20．下列描述正确的是______。

A．计算机不能直接执行高级语言源程序，但可以直接执行汇编语言源程序

B．高级语言与 CPU 型号无关，但汇编语言与 CPU 型号相关

C．高级语言源程序不如汇编语言源程序的可读性好

D．高级语言程序不如汇编语言程序的移植性好

第 15 套题

1．下列说法中正确的是______。

A．计算机体积越大，功能越强

B．微机 CPU 主频越高，其运算速度越快

C．两个显示器的屏幕大小相同，它们的分辨率也相同

D．激光打印机打印的汉字比喷墨打印机多

2．计算机病毒______。

A．不会对计算机操作人员造成身体损害

B．会导致所有计算机操作人员感染致病

C．会导致部分计算机操作人员感染致病

D．会导致部分计算机操作人员感染病毒，但不会致病

3．计算机有多种技术指标，其中主频是指______。

A．内存的时钟频率　　B．CPU 内核工作的时钟频率

C．系统时钟频率，也叫外频　　D．总线频率

4．以.wav 为扩展名的文件通常是______。

A．文本文件　B．音频信号文件　C．图像文件　D．视频信号文件

5．十进制数 121 转换成无符号二进制整数是______。

A．1111001　B．111001　C．1001111　D．100111

6．在下列不同进制的四个数中，最小的一个数是______。

A．11011001（二进制）　B．75（十进制）

C．37（八进制）　D．2A（十六进制）

7．汉字国标码（GB2312-80）把汉字分成______。

A．简化字和繁体字两个等级

B．一级汉字，二级汉字和三级汉字三个等级

C．一级常用汉字，二级次常用汉字两个等级

D．常用字，次常用字，罕见字三个等级

8．一个完整的计算机软件应包含______。

A．系统软件和应用软件　B．编辑软件和应用软件

C．数据库软件和工具软件　D．程序、相应数据和文档

9．若网络的各个结点均连接到同一条通信线路上，且线路两端有防止信号反射的装置，这种拓扑结构称为______。

A．总线型拓扑　B．星型拓扑　C．树型拓扑　D．环型拓扑

10．下列关于操作系统的描述，正确的是______。

A．操作系统中只有程序没有数据

B．操作系统提供的人机交互接口其他软件无法使用

C．操作系统是一种最重要的应用软件

D．一台计算机可以安装多个操作系统

11．计算机的硬件主要包括：中央处理器、存储器、输出设备和______。

A．键盘　B．鼠标　C．输入设备　D．显示器

12．根据 Internet 的域名代码规定，域名中的______表示商业组织的网站。

A．.net　B．.com　C．.gov　D．.org

13．下面关于随机存取存储器（RAM）的叙述中，正确的是______。

A．RAM 分静态 RAM（SRAM）和动态 RAM（DRAM）两大类

B．SRAM 的集成度比 DRAM 高

C．DRAM 的存取速度比 SRAM 快　D．DRAM 中存储的数据无须“刷新”

14．下列叙述中，错误的是______。

A．硬盘在主机箱内，它是主机的组成部分

B．硬盘属于外部存储器

C．硬盘驱动器既可做输入设备又可做输出设备用

D．硬盘与 CPU 之间不能直接交换数据

15．将目标程序（.OBJ）转换成可执行文件（.EXE）的程序称为______。

A．编辑程序　B．编译程序　C．链接程序　D．汇编程序

16．已知三个字符为：a、Z 和 8，按它们的 ASCII 码值升序排序，结果是______。

A．8，a，Z　　B．a，8，Z　　C．a，Z，8　　D．8，Z，a

17．目前的许多消费电子产品（数码相机、数字电视机等）中都使用了不同功能的微处理器来完成特定的处理任务，计算机的这种应用属于______。

A．科学计算　　B．实时控制　　C．嵌入式系统　　D．辅助设计

18．显示器的参数：1024×768，表示______。

A．显示器分辨率　　B．显示器颜色指标

C．显示器屏幕大小　　D．显示每个字符的列数和行数

19．下列说法中，正确的是______。

A．只要将高级程序语言编写的源程序文件（如 try.c）的扩展名更改为.exe，则它就成为可执行文件了

B．高档计算机可以直接执行用高级程序语言编写的程序

C．高级语言源程序只有经过编译和链接后才能成为可执行程序

D．用高级程序语言编写的程序可移植性和可读性都很差

20．调制解调器（Modem）的功能是______。

A．将计算机的数字信号转换成模拟信号

B．将模拟信号转换成计算机的数字信号

C．将数字信号与模拟信号互相转换

D．为了上网与接电话两不误

第 16 套题

1．字长为 7 位的无符号二进制整数能表示的十进制整数的数值范围是______。

A．0～128　　B．0～255　　C．0～127　　D．1～127

2．微机硬件系统中最核心的部件是______。

A．内存储器　　B．输入输出设备　　C．CPU　　D．硬盘

3．在微机中，VGA 属于______。

A．微机型号　　B．显示器型号

C．显示标准　　D．打印机型号

4．除硬盘容量大小外，下列也属于硬盘技术指标的是______。

A．转速　　B．平均访问时间

C．传输速率　　D．以上全部

5．Cache 的中文译名是______。

A．缓冲器　　B．只读存储器

C．高速缓冲存储器　　D．可编程只读存储器

6．操作系统管理用户数据的单位是______。

A．扇区　　B．文件　　C．磁道　　D．文件夹

7．下列叙述中，正确的是______。

A．一个字符的标准 ASCII 码占一个字节的存储量，其最高位二进制总为 0

B．大写英文字母的 ASCII 码值大于小写英文字母的 ASCII 码值

C．同一个英文字母（如 A）的 ASCII 码和它在汉字系统下的全角内码是相同的

D．一个字符的 ASCII 码与它的内码是不同的

8．在下列网络的传输介质中，抗干扰能力最好的一个是______。

A．光缆　B．同轴电缆　C．双绞线　D．电话线

9．英文缩写 CAI 的中文意思是______。

A．计算机辅助教学　B．计算机辅助制造

C．计算机辅助设计　D．计算机辅助管理

10．下列关于计算机病毒的叙述中，正确的是______。

A．计算机病毒的特点之一是具有免疫性

B．计算机病毒是一种有逻辑错误的小程序

C．反病毒软件必须随着新病毒的出现而升级，提高查、杀病毒的功能

D．感染过计算机病毒的计算机具有对该病毒的免疫性

11．下列各项中两个软件均属于系统软件的是______。

A．MIS 和 UNIX　B．WPS 和 UNIX

C．DOS 和 UNIX　D．MIS 和 WPS

12．对 CD-ROM 可以进行的操作是______。

A．读或写　B．只能读不能写

C．只能写不能读　D．能存不能取

13．调制解调器（Modem）的主要技术指标是数据传输速率，它的度量单位是______。

A．MIPS　B．Mbps　C．dpi　D．KB

14．一个汉字的国标码需用 2 字节存储，其每个字节的最高二进制位的值分别为______。

A．0，0　B．1，0　C．0，1　D．1，1

15．下列说法错误的是______。

A．汇编语言是一种依赖于计算机的低级程序设计语言

B．计算机可以直接执行机器语言程序

C．高级语言通常都具有执行效率高的特点

D．为提高开发效率，开发软件时应尽量采用高级语言

16．计算机技术中，英文缩写 CPU 的中文译名是______。

A．控制器　B．运算器　C．中央处理器　D．寄存器

17．将汇编源程序翻译成目标程序（.OBJ）的程序称为______。

A．编辑程序　B．编译程序　C．链接程序　D．汇编程序

18．下列关于域名的说法正确的是______。

A．域名就是 IP 地址

B．域名的使用对象仅限于服务器

C．域名完全由用户自行定义

D．域名系统按地理域或机构域分层，采用层次结构

19．以.txt 为扩展名的文件通常是______。

A．文本文件　B．音频信号文件

C．图像文件　D．视频信号文件

20．从网上下载软件时，使用的网络服务类型是______。

A．文件传输　B．远程登录　C．信息浏览　D．电子邮件

第 17 套题

1．编译程序属于______。

A．系统软件　B．应用软件

C．操作系统　D．数据库管理软件

2．下列度量单位中，用来度量计算机网络数据传输速率（比特率）的是______。

A．MB/s　B．MIPS　C．GHz　D．Mbps

3．以.avi 为扩展名的文件通常是______。

A．文本文件　B．音频信号文件

C．图像文件　D．视频信号文件

4．当前流行的 Pentium 4 CPU 的字长是______。

A．8bit　B．16bit　C．32bit　D．64bit

5．根据汉字国标 GB2312-80 的规定，一个汉字的内码码长为______。

A．8bit　B．12bit　C．16bit　D．24bit

6．移动硬盘与 U 盘相比，最大的优势是______。

A．容量大　B．速度快　C．安全性高　D．兼容性好

7．计算机网络中，若所有的计算机都连接到一个中心结点上，当一个网络结点需要传输数据时，首先传输到中心结点上，然后由中心结点转发到目的结点，这种连接结构称为______。

A．总线结构　B．环型结构　C．星型结构　D．网状结构

8．组成计算机硬件系统的基本部分是______。

A．CPU、键盘和显示器　B．主机和输入/输出设备

C．CPU 和输入/输出设备　D．CPU、硬盘、键盘和显示器

9．一个字长为 8 位的无符号二进制整数能表示的十进制数值范围是______。

A．0～256　B．0～255　C．1～256　D．1～255

10．下列关于计算机病毒的叙述中，正确的是______。

A．所有计算机病毒只在可执行文件中传染

B．计算机病毒可通过读写移动硬盘或 Internet 进行传播

C．只要把带毒优盘设置成只读状态，那么此盘上的病毒就不会因读盘而传染给另一台计算机

D．清除病毒的最简单方法是删除已感染病毒的文件

11．高级程序设计语言的特点是______。

A．高级语言数据结构丰富

B．高级语言与具体的机器结构密切相关

C．高级语言接近算法语言不易掌握

D．用高级语言编写的程序计算机可立即执行

12．FTP 是因特网中______。

A．用于传送文件的一种服务　B．发送电子邮件的软件

C．浏览网页的工具　　D．一种聊天工具

13．用助记符代替操作码、地址符号代替操作数的面向机器的语言是______。

A．汇编语言　　B．FORTRAN 语言

C．机器语言　　D．高级语言

14．计算机内存中用于存储信息的部件是______。

A．U 盘　　B．只读存储器　　C．硬盘　　D．RAM

15．下列选项中，完整描述计算机操作系统作用的是______。

A．它是用户与计算机的界面

B．它对用户存储的文件进行管理，方便用户使用

C．它执行用户键入的各类命令

D．它管理计算机系统的全部软、硬件资源，合理组织计算机的工作流程，以充分发挥计算机资源的效率，为用户提供使用计算机的友好界面

16．在微机中，I/O 设备是指______。

A．控制设备　　B．输入/输出设备

C．输入设备　　D．输出设备

17．关于因特网防火墙，下列叙述中错误的是______。

A．为单位内部网络提供了安全边界

B．防止外界入侵单位内部网络

C．可以阻止来自内部的威胁与攻击

D．可以使用过滤技术在网络层对数据进行选择

18．数码相机里的照片可以利用计算机软件进行处理，计算机的这种应用属于______。

A．图像处理　　B．实时控制

C．嵌入式系统　　D．辅助设计

19．标准的 ASCII 码用 7 位二进制位表示，可表示的不同编码个数是______。

A．127　　B．128　　C．255　　D．256

20．“32 位微型计算机”中的 32，是指下列技术指标中的______。

A．CPU 功耗　　B．CPU 字长　　C．CPU 主频　　D．CPU 型号

第 18 套题

1．Internet 是目前世界上第一大互联网，它起源于美国，其雏形是______。

A．CERNET 网　　B．NCPC 网

C．ARPANET 网　　D．GBNKT

2．CPU 的主要性能指标是______。

A．字长和时钟主频　　B．可靠性

C．耗电量和效率　　D．发热量和冷却效率

3．Internet 中，用于实现域名和 IP 地址转换的是______。

A．SMTP　　B．DNS　　C．Ftp　　D．Http

4．构成 CPU 的主要部件是______。

A．内存和控制器　　B．内存、控制器和运算器

C．高速缓存和运算器　　D．控制器和运算器

5．下列说法错误的是______。

A．计算机可以直接执行机器语言编写的程序

B．光盘是一种存储介质

C．操作系统是应用软件

D．计算机速度用 MIPS 表示

6．用 16×16 点阵来表示汉字的字型，存储一个汉字的字形需用______个字节。

A．16×1　　B．16×2　　C．16×3　　D．16×4

7．ROM 是指______。

A．随机存储器　　B．只读存储器

C．外存储器　　D．辅助存储器

8．按操作系统的分类，UNIX 操作系统是______。

A．批处理操作系统　　B．实时操作系统

C．分时操作系统　　D．单用户操作系统

9．以下语言本身不能作为网页开发语言的是______。

A．C++　　B．ASP　　C．JSP　　D．HTML

10．计算机技术应用广泛，以下属于科学计算方面的是______。

A．图像信息处理　　B．视频信息处理

C．火箭轨道计算　　D．信息检索

11．用 8 位二进制数能表示的最大的无符号整数等于十进制整数______。

A．255　　B．256　　C．128　　D．127

12．下列说法正确的是______。

A．与汇编方式执行程序相比，解释方式执行程序的效率更高

B．与汇编语言相比，高级语言程序的执行效率更高

C．与机器语言相比，汇编语言的可读性更差

D．以上三项都不对

13．区位码输入法的最大优点是______。

A．只用数码输入，方法简单、容易记忆

B．易记易用

C．一字一码，无重码

D．编码有规律，不易忘记

14．JPEG 是一个用于数字信号压缩的国际标准，其压缩对象是______。

A．文本　　B．音频信号

C．静态图像　　D．视频信号

15．计算机的主频指的是______。

A．软盘读写速度，用 Hz 表示

B．显示器输出速度，用 MHz 表示

C．时钟频率，用 MHz 表示

D．硬盘读写速度

16．以下名称是手机中的常用软件，属于系统软件的是______。

A．手机 QQ　　B．Android　　C．Skype　　D．微信

17．下列关于计算机病毒的叙述中，错误的是______。

A．反病毒软件可以查、杀任何种类的病毒

B．计算机病毒是人为制造的、企图破坏计算机功能或计算机数据的一段小程序

C．反病毒软件必须随着新病毒的出现而升级，提高查、杀病毒的功能

D．计算机病毒具有传染性

18．在标准 ASCII 码表中，已知英文字母 A 的 ASCII 码是 01000001，则英文字母 E 的 ASCII 码是______。

A．01000011　　B．01000100　　C．01000101　　D．01000010

19．摄像头属于______。

A．控制设备　　B．存储设备　　C．输出设备　　D．输入设备

20．目前使用的硬磁盘，在其读/写寻址过程中______。

A．盘片静止，磁头沿圆周方向旋转

B．盘片旋转，磁头静止

C．盘片旋转，磁头沿盘片径向运动

D．盘片与磁头都静止不动

第 19 套题

1．一个字长为 6 位的无符号二进制数能表示的十进制数值范围是______。

A．0～64　　B．1～64　　C．1～63　　D．0～63

2．微机上广泛使用的 Windows XP 是______。

A．多用户多任务操作系统　　B．单用户多任务操作系统

C．实时操作系统　　D．多用户分时操作系统

3．在计算机中，对汉字进行传输、处理和存储时使用汉字的______。

A．字形码　　B．国标码　　C．输入码　　D．机内码

4．计算机字长是______。

A．处理器处理数据的宽度　　B．存储一个字符的位数

C．屏幕一行显示字符的个数　　D．存储一个汉字的位数

5．配置 Cache 是为了解决______。

A．内存与外存之间速度不匹配问题

B．CPU 与外存之间速度不匹配问题

C．CPU 与内存之间速度不匹配问题

D．主机与外部设备之间速度不匹配问题

6．运算器（ALU）的功能是______。

A．只能进行逻辑运算　　B．对数据进行算术运算或逻辑运算

C．只能进行算术运算　　D．做初等函数的计算

7．主要用于实现两个不同网络互联的设备是______。

A．转发器　　B．集线器　　C．路由器　　D．调制解调器

8．要在 Web 浏览器中查看某一电子商务公司的主页，应知道______。

A．该公司的电子邮件地址 B．该公司法人的电子邮箱

C．该公司的 WWW 地址 D．该公司法人的 QQ 号

9．下列说法正确的是______。

A．进程是一段程序 B．进程是一段程序的执行过程

C．线程是一段子程序 D．线程是多个进程的执行过程

10．10GB 的硬盘表示其存储容量为______。

A．一万个字节 B．一千万个字节

C．一亿个字节 D．一百亿个字节

11．下列属于计算机程序设计语言的是______。

A．ACDSee B．Visual Basic C．Wave Edit D．WinZip

12．在下列字符中，其 ASCII 码值最大的一个是______。

A．Z B．9 C．空格字符 D．a

13．计算机硬件系统主要包括：中央处理器（CPU）、存储器和______。

A．显示器和键盘 B．打印机和键盘

C．显示器和鼠标 D．输入/输出设备

14．下列关于计算机病毒的叙述中，正确的是______。

A．计算机病毒只感染.exe 或.com 文件

B．计算机病毒可通过读写移动存储设备或通过 Internet 进行传播

C．计算机病毒是通过电网进行传播的

D．计算机病毒是由于程序中的逻辑错误造成的

15．“计算机集成制造系统”英文简写是______。

A．CAD B．CAM C．CIMS D．ERP

16．按照网络的拓扑结构划分以太网（Ethernet）属于______。

A．总线型网络结构 B．树型网络结构

C．星型网络结构 D．环型网络结构

17．显示器的分辨率为 1024×768，若能同时显示 256 种颜色，则显示存储器的容量至少为______。

A．192KB B．384KB C．768KB D．1536KB

18．目前有许多不同的音频文件格式，下列不是数字音频文件格式的是______。

A．WAV B．GIF C．MP3 D．MID

19．在各类程序设计语言中，相比较而言，执行效率最高的是______。

A．高级语言编写的程序 B．汇编语言编写的程序

C．机器语言编写的程序 D．面向对象语言编写的程序

20．下列说法中，错误的是______。

A．硬盘驱动器和盘片是密封在一起的，不能随意更换盘片

B．硬盘可以是多张盘片组成的盘片组

C．硬盘的技术指标除容量外，另一个是转速

D．硬盘安装在机箱内，属于主机的组成部分

第 20 套题

1．把硬盘上的数据传送到计算机内存中去的操作称为______。
A．读盘　B．写盘　C．输出　D．存盘

2．以下上网方式中采用无线网络传输技术的是______。
A．ADSL　B．WiFi　C．拨号接入　D．以上都是

3．下列说法正确的是______。
A．一个进程会伴随着其程序执行的结束而消亡
B．一段程序会伴随其进程结束而消亡
C．任何进程在执行未结束时不允许被强行终止
D．任何进程在执行未结束时都可以被强行终止

4．Internet 提供的最常用、便捷的通信服务是______。
A．文件传输（FTP）　B．远程登录（Telnet）
C．电子邮件（E-mail）　D．万维网（WWW）

5．通常所说的“宏病毒”感染的文件类型是______。
A．COM　B．DOC　C．EXE　D．TXT

6．无线移动网络最突出的优点是______。
A．资源共享和快速传输信息　B．提供随时随地的网络服务
C．文献检索和网上聊天　D．共享文件和收发邮件

7．微机内存按______。
A．二进制位编址　B．十进制位编址
C．字长编址　D．字节编址

8．组成 CPU 的主要部件是______。
A．运算器和控制器　B．运算器和存储器
C．控制器和寄存器　D．运算器和寄存器

9．计算机操作系统的最基本特征是______。
A．并发和共享　B．共享和虚拟
C．虚拟和异步　D．异步和并发

10．IPv4 地址和 IPv6 地址的位数分别为______。
A．4，6　B．8，16　C．16，24　D．32，128

11．在下列计算机应用项目中，属于科学计算应用领域的是______。
A．人机对弈　B．民航联网订票系统
C．气象预报　D．数控机床

12．声音与视频信息在计算机内的表现形式是______。
A．二进制数字　B．调制
C．模拟　D．模拟或数字

13．用 C 语言编写的程序被称为______。
A．可执行程序　B．源程序
C．目标程序　D．编译程序

14．液晶显示器（LCD）的主要技术指标不包括______。

A．显示分辨率　　B．显示速度

C．亮度和对比度　　D．存储容量

15．下列说法正确的是______。

A．编译程序的功能是将高级语言源程序编译成目标程序

B．解释程序的功能是解释执行汇编语言程序

C．Intel8086 指令不能在 Intel P4 上执行

D．C++语言和 Basic 语言都是高级语言，因此它们的执行效率相同

16．下列 4 个 4 位十进制数中，属于正确的汉字区位码的是______。

A．5601　　B．9596　　C．9678　　D．8799

17．在标准 ASCII 码表中，英文字母 a 和 A 的码值之差的十进制值是______。

A．20　　B．32　　C．-20　　D．-32

18．下列描述中，正确的是______。

A．光盘驱动器属于主机，而光盘属于外设

B．摄像头属于输入设备，而投影仪属于输出设备

C．U 盘既可以用作外存，也可以用作内存

D．硬盘是辅助存储器，不属于外设

19．一个字长为 5 位的无符号二进制数能表示的十进制数值范围是______。

A．1～32　　B．0～31　　C．1～31　　D．0～32

20．计算机的硬件主要包括：中央处理器（CPU）、存储器、输出设备和______。

A．键盘　　B．鼠标　　C．显示器　　D．输入设备

第 21 套题

1．下列关于计算机病毒的叙述中，错误的是______。

A．计算机病毒具有潜伏性

B．计算机病毒具有传染性

C．感染过计算机病毒的计算机具有对该病毒的免疫性

D．计算机病毒是一个特殊的寄生程序

2．组成计算机指令的两部分是______。

A．数据和字符　　B．操作码和地址码

C．运算符和运算数　　D．运算符和运算结果

3．运算器的完整功能是进行______。

A．逻辑运算　　B．算术运算和逻辑运算

C．算术运算　　D．逻辑运算和微积分运算

4．构成 CPU 的主要部件是______。

A．内存和控制器　　B．内存和运算器

C．控制器和运算器　　D．内存、控制器和运算器

5．在微机的配置中常看到“P620 2.1G”字样，其中数字“2.1G”表示______。

A．处理器的时钟频率是 2.4 GHz

B．处理器的运算速度是 2.4 GIPS

C．处理器是 Pentium4 第 2.4 代

D．处理器与内存间的数据交换速率是 2.4GB/S

6．Modem 是计算机通过电话线接入 Internet 时所必需的硬件，它的功能是______。

A．只将数字信号转换为模拟信号

B．只将模拟信号转换为数字信号

C．为了在上网的同时能打电话

D．将模拟信号和数字信号互相转换

7．能直接与 CPU 交换信息的存储器是______。

A．硬盘存储器　　B．CD-ROM

C．内存储器　　D．U 盘存储器

8．下列各组软件中，全部属于应用软件的是______。

A．程序语言处理程序、数据库管理系统、财务处理软件

B．文字处理程序、编辑程序、UNIX 操作系统

C．管理信息系统、办公自动化系统、电子商务软件

D．Word 2010、WindowsXP、指挥信息系统

9．在微机中，西文字符所采用的编码是______。

A．EBCDIC 码　　B．ASCII 码　　C．国标码　　D．BCD 码

10．世界上公认的第一台电子计算机诞生的年代是______。

A．20 世纪 30 年代　　B．20 世纪 40 年代

C．20 世纪 80 年代　　D．20 世纪 90 年代

11．一个完整的计算机系统的组成部分的确切提法应该是______。

A．计算机主机、键盘、显示器和软件

B．计算机硬件和应用软件

C．计算机硬件和系统软件

D．计算机硬件和软件

12．计算机安全是指计算机资产安全，即______。

A．计算机信息系统资源不受自然有害因素的威胁和危害

B．信息资源不受自然和人为有害因素的威胁和危害

C．计算机硬件系统不受人为有害因素的威胁和危害

D．计算机信息系统资源和信息资源不受自然和人为有害因素的威胁和危害

13．编译程序的最终目标是______。

A．发现源程序中的语法错误

B．改正源程序中的语法错误

C．将源程序编译成目标程序

D．将某一高级语言程序翻译成另一高级语言程序

14．以下关于电子邮件的说法，不正确的是______。

A．电子邮件的英文简称是 E-mail

B．加入因特网的每个用户通过申请都可以得到一个“电子信箱”

C．在一台计算机上申请的“电子信箱”，以后只有通过这台计算机上网才能收信
D．一个人可以申请多个电子信箱
15．下列叙述中，错误的是______。
A．把数据从内存传输到硬盘的操作称为写盘
B．Windows 属于应用软件
C．把高级语言编写的程序转换为机器语言的目标程序的过程叫编译
D．计算机内部对数据的传输、存储和处理都使用二进制
16．汉字的区位码由汉字的区号和位号组成。其区号和位号的范围各为______。
A．区号 1～95 位号 1～95　　B．区号 1～94 位号 1～94
C．区号 0～94 位号 0～94　　D．区号 0～95 位号 0～95
17．把用高级程序设计语言编写的程序转换成等价的可执行程序，必须经过______。
A．汇编和解释　　B．编辑和链接
C．编译和链接　　D．解释和编译
18．20GB 的硬盘表示容量约为______。
A．20 亿个字节　　B．20 亿个二进制位
C．200 亿个字节　　D．200 亿个二进制位
19．计算机网络分为局域网、城域网和广域网，下列属于局域网的是______。
A．ChinaDDN 网　　B．Novell 网
C．ChinaNET 网　　D．Internet
20．域名 MH.BIT.EDU.CN 中主机名是______。
A．MH　　B．EDU　　C．CN　　D．BIT

第 22 套题

1．下列关于计算机病毒的叙述中，正确的是______。
A．反病毒软件可以查、杀任何种类的病毒
B．计算机病毒发作后，将对计算机硬件造成永久性的物理损坏
C．反病毒软件必须随着新病毒的出现而升级，增强查、杀病毒的功能
D．感染过计算机病毒的计算机具有免疫性
2．蠕虫病毒属于______。
A．宏病毒　　B．网络病毒　　C．混合型病毒　　D．文件型病毒
3．五笔字型汉字输入法的编码属于______。
A．音码　　B．形声码　　C．区位码　　D．形码
4．在下列字符中，其 ASCII 码值最小的一个是______。
A．空格字符　　B．0　　C．A　　D．a
5．计算机操作系统的主要功能是______。
A．管理计算机系统的软硬件资源，以充分发挥计算机资源的效率，并为其他软件提供良好的运行环境
B．把高级程序设计语言和汇编语言编写的程序翻译到计算机硬件可以直接执行的目标程序，为用户提供良好的软件开发环境

C．对各类计算机文件进行有效的管理，并提交计算机硬件高效处理
D．为用户操作和使用计算机提供方便

6．上网需要在计算机上安装______。
A．数据库管理软件　　B．视频播放软件
C．浏览器软件　　D．网络游戏软件

7．造成计算机中存储数据丢失的原因主要有______。
A．病毒侵蚀、人为窃取　　B．计算机电磁辐射
C．计算机存储器硬件损坏　　D．以上全部

8．以太网的拓扑结构是______。
A．星型　　B．总线型　　C．环型　　D．树型

9．计算机软件的确切含义是______。
A．计算机程序、数据与相应文档的总称
B．系统软件与应用软件的总和
C．操作系统、数据库管理软件与应用软件的总和
D．各类应用软件的总称

10．计算机网络最突出的优点是______。
A．资源共享和快速传输信息　　B．高精度计算和收发邮件
C．运算速度快和快速传输信息　　D．存储容量大和高精度

11．下列设备组中，完全属于计算机输出设备的一组是______。
A．喷墨打印机，显示器，键盘　　B．激光打印机，键盘，鼠标
C．键盘，鼠标，扫描仪　　D．打印机，绘图仪，显示器

12．下列叙述中，错误的是______。
A．计算机系统由硬件系统和软件系统组成
B．计算机软件由各类应用软件组成
C．CPU 主要由运算器和控制器组成
D．计算机主机由 CPU 和内存储器组成

13．度量计算机运算速度常用的单位是______。
A．MIPS　　B．MHz
C．MB/s　　D．Mbps

14．在计算机指令中，规定其所执行操作功能的部分称为______。
A．地址码　　B．源操作数
C．操作数　　D．操作码

15．现代微型计算机中所采用的电子器件是______。
A．电子管　　B．晶体管
C．小规模集成电路　　D．大规模和超大规模集成电路

16．下列关于计算机病毒的说法中，正确的是_____。
A．计算机病毒是对计算机操作人员身体有害的生物病毒
B．计算机病毒发作后，将造成计算机硬件永久性的物理损坏
C．计算机病毒是一种通过自我复制进行传染的、破坏计算机程序和数据的小程序

D．计算机病毒是一种有逻辑错误的程序

17．控制器的功能是______。

A．指挥、协调计算机各相关硬件工作

B．指挥、协调计算机各相关软件工作

C．指挥、协调计算机各相关硬件和软件工作

D．控制数据的输入和输出

18．ROM 中的信息是______。

A．由计算机制造厂预先写入的

B．在系统安装时写入的

C．根据用户的需求，由用户随时写入的

D．由程序临时存入的

19．如果在一个非零无符号二进制整数之后添加一个 0，则此数的值为原数的______。

A．10 倍　　B．2 倍　　C．1/2　　D．1/10

20．用高级程序设计语言编写的程序______。

A．计算机能直接执行　　B．具有良好的可读性和可移植性

C．执行效率高　　D．依赖于具体机器

第 23 套题

1．计算机指令由两部分组成，它们是______。

A．运算符和运算数　　B．操作数和结果

C．操作码和操作数　　D．数据和字符

2．计算机系统软件中最核心的是______。

A．程序语言处理系统　　B．操作系统

C．数据库管理系统　　D．诊断程序

3．显示或打印汉字时，系统使用的是汉字的______。

A．机内码　　B．字形码　　C．输入码　　D．国标交换码

4．拥有计算机并以拨号方式接入 Internet 的用户需要使用______。

A．CD-ROM　　B．鼠标　　C．U 盘　　D．Modem

5．如果删除一个非零无符号二进制数尾部的 2 个 0，则此数的值为原数______。

A．4 倍　　B．2 倍　　C．1/2　　D．1/4

6．在计算机中，组成一个字节的二进制位数是______。

A．1　　B．2　　C．4　　D．8

7．下列关于计算机病毒的叙述中，正确的是______。

A．反病毒软件可以查、杀任何种类的病毒

B．计算机病毒是一种被破坏了的程序

C．反病毒软件必须随着新病毒的出现而升级，提高查、杀病毒的功能

D．感染过计算机病毒的计算机具有对该病毒的免疫性

8．下列设备组中，完全属于外部设备的一组是______。

A．CD-ROM 驱动器，CPU，键盘，显示器

B．激光打印机，键盘，CD-ROM驱动器，鼠标
C．内存储器，CD-ROM驱动器，扫描仪，显示器
D．打印机，CPU，内存储器，硬盘

9．计算机网络中常用的有线传输介质有______。
A．双绞线，红外线，同轴电缆
B．激光，光纤，同轴电缆
C．双绞线，光纤，同轴电缆
D．光纤，同轴电缆，微波

10．计算机的系统总线是计算机各部件间传递信息的公共通道，它分________。
A．数据总线和控制总线
B．地址总线和数据总线
C．数据总线、控制总线和地址总线
D．地址总线和控制总线

11．世界上公认的第一台电子计算机诞生在______。
A．中国　B．美国　C．英国　D．日本

12．计算机的技术性能指标主要是指______。
A．计算机所配备的程序设计语言、操作系统、外部设备
B．计算机的可靠性、可维性和可用性
C．显示器的分辨率、打印机的性能等配置
D．字长、主频、运算速度、内/外存容量

13．下列选项属于“计算机安全设置”的是______。
A．定期备份重要数据　B．不下载来路不明的软件及程序
C．停掉Guest账号　D．安装杀（防）毒软件

14．当电源关闭后，下列关于存储器的说法中，正确的是______。
A．存储在RAM中的数据不会丢失
B．存储在ROM中的数据不会丢失
C．存储在U盘中的数据会全部丢失
D．存储在硬盘中的数据会丢失

15．下列关于ASCII编码的叙述中，正确的是______。
A．一个字符的标准ASCII码占一个字节，其最高二进制位总为1
B．所有大写英文字母的ASCII码值都小于小写英文字母'a'的ASCII码值
C．所有大写英文字母的ASCII码值都大于小写英文字母'a'的ASCII码值
D．标准ASCII码表有256个不同的字符编码

16．正确的IP地址是______。
A．202.112.111.1　B．202.2.2.2.2
C．202.202.1　D．202.257.14.13

17．计算机网络的主要目标是实现______。
A．数据处理和网络游戏　B．文献检索和网上聊天
C．快速通信和资源共享　D．共享文件和收发邮件

18．下列软件中，属于系统软件的是______。

A．办公自动化软件　　B．Windows XP

C．管理信息系统　　D．指挥信息系统

19．以下名称是手机中的常用软件，属于系统软件的是______。

A．手机 QQ　　B．Android　　C．Skype　　D．微信

20．ROM 中的信息是______。

A．由计算机制造厂预先写入的

B．在系统安装时写入的

C．根据用户的需求，由用户随时写入的

D．由程序临时存入的

第 24 套题

1．计算机指令主要存放在______。

A．CPU　　B．内存　　C．硬盘　　D．键盘

2．下列叙述中，正确的是______。

A．内存中存放的只有程序代码

B．内存中存放的只有数据

C．内存中存放的既有程序代码又有数据

D．外存中存放的是当前正在执行的程序代码和所需的数据

3．CPU 主要技术性能指标有______。

A．字长、主频和运算速度　　B．可靠性和精度

C．耗电量和效率　　D．冷却效率

4．计算机硬件能直接识别、执行的语言是______。

A．汇编语言　　B．机器语言

C．高级程序语言　　D．C++语言

5．能保存网页地址的文件夹是______。

A．收件箱　　B．公文包

C．我的文档　　D．收藏夹

6．下列软件中，属于系统软件的是______。

A．航天信息系统　　B．Office 2003

C．Windows Vista　　D．决策支持系统

7．假设某台式计算机的内存储器容量为 4GB，硬盘容量为 1TB。硬盘的容量是内存容量的______。

A．40 倍　　B．60 倍　　C．80 倍　　D．100 倍

8．世界上第一台计算机是 1946 年在美国研制成功的，该计算机的英文缩写名为______。

A．MARK-II　　B．ENIAC　　C．EDSAC　　D．EDVAC

9．用“综合业务数字网”（又称“一线通”）接入因特网的优点是上网通话两不误，它的英文缩写是______。

A．ADSL　　B．ISDN　　C．ISP　　D．TCP

10．若已知一汉字的国标码是 5E38H，则其内码是______。

A．DEB8H　　B．DE38H　　C．5EB8H　　D．7E58H

11．以拨号方式接入 Internet 网______。

A．提高可靠性　　B．提高计算机的存储容量

C．运算速度快　　D．实现资源共享和快速通信

12．防火墙是指______。

A．一个特定软件　　B．一个特定硬件

C．执行访问控制策略的一组系统　　D．一批硬件的总称

13．下列设备组中，完全属于输入设备的一组是______。

A．CD-ROM 驱动器，键盘，显示器

B．绘图仪，键盘，鼠标

C．键盘，鼠标，扫描仪

D．打印机，硬盘，条码阅读器

14．1946 年首台电子数字计算机 ENIAC 问世后，冯• 诺伊曼（Von Neumann）在研制 EDVAC 计算机时，提出两个重要的改进，它们是______。

A．采用二进制和存储程序控制的概念

B．引入 CPU 和内存储器的概念

C．采用机器语言和十六进制

D．采用 ASCII 编码系统

15．有一域名为 bit.edu.cn，根据域名代码的规定，此域名表示______。

A．教育机构　　B．商业组织　　C．军事部门　　D．政府机关

16．计算机感染病毒的可能途径之一是______。

A．从键盘上输入数据

B．随意运行外来的、未经反病毒软件严格审查的软盘上的软件

C．所使用的软盘表面不清洁

D．电源不稳定

17．在数制的转换中，下列叙述中正确的一条是______。

A．对于相同的十进制正整数，随着基数 R 的增大，转换结果的位数小于或等于原数据的位数

B．对于相同的十进制正整数，随着基数 R 的增大，转换结果的位数大于或等于原数据的位数

C．不同数制的数字符是各不相同的，没有一个数字符是一样的

D．对于同一个整数值，二进制数表示的位数一定大于十进制数的位数

18．已知英文字母 m 的 ASCII 码值为 6DH，那么 ASCII 码值为 71H 的英文字母是______。

A．M　　B．j　　C．P　　D．q

19．十进制整数 127 转换为二进制整数等于______。

A．1010000　　B．0001000　　C．1111111　　D．1011000

20．计算机系统软件中，最基本、最核心的软件是______。

A．操作系统　　B．数据库管理系统

C．程序语言处理系统　　　　D．系统维护工具

第 25 套题

1．按电子计算机传统的分代方法，第一代至第四代计算机依次是______。

A．机械计算机，电子管计算机，晶体管计算机，集成电路计算机

B．晶体管计算机，集成电路计算机，大规模集成电路计算机，光器件计算机

C．电子管计算机，晶体管计算机，小、中规模集成电路计算机，大规模和超大规模集成电路计算机

D．手摇机械计算机，电动机械计算机，电子管计算机，晶体管计算机

2．在 ASCII 码表中，根据码值由小到大的排列顺序是______。

A．空格字符、数字符、大写英文字母、小写英文字母

B．数字符、空格字符、大写英文字母、小写英文字母

C．空格字符、数字符、小写英文字母、大写英文字母

D．数字符、大写英文字母、小写英文字母、空格字符

3．在以下列出的：①字处理软件，②Linux，③UNIX，④学籍管理系统，⑤Windows XP 和⑥Office 2003 等六个软件中，属于系统软件的有______。

A．①②③　　　　B．②③⑤

C．①②③⑤　　　　D．全部都不是

4．字长是 CPU 的主要性能指标之一，它表示______。

A．CPU 一次能处理二进制数据的位数

B．CPU 最长的十进制整数的位数

C．CPU 最大的有效数字位数

D．CPU 计算结果的有效数字长度

5．计算机操作系统通常具有的五大功能是______。

A．CPU 管理、显示器管理、键盘管理、打印机管理和鼠标管理

B．硬盘管理、U 盘管理、CPU 的管理、显示器管理和键盘管理

C．处理器（CPU）管理、存储管理、文件管理、设备管理和作业管理

D．启动、打印、显示、文件存取和关机

6．假设某台式计算机的内存储器容量为 2GB，硬盘容量为 1TB。硬盘的容量是内存容量的______。

A．200 倍　　B．160 倍　　C．120 倍　　D．100 倍

7．十进制数 18 转换成二进制数是______。

A．010101　　B．101000　　C．010010　　D．001010

8．若网络的各个结点通过中继器连接成一个闭合环路，则称这种拓扑结构为______。

A．总线型拓扑　　　　B．星型拓扑

C．树型拓扑　　　　D．环型拓扑

9．下列叙述中，正确的是______。

A．计算机病毒只在可执行文件中传染，不执行的文件不会传染

B．计算机病毒主要通过读/写移动存储器或 Internet 进行传播

C．只要删除所有感染了病毒的文件就可以彻底消除病毒

D．计算机杀病毒软件可以查出和清除任意已知的和未知的计算机病毒

10．一个完整的计算机系统应该包括______。

A．主机、键盘和显示器　　B．硬件系统和软件系统

C．主机和它的外部设备　　D．系统软件和应用软件

11．以下关于编译程序的说法正确的是______。

A．编译程序直接生成可执行文件

B．编译程序直接执行源程序

C．编译程序完成高级语言程序到低级语言程序的等价翻译

D．各种编译程序构造都比较复杂，所以执行效率高

12．一般而言，Internet 环境中的防火墙建立在______。

A．每个子网的内部

B．内部子网之间

C．内部网络与外部网络的交叉点

D．以上 3 个都不对

13．下列叙述中，正确的是______。

A．CPU 能直接读取硬盘上的数据

B．CPU 能直接存取内存储器上的数据

C．CPU 由存储器、运算器和控制器组成

D．CPU 主要用来存储程序和数据

14．在计算机中，每个存储单元都有一个连续的编号，此编号称为______。

A．地址　　B．位置号　　C．门牌号　　D．房号

15．下列关于指令系统的描述，正确的是______。

A．指令由操作码和控制码两部分组成

B．指令的地址码部分可能是操作数，也可能是操作数的内存单元地址

C．指令的地址码部分是不可缺少的

D．指令的操作码部分描述了完成指令所需要的操作数类型

16．若要将计算机与局域网连接，至少需要具有的硬件是 ______。

A．集线器　　B．网关　　C．网卡　　D．路由器

17．下列各类计算机程序语言中，不属于高级程序设计语言的是______。

A．Basic 语言　　B．C 语言

C．FORTRAN 语言　　D．汇编语言

18．下列各选项中，不属于 Internet 应用的是______。

A．新闻组　　B．远程登录　　C．网络协议　　D．搜索引擎

19．在微机的硬件设备中，有一种设备在程序设计中既可以当做输出设备，又可以当做输入设备，这种设备是 ______。

A．绘图仪　　B．网络摄像头　　C．手写笔　　D．磁盘驱动器

20．计算机网络中传输介质传输速率的单位是 bps，其含义是______。

A．字节/秒　　B．字/秒　　C．字段/秒　　D．二进制位/秒

第 26 套题

1．办公自动化（OA）按计算机应用的分类，它属于________。

A．科学计算　B．辅助设计　C．实时控制　D．数据处理

2．在因特网技术中，缩写 ISP 的中文全名是______。

A．因特网服务提供商　B．因特网服务产品

C．因特网服务协议　D．因特网服务程序

3．在下列字符中，其 ASCII 码值最小的一个是______。

A．9　B．p　C．Z　D．a

4．假设邮件服务器的地址是 email.bj163.com，则用户的正确的电子邮箱地址的格式是______。

A．用户名#email.bj163.com　B．用户名@email.bj163.com

C．用户名&email.bj163.com　D．用户名$email.bj163.com

5．把用高级程序设计语言编写的源程序翻译成目标程序（.OBJ）的程序称为______。

A．汇编程序　B．编辑程序　C．编译程序　D．解释程序

6．十进制整数 64 转换为二进制整数等于______。

A．1100000　B．1000000　C．1000100　D．1000010

7．下列不是度量存储器容量的单位是______。

A．KB　B．MB　C．GHz　D．GB

8．操作系统的主要功能是______。

A．对用户的数据文件进行管理，为用户提供管理文件的方便

B．对计算机的所有资源进行统一控制和管理，为用户使用计算机提供方便

C．对源程序进行编译和运行

D．对汇编语言程序进行翻译

9．计算机病毒是指能够侵入计算机系统并在计算机系统中潜伏、传播，破坏系统正常工作的一种具有繁殖能力的______。

A．流行性感冒病毒　B．特殊小程序

C．特殊微生物　D．源程序

10．组成一个完整的计算机系统应该包括______。

A．主机、鼠标、键盘和显示器

B．系统软件和应用软件

C．主机、显示器、键盘和音箱等外部设备

D．硬件系统和软件系统

11．计算机网络常用的传输介质中传输速率最快的是______。

A．双绞线　B．光纤

C．同轴电缆　D．电话线

12．以下程序设计语言是低级语言的是______。

A．FORTRAN 语言　B．Java 语言

C．Visual Basic 语言　D．80X86 汇编语言

13．随机存取存储器（RAM）的最大特点是______。

A．存储量极大，属于海量存储器

B．存储在其中的信息可以永久保存

C．一旦断电，存储在其上的信息将全部消失，且无法恢复

D．在计算机中，只是用来存储数据的

14．防火墙用于将 Internet 和内部网络隔离，因此它是______。

A．防止 Internet 火灾的硬件设施

B．抗电磁干扰的硬件设施

C．保护网线不受破坏的软件和硬件设施

D．保护网络安全和信息安全的软件和硬件设施

15．关于世界上第一台电子计算机 ENIAC 的叙述中，错误的是______。

A．ENIAC 是 1946 年在美国诞生的

B．它主要采用电子管和继电器

C．它是首次采用存储程序和程序控制自动工作的电子计算机

D．研制它的主要目的是用来计算弹道

16．为实现以 ADSL 方式接入 Internet，至少需要在计算机中内置或外置的一个关键硬件设备是______。

A．网卡　　B．集线器

C．服务器　　D．调制解调器（Modem）

17．用来控制、指挥和协调计算机各部件工作的是______。

A．运算器　　B．鼠标　　C．控制器　　D．存储器

18．CPU 的指令系统又称为______。

A．汇编语言　　B．机器语言

C．程序设计语言　　D．符号语言

19．计算机网络最突出的优点是______。

A．精度高　　B．运算速度快

C．容量大　　D．共享资源

20．已知三个字符为：a、X 和 5，按它们的 ASCII 码值升序排序，结果是______。

A．5，a，X　　B．a，5，X

C．X，a，5　　D．5，X，a

第 27 套题

1．在外部设备中，扫描仪属于______。

A．输出设备　　B．存储设备　　C．输入设备　　D．特殊设备

2．Http 是______。

A．网址　　B．域名

C．高级语言　　D．超文本传输协议

3．下列各存储器中，存取速度最快的一种是______。

A．RAM　　B．光盘　　C．U 盘　　D．硬盘

4．下列叙述中，正确的是______。

A．计算机病毒是由于光盘表面不清洁而造成的

B．计算机病毒主要通过读写移动存储器或 Internet 进行传播

C．只要把带病毒的优盘设置成只读状态，那么此盘上的病毒就不会因读盘而传染给另一台计算机

D．计算机病毒发作后，将造成计算机硬件永久性的物理损坏

5．Internet 中不同网络和不同计算机相互通信的协议是______。

A．ATM　　B．TCP/IP　　C．Novell　　D．X.25

6．下列不属于计算机特点的是______。

A．存储程序控制，工作自动化　　B．具有逻辑推理和判断能力

C．处理速度快、存储量大　　D．不可靠、故障率高

7．在下列字符中，其 ASCII 码值最大的一个是______。

A．9　　B．Q　　C．d　　D．F

8．CPU 的中文名称是______。

A．控制器　　B．不间断电源

C．算术逻辑部件　　D．中央处理器

9．TCP 协议的主要功能是______。

A．进行数据分组　　B．确保数据的可靠传输

C．确定数据传输路径　　D．提高数据传输速度

10．汇编语言是一种______。

A．依赖于计算机的低级程序设计语言

B．计算机能直接执行的程序设计语言

C．独立于计算机的高级程序设计语言

D．执行效率较低的程序设计语言

11．下列度量单位中，用来度量 CPU 时钟主频的是______。

A．MB/s　　B．MIPS　　C．GHz　　D．MB

12．下列各项中，正确的电子邮箱地址是______。

A．L202@sina.com　　B．TT202#yahoo.com

C．A112.256.23.8　　D．K201&yahoo.com.cn

13．十进制数 29 转换成无符号二进制数等于______。

A．11111　　B．11101　　C．11001　　D．11011

14．操作系统是计算机软件系统中______。

A．最常用的应用软件　　B．最核心的系统软件

C．最通用的专用软件　　D．最流行的通用软件

15．计算机之所以能按人们的意图自动进行工作，最直接的原因是因为采用了______。

A．二进制　　B．高速电子元件

C．程序设计语言　　D．存储程序控制

16．面向对象程序设计语言是一种______。

A．依赖于计算机的低级程序设计语言

B．计算机能直接执行的程序设计语言

C．可移植性较好的高级程序设计语言

D．执行效率较高的程序设计语言

17．操作系统中的文件管理系统为用户提供的功能是______。

A．按文件作者存取文件　　B．按文件名管理文件

C．按文件创建日期存取文件　　D．按文件大小存取文件

18．1KB 的准确数值是______。

A．1024Bytes　　B．1000Bytes　　C．1024bits　　D．1000bits

19．DVD-ROM 属于______。

A．大容量可读可写外存储器　　B．大容量只读外部存储器

C．CPU 可直接存取的存储器　　D．只读内存储器

20．为了防止信息被别人窃取，可以设置开机密码，下列密码设置最安全的是______。

A．12345678　　B．nd@YZ@g1

C．NDYZ　　D．Yingzhong

第 28 套题

1．局域网硬件中主要包括工作站、网络适配器、传输介质和______。

A．Modem　　B．交换机　　C．打印机　　D．中继站

2．Internet 最初创建时的应用领域是______。

A．经济　　B．军事　　C．教育　　D．外交

3．Pentium（奔腾）微机的字长是______。

A．8 位　　B．16 位　　C．32 位　　D．64 位

4．存储一个 48×48 点阵的汉字字形码需要的字节数是______。

A．384　　B．144　　C．256　　D．288

5．解释程序的功能是______。

A．解释执行汇编语言程序

B．解释执行高级语言程序

C．将汇编语言程序解释成目标程序

D．将高级语言程序解释成目标程序

6．十进制数 32 转换成无符号二进制整数是______。

A．100000　　B．100100　　C．100010　　D．101000

7．通常打印质量最好的打印机是______。

A．针式打印机　　B．点阵打印机

C．喷墨打印机　　D．激光打印机

8．因特网中 IP 地址可用四组十进制数表示，每组数字的取值范围是______。

A．0～127　　B．0～128　　C．0～255　　D．0～256

9．计算机网络的目标是实现______。

A．数据处理和网上聊天　　B．文献检索和收发邮件

C．资源共享和信息传输　　D．信息传输和网络游戏

10．传播计算机病毒的一大可能途径是______。

A．通过键盘输入数据时传入　　B．通过电源线传播

C．通过使用表面不清洁的光盘　　D．通过 Internet 传播

11．下列各组软件中，全部属于应用软件的是______。

A．视频播放系统、操作系统

B．军事指挥程序、数据库管理系统

C．导弹飞行控制系统、军事信息系统

D．航天信息系统、语言处理程序

12．把内存中数据传送到计算机的硬盘上去的操作称为______。

A．显示　　B．写盘　　C．输入　　D．读盘

13．影响一台计算机性能的关键部件是______。

A．CD-ROM　　B．硬盘　　C．CPU　　D．显示器

14．在标准 ASCII 码表中，已知英文字母 D 的 ASCII 码是 68，英文字母 A 的 ASCII 码是______。

A．64　　B．65　　C．96　　D．97

15．下列各存储器中，存取速度最快的一种是______。

A．U 盘　　B．内存储器　　C．光盘　　D．固定硬盘

16．电子计算机最早的应用领域是______。

A．数据处理　　B．科学计算

C．工业控制　　D．文字处理

17．微机上广泛使用的 Windows 是______。

A．多任务操作系统　　B．单任务操作系统

C．实时操作系统　　D．批处理操作系统

18．对声音波形采样时，采样频率越高，声音文件的数据量______。

A．越小　　B．越大

C．不变　　D．无法确定

19．组成计算机系统的两大部分是______。

A．硬件系统和软件系统　　B．主机和外部设备

C．系统软件和应用软件　　D．输入设备和输出设备

20．面向对象程序设计语言是______。

A．汇编语言　　B．机器语言

C．高级程序语言　　D．形式语言

第 29 套题

1．域名 ABC.XYZ.COM.CN 中主机名是______。

A．ABC　　B．XYZ　　C．COM　　D．CN

2．与高级语言相比，汇编语言编写的程序通常______。

A．执行效率更高　　B．更短

C．可读性更好　　D．移植性更好

3．存储 1024 个 24×24 点阵的汉字字形码需要的字节数是______。

A．720B　　B．72KB　　C．7000B　　D．7200B

4．微机的销售广告中“P4 2.4G/256M/80G”中的 2.4G 是表示______。

A．CPU 的运算速度为 2.4GIPS

B．CPU 为 Pentium 4 的 2.4 代

C．CPU 的时钟主频为 2.4GHz

D．CPU 与内存间的数据交换速率是 2.4Gbps

5．英文缩写 ROM 的中文译名是______。

A．高速缓冲存储器　　B．只读存储器

C．随机存取存储器　　D．优盘

6．一个字符的标准 ASCII 码的长度是______。

A．7 bits　　B．8 bits　　C．16 bits　　D．6 bits

7．设任意一个十进制整数为 D，转换成二进制数为 B。根据数制的概念，下列叙述中正确的是______。

A．数字 B 的位数<数字 D 的位数　　B．数字 B 的位数≤数字 D 的位数

C．数字 B 的位数≥数字 D 的位数　　D．数字 B 的位数>数字 D 的位数

8．下列叙述中，错误的是______。

A．内存储器一般由 ROM 和 RAM 组成

B．RAM 中存储的数据一旦断电就全部丢失

C．CPU 不能访问内存储器

D．存储在 ROM 中的数据断电后也不会丢失

9．通常网络用户使用的电子邮箱建在______。

A．用户的计算机上　　B．发件人的计算机上

C．ISP 的邮件服务器上　　D．收件人的计算机上

10．能够利用无线移动网络上网的是______。

A．内置无线网卡的笔记本电脑　　B．部分具有上网功能的手机

C．部分具有上网功能的平板电脑　　D．以上全部

11．在下列设备中，不能作为微机输出设备的是______。

A．鼠标　　B．打印机　　C．显示器　　D．绘图仪

12．实现音频信号数字化最核心的硬件电路是______。

A．A/D 转换器　　B．D/A 转换器

C．数字编码器　　D．数字解码器

13．下列说法正确的是______。

A．CPU 可直接处理外存上的信息

B．计算机可以直接执行高级语言编写的程序

C．计算机可以直接执行机器语言编写的程序

D．系统软件是买来的软件，应用软件是自己编写的软件

14．Internet 实现了分布在世界各地的各类网络的互联，其最基础和核心的协议是______。

A．HTTP　　B．FTP　　C．HTML　　D．TCP/IP

15．Windows 是计算机系统中的______。
A．主要硬件 B．系统软件 C．工具软件 D．应用软件

16．操作系统对磁盘进行读/写操作的物理单位是______。
A．磁道 B．字节
C．扇区 D．文件

17．下列各软件中，不是系统软件的是______。
A．操作系统 B．语言处理系统
C．指挥信息系统 D．数据库管理系统

18．当计算机病毒发作时，主要造成的破坏是______。
A．对磁盘片的物理损坏
B．对磁盘驱动器的损坏
C．对 CPU 的损坏
D．对存储在硬盘上的程序、数据甚至系统的破坏

19．在计算机内部用来传送、存储、加工处理的数据或指令所采用的形式是______。
A．十进制码 B．二进制码 C．八进制码 D．十六进制码

20．计算机技术中，下列的英文缩写和中文名字的对照中，正确的是______。
A．CAD——计算机辅助制造 B．CAM——计算机辅助教育
C．CIMS——计算机集成制造系统 D．CAI——计算机辅助设计

第 30 套题

1．十进制数 60 转换成无符号二进制整数是______。
A．0111100 B．0111010 C．0111000 D．0110110

2．在标准 ASCII 编码表中，数字码、小写英文字母和大写英文字母的前后次序是______。
A．数字、小写英文字母、大写英文字母
B．小写英文字母、大写英文字母、数字
C．数字、大写英文字母、小写英文字母
D．大写英文字母、小写英文字母、数字

3．下列叙述中，正确的是______。
A．C++是一种高级程序设计语言
B．用 C++程序设计语言编写的程序可以无需经过编译就能直接在机器上运行
C．汇编语言是一种低级程序设计语言，且执行效率很低
D．机器语言和汇编语言是同一种语言的不同名称

4．用来存储当前正在运行的应用程序和其相应数据的存储器是______。
A．RAM B．硬盘 C．ROM D．CD-ROM

5．下列不能用作存储容量单位的是______。
A．Byte B．GB C．MIPS D．KB

6．下列的英文缩写和中文名字的对照中，正确的是______。
A．CAD——计算机辅助设计 B．CAM——计算机辅助教育
C．CIMS——计算机集成管理系统 D．CAI——计算机辅助制造

7．下列选项中，既可作为输入设备又可作为输出设备的是______。

A．扫描仪　　B．绘图仪　　C．鼠标　　D．磁盘驱动器

8．下列叙述中，正确的是______。

A．字长为 16 位表示这台计算机最大能计算一个 16 位的十进制数

B．字长为 16 位表示这台计算机的 CPU 一次能处理 16 位二进制数

C．运算器只能进行算术运算

D．SRAM 的集成度高于 DRAM

9．下列关于磁道的说法中，正确的是______。

A．盘面上的磁道是一组同心圆

B．由于每一磁道的周长不同，所以每一磁道的存储容量也不同

C．盘面上的磁道是一条阿基米德螺线

D．磁道的编号是最内圈为 0，并依序由内向外逐渐增大，最外圈的编号最大

10．调制解调器（Modem）的主要功能是______。

A．模拟信号的放大

B．数字信号的放大

C．数字信号的编码

D．模拟信号与数字信号之间的相互转换

11．操作系统将 CPU 的时间资源划分成极短的时间片，轮流分配给各终端用户，使终端用户单独分享 CPU 的时间片，有独占计算机的感觉，这种操作系统称为______。

A．实时操作系统　　B．批处理操作系统

C．分时操作系统　　D．分布式操作系统

12．CPU 中，除了内部总线和必要的寄存器外，主要的两大部件分别是运算器和______。

A．控制器　　B．存储器　　C．Cache　　D．编辑器

13．组成一个计算机系统的两大部分是______。

A．系统软件和应用软件　　B．硬件系统和软件系统

C．主机和外部设备　　D．主机和输入/出设备

14．若对音频信号以 10kHz 采样率、16 位量化精度进行数字化，则每分钟的双声道数字化声音信号产生的数据量约为______。

A．1.2MB　　B．1.6MB　　C．2.4MB　　D．4.8MB

15．计算机网络的目标是实现______。

A．数据处理　　B．文献检索

C．资源共享和信息传输　　D．信息传输

16．为了提高软件开发效率，开发软件时应尽量采用______。

A．汇编语言　　B．机器语言　　C．指令系统　　D．高级语言

17．在计算机网络中，英文缩写 WAN 的中文名是______。

A．局域网　　B．无线网　　C．广域网　　D．城域网

18．接入因特网的每台主机都有一个唯一可识别的地址，称为______。

A．TCP 地址　　B．IP 地址

C．TCP/IP 地址　　D．URL

19．下列各组软件中，全部属于应用软件的是______。

A．音频播放系统、语言编译系统、数据库管理系统

B．文字处理程序、军事指挥程序、UNIX

C．导弹飞行系统、军事信息系统、航天信息系统

D．Word 2010、Photoshop、Windows 7

20．写邮件时，除了发件人地址之外，另一项必须要填写的是______。

A．信件内容　　B．收件人地址　　C．主题　　D．抄送

第 31 套题

1．随着 Internet 的发展，越来越多的计算机感染病毒的可能途径之一是______。

A．从键盘上输入数据

B．通过电源线

C．所使用的光盘表面不清洁

D．通过 Internet 的 E-mail，附着在电子邮件的信息中

2．计算机技术中，下列度量存储器容量的单位中，最大的单位是______。

A．KB　　B．MB　　C．Byte　　D．GB

3．字长是 CPU 的主要技术性能指标之一，它表示的是______。

A．CPU 的计算结果的有效数字长度

B．CPU 一次能处理二进制数据的位数

C．CPU 能表示的最大的有效数字位数

D．CPU 能表示的十进制整数的位数

4．计算机网络是一个______。

A．管理信息系统　　B．编译系统

C．在协议控制下的多机互联系统　　D．网上购物系统

5．下列设备中，可以作为微机输入设备的是______。

A．打印机　　B．显示器

C．鼠标　　D．绘图仪

6．关于汇编语言程序______。

A．相对于高级程序设计语言程序具有良好的可移植性

B．相对于高级程序设计语言程序具有良好的可读性

C．相对于机器语言程序具有良好的可移植性

D．相对于机器语言程序具有较高的执行效率

7．下列叙述中，错误的是______。

A．硬磁盘可以与 CPU 之间直接交换数据

B．硬磁盘在主机箱内，可以存放大量文件

C．硬磁盘是外存储器之一

D．硬磁盘的技术指标之一是每分钟的转速 rpm

8．一般说来，数字化声音的质量越高，则要求______。

A．量化位数越少、采样率越低　　B．量化位数越多、采样率越高

C．量化位数越少、采样率越高　　D．量化位数越多、采样率越低

9．根据域名代码规定，表示政府部门网站的域名代码是______。

A．.net　　B．.com　　C．.gov　　D．.org

10．十进制数 59 转换成无符号二进制整数是______。

A．0111101　　B．0111011　　C．0110101　　D．0111111

11．下列关于 CPU 的叙述中，正确的是______。

A．CPU 能直接读取硬盘上的数据

B．CPU 能直接与内存储器交换数据

C．CPU 主要组成部分是存储器和控制器

D．CPU 主要用来执行算术运算

12．下列各组软件中，属于应用软件的一组是______。

A．Windows XP 和管理信息系统

B．UNIX 和文字处理程序

C．Linux 和视频播放系统

D．Office 2003 和军事指挥程序

13．在 Internet 上浏览时，浏览器和 WWW 服务器之间传输网页使用的协议是______。

A．Http　　B．IP　　C．Ftp　　D．Smtp

14．“千兆以太网”通常是一种高速局域网，其网络数据传输速率大约为______。

A．1000000 位/秒　　B．1000000000 位/秒

C．1000000 字节/秒　　D．1000000000 字节/秒

15．一个完整的计算机系统应该包括______。

A．主机、键盘和显示器　　B．硬件系统和软件系统

C．主机和它的外部设备　　D．系统软件和应用软件

16．用来存储当前正在运行的应用程序及相应数据的存储器是______。

A．内存　　B．硬盘　　C．U 盘　　D．CD-ROM

17．下列叙述中，正确的是______。

A．高级语言编写的程序可移植性差

B．机器语言就是汇编语言，无非是名称不同而已

C．指令是由一串二进制数 0、1 组成的

D．用机器语言编写的程序可读性好

18．在标准 ASCII 码表中，已知英文字母 A 的十进制码值是 65，英文字母 a 的十进制码值是______。

A．95　　B．96　　C．97　　D．91

19．下列软件中，不是操作系统的是______。

A．Linux　　B．UNIX　　C．MS-DOS　　D．MS Office

20．下列的英文缩写和中文名字的对照中，错误的是______。

A．CAD——计算机辅助设计　　B．CAM——计算机辅助制造

C．CIMS——计算机集成管理系统　　D．CAI——计算机辅助教育

第 32 套题

1. 某 800 万像素的数码相机，拍摄照片的最高分辨率大约是______。
   A. 3200×2400　　B. 2048×1600
   C. 1600×1200　　D. 1024×768
2. 办公自动化（OA）是计算机的一项应用，按计算机应用的分类，它属于______。
   A. 科学计算　　B. 辅助设计
   C. 实时控制　　D. 信息处理
3. 通常所说的计算机的主机是指______。
   A. CPU 和内存　　B. CPU 和硬盘
   C. CPU、内存和硬盘　　D. CPU、内存与 CD-ROM
4. 十进制数 100 转换成无符号二进制整数是______。
   A. 0110101　　B. 01101000　　C. 01100100　　D. 01100110
5. 用 MIPS 衡量的计算机性能指标是______。
   A. 处理能力　　B. 存储容量　　C. 可靠性　　D. 运算速度
6. 第二代电子计算机的主要元件是______。
   A. 继电器　　B. 晶体管　　C. 电子管　　D. 集成电路
7. 下面关于操作系统的叙述中，正确的是______。
   A. 操作系统是计算机软件系统中的核心软件
   B. 操作系统属于应用软件
   C. Windows 是 PC 机唯一的操作系统
   D. 操作系统的五大功能是：启动、打印、显示、文件存取和关机
8. 1GB 的准确值是______。
   A. 1024×1024 Bytes　　B. 1024 KB
   C. 1024 MB　　D. 1000×1000 KB
9. 显示器的主要技术指标之一是______。
   A. 分辨率　　B. 亮度　　C. 重量　　D. 耗电量
10. 下列关于电子邮件的叙述中，正确的是______。
    A. 如果收件人的计算机没有打开时，发件人发来的电子邮件将丢失
    B. 如果收件人的计算机没有打开时，发件人发来的电子邮件将退回
    C. 如果收件人的计算机没有打开时，当收件人的计算机打开时再重发
    D. 发件人发来的电子邮件保存在收件人的电子邮箱中，收件人可随时接收
11. 在 CD 光盘上标记有“CD-RW”字样，“RW”标记表明该光盘是______。
    A. 只能写入一次，可以反复读出的一次性写入光盘
    B. 可多次擦除型光盘
    C. 只能读出，不能写入的只读光盘
    D. 其驱动器单倍速为 1350KB/S 的高密度可读写光盘
12. 下列软件中，属于应用软件的是______。
    A. 操作系统　　B. 数据库管理系统

C．程序设计语言处理系统　　D．管理信息系统

13．下列选项属于面向对象程序设计语言是______。

A．Java 和 C　　B．Java 和 C++

C．VB 和 C　　D．VB 和 Word

14．下列叙述中，正确的是______。

A．用高级语言编写的程序称为源程序

B．计算机能直接识别、执行用汇编语言编写的程序

C．机器语言编写的程序执行效率最低

D．不同型号的 CPU 具有相同的机器语言

15．计算机中，负责指挥计算机各部分自动协调一致地进行工作的部件是______。

A．运算器　　B．控制器　　C．存储器　　D．总线

16．在标准 ASCII 码表中，已知英文字母 K 的十六进制码值是 4B，则二进制 ASCII 码 1001000 对应的字符是______。

A．G　　B．H　　C．I　　D．J

17．为防止计算机病毒传染，应该做到______。

A．无病毒的 U 盘不要与来历不明的 U 盘放在一起

B．不要复制来历不明 U 盘中的程序

C．长时间不用的 U 盘要经常格式化

D．U 盘中不要存放可执行程序

18．目前广泛使用的 Internet，其前身可追溯到______。

A．ARPAnet　　B．CHINAnet

C．DECnet　　D．Novell

19．计算机网络是计算机技术和______。

A．自动化技术的结合　　B．通信技术的结合

C．电缆等传输技术的结合　　D．信息技术的结合

20．硬盘属于______。

A．内部存储器　　B．外部存储器

C．只读存储器　　D．输出设备

第 33 套题

1．下列关于电子邮件的说法，正确的是______。

A．收件人必须有 E-mail 账号，发件人可以没有 E-mail 账号

B．发件人必须有 E-mail 账号，收件人可以没有 E-mail 账号

C．发件人和收件人均必须有 E-mail 账号

D．发件人必须知道收件人的邮政编码

2．在标准 ASCII 码表中，已知英文字母 A 的 ASCII 码是 01000001，英文字母 D 的 ASCII 码是______。

A．01000011　　B．01000100

C．01000101　　D．01000110

3．下面关于随机存取存储器（RAM）的叙述，正确的是______。

A．存储在 SRAM 或 DRAM 中的数据在断电后将全部丢失且无法恢复

B．SRAM 的集成度比 DRAM 高

C．DRAM 的存取速度比 SRAM 快

D．DRAM 常用来作 Cache 用

4．对一个图形来说，通常用位图格式文件存储与用矢量格式文件存储所占用的空间比较______。

A．更小　　B．更大　　C．相同　　D．无法确定

5．下列选项中，不属于显示器主要技术指标的是______。

A．分辨率　　B．重量　　C．像素的点距　　D．显示器的尺寸

6．下列软件中，属于系统软件的是______。

A．C++编译程序　　B．Excel 2003

C．学籍管理系统　　D．财务管理系统

7．广域网中采用的交换技术大多是______。

A．电路交换　　B．报文交换　　C．分组交换　　D．自定义交换

8．“铁路联网售票系统”按计算机应用的分类，它属于______。

A．科学计算　　B．辅助设计　　C．实时控制　　D．信息处理

9．下列叙述中，正确的是______。

A．用高级语言编写的程序可移植性好

B．用高级语言编写的程序运行效率最高

C．用机器语言编写的程序执行效率最低

D．用高级语言编写的程序的可读性最差

10．移动硬盘或优盘连接计算机所使用的接口通常是______。

A．RS-232C 接口　　B．并行接口

C．USB　　D．UBS

11．编译程序将高级语言程序翻译成与之等价的机器语言程序，该机器语言程序称为______。

A．工作程序　　B．机器程序　　C．临时程序　　D．目标程序

12．计算机主要技术指标通常指______。

A．所配备的系统软件的版本

B．CPU 的时钟频率、运算速度、字长和存储容量

C．扫描仪的分辨率、打印机的配置

D．硬盘容量的大小

13．“32 位微机”中的 32 位指的是______。

A．微机型号　　B．内存容量　　C．存储单位　　D．机器字长

14．操作系统是______。

A．主机与外设的接口

B．用户与计算机的接口

C．系统软件与应用软件的接口

D．高级语言与汇编语言的接口

15．无符号二进制整数111111转换成十进制数是______。

A．71　　B．65　　C．63　　D．62

16．通信技术主要是用于扩展人的______。

A．处理信息功能　　B．传递信息功能

C．收集信息功能　　D．信息的控制与使用功能

17．在因特网上，一台计算机可以作为另一台主机的远程终端，使用该主机的资源，该项服务称为______。

A．Telnet　　B．BBS

C．FTP　　D．WWW

18．组成微型机主机的部件是______。

A．内存和硬盘

B．CPU、显示器和键盘

C．CPU和内存

D．CPU、内存、硬盘、显示器和键盘

19．下列关于计算机病毒的描述，正确的是_____。

A．正版软件不会受到计算机病毒的攻击

B．光盘上的软件不可能携带计算机病毒

C．计算机病毒是一种特殊的计算机程序，因此数据文件中不可能携带病毒

D．任何计算机病毒一定会有清除的办法

20．在计算机的硬件技术中，构成存储器的最小单位是______。

A．字节（Byte）　　B．二进制位（bit）

C．字（Word）　　D．双字（Double Word）

第34套题

1．下列软件中，属于应用软件的是______。

A．Windows XP　　B．PowerPoint 2003

C．UNIX　　D．Linux

2．下列设备组中，完全属于外部设备的一组是______。

A．激光打印机，移动硬盘，鼠标

B．CPU，键盘，显示器

C．SRAM内存条，CD-ROM驱动器，扫描仪

D．优盘，内存储器，硬盘

3．操作系统的作用是______。

A．用户操作规范　　B．管理计算机硬件系统

C．管理计算机软件系统　　D．管理计算机系统的所有资源

4．用户名为XUEJY的正确电子邮件地址是______。

A．XUEJY @ bj163.com　　B．XUEJY&bj163.com

C．XUEJY#bj163.com　　D．XUEJY@bj163.com

5．微机的字长是 4 个字节，这意味着______。

A．能处理的最大数值为 4 位十进制数 9999

B．能处理的字符串最多由 4 个字符组成

C．在 CPU 中作为一个整体加以传送处理的为 32 位二进制代码

D．在 CPU 中运算的最大结果为 2 的 32 次方

6．以.jpg 为扩展名的文件通常是______。

A．文本文件　　B．音频信号文件

C．图像文件　　D．视频信号文件

7．下列各项中，非法的 Internet IP 地址是______。

A．202.96.12.14　　B．202.196.72.140

C．112.256.23.8　　D．201.124.38.79

8．早期的计算机语言中，所有的指令、数据都用一串二进制数 0 和 1 表示，这种语言称为______。

A．Basic 语言　　B．机器语言

C．汇编语言　　D．Java 语言

9．下面关于优盘的描述中，错误的是______。

A．优盘有基本型、增强型和加密型三种

B．优盘的特点是重量轻、体积小

C．优盘多固定在机箱内，不便携带

D．断电后，优盘还能保持存储的数据不丢失

10．在下列关于字符大小关系的说法中，正确的是______。

A．空格>a>A　　B．空格>A>a

C．a>A>空格　　D．A>a>空格

11．计算机病毒的危害表现为______。

A．能造成计算机芯片的永久性失效

B．使磁盘霉变

C．影响程序运行，破坏计算机系统的数据与程序

D．切断计算机系统电源

12．以下有关光纤通信的说法中错误的是______。

A．光纤通信是利用光导纤维传导光信号来进行通信的

B．光纤通信具有通信容量大、保密性强和传输距离长等优点

C．光纤线路的损耗大，所以每隔 1～2 公里距离就需要中继器

D．光纤通信常用波分多路复用技术提高通信容量

13．下面关于 USB 的叙述中，错误的是______。

A．USB 接口的尺寸比并行接口大得多

B．USB2.0 的数据传输率大大高于 USB1.1

C．USB 具有热插拔与即插即用的功能

D．在 Windows XP 下，使用 USB 接口连接的外部设备（如移动硬盘、U 盘等）不需要驱动程序

14．KB（千字节）是度量存储器容量大小的常用单位之一，1KB 等于______。
A．1000 个字节　　B．1024 个字节
C．1000 个二进位　　D．1024 个字

15．UPS 的中文译名是______。
A．稳压电源　　B．不间断电源　　C．高能电源　　D．调压电源

16．按照数的进位制概念，下列各个数中正确的八进制数是______。
A．1101　　B．7081　　C．1109　　D．B03A

17．局域网中，提供并管理共享资源的计算机称为______。
A．网桥　　B．网关　　C．服务器　　D．工作站

18．下列描述正确的是______。
A．计算机不能直接执行高级语言源程序，但可以直接执行汇编语言源程序
B．高级语言与 CPU 型号无关，但汇编语言与 CPU 型号相关
C．高级语言源程序不如汇编语言源程序的可读性好
D．高级语言程序不如汇编语言程序的移植性好

19．电子商务的本质是______。
A．计算机技术　　B．电子技术
C．商务活动　　D．网络技术

20．下列度量单位中，用来度量计算机外部设备传输率的是______。
A．MB/s　　B．MIPS　　C．GHz　　D．MB

第 35 套题

1．调制解调器（Modem）的功能是______。
A．将计算机的数字信号转换成模拟信号
B．将模拟信号转换成计算机的数字信号
C．将数字信号与模拟信号互相转换
D．为了上网与接电话两不误

2．下面关于随机存取存储器（RAM）的叙述中，正确的是______。
A．RAM 分静态 RAM（SRAM）和动态 RAM（DRAM）两大类
B．SRAM 的集成度比 DRAM 高
C．DRAM 的存取速度比 SRAM 快
D．DRAM 中存储的数据无须“刷新”

3．汉字国标码（GB2312-80）把汉字分成______。
A．简化字和繁体字两个等级
B．一级汉字，二级汉字和三级汉字三个等级
C．一级常用汉字，二级次常用汉字两个等级
D．常用字，次常用字，罕见字三个等级

4．若网络的各个结点均连接到同一条通信线路上，且线路两端有防止信号反射的装置，这种拓扑结构称为______。
A．总线型拓扑　　B．星型拓扑　　C．树型拓扑　　D．环型拓扑

5．显示器的参数：1024×768，它表示______。

A．显示器分辨率　　B．显示器颜色指标

C．显示器屏幕大小　　D．显示每个字符的列数和行数

6．下列说法中，正确的是______。

A．只要将高级程序语言编写的源程序文件（如 try.c）的扩展名更改为.exe，则它就成为可执行文件了

B．高档计算机可以直接执行用高级程序语言编写的程序

C．高级语言源程序只有经过编译和链接后才能成为可执行程序

D．用高级程序语言编写的程序可移植性和可读性都很差

7．以.wav 为扩展名的文件通常是______。

A．文本文件　　B．音频信号文件

C．图像文件　　D．视频信号文件

8．计算机的硬件主要包括：中央处理器、存储器、输出设备和______。

A．键盘　　B．鼠标　　C．输入设备　　D．显示器

9．已知三个字符为：a、Z 和 8，按它们的 ASCII 码值升序排序，结果是______。

A．8，a，Z　　B．a，8，Z　　C．a，Z，8　　D．8，Z，a

10．下列关于操作系统的描述，正确的是______。

A．操作系统中只有程序没有数据

B．操作系统提供的人机交互接口其他软件无法使用

C．操作系统是一种最重要的应用软件

D．一台计算机可以安装多个操作系统

11．目前许多消费电子产品（数码相机、数字电视机等）中都使用了不同功能的微处理器来完成特定的处理任务，计算机的这种应用属于______。

A．科学计算　　B．实时控制　　C．嵌入式系统　　D．辅助设计

12．计算机有多种技术指标，其中主频是指______。

A．内存的时钟频率　　B．CPU 内核工作的时钟频率

C．系统时钟频率，也叫外频　　D．总线频率

13．下列叙述中，错误的是______。

A．硬盘在主机箱内，它是主机的组成部分

B．硬盘属于外部存储器

C．硬盘驱动器既可作输入设备又可作输出设备用

D．硬盘与 CPU 之间不能直接交换数据

14．计算机病毒______。

A．不会对计算机操作人员造成身体损害

B．会导致所有计算机操作人员感染致病

C．会导致部分计算机操作人员感染致病

D．会导致部分计算机操作人员感染病毒，但不会致病

15．根据 Internet 的域名代码规定，域名中的______表示商业组织的网站。

A．.net　　B．.com　　C．.gov　　D．.org

16．在不同进制的四个数中，最小的一个数是______。
A．11011001（二进制）　　B．75（十进制）
C．37（八进制）　　D．2A（十六进制）

17．十进制数 121 转换成无符号二进制整数是______。
A．1111001　　B．111001　　C．1001111　　D．100111

18．一个完整的计算机软件应包含______。
A．系统软件和应用软件　　B．编辑软件和应用软件
C．数据库软件和工具软件　　D．程序、相应数据和文档

19．将目标程序（.OBJ）转换成可执行文件（.EXE）的程序称为______。
A．编辑程序　　B．编译程序　　C．链接程序　　D．汇编程序

20．下列说法中正确的是______。
A．计算机体积越大，功能越强
B．微机 CPU 主频越高，其运算速度越快
C．两个显示器的屏幕大小相同，它们的分辨率也相同
D．激光打印机打印的汉字比喷墨打印机多

第 36 套题

1．对 CD-ROM 可以进行的操作是______。
A．读或写　　B．只能读不能写
C．只能写不能读　　D．能存不能取

2．操作系统管理用户数据的单位是______。
A．扇区　　B．文件　　C．磁道　　D．文件夹

3．下列关于域名的说法正确的是______。
A．域名就是 IP 地址
B．域名的使用对象仅限于服务器
C．域名完全由用户自行定义
D．域名系统按地理域或机构域分层，采用层次结构

4．下列叙述中，正确的是______。
A．一个字符的标准 ASCII 码占一个字节的存储量，其最高位二进制总为 0
B．大写英文字母的 ASCII 码值大于小写英文字母的 ASCII 码值
C．同一个英文字母（如 A）的 ASCII 码和它在汉字系统下的全角内码是相同的
D．一个字符的 ASCII 码与它的内码是不同的

5．下列关于计算机病毒的叙述中，正确的是______。
A．计算机病毒的特点之一是具有免疫性
B．计算机病毒是一种有逻辑错误的小程序
C．反病毒软件必须随着新病毒的出现而升级，提高查、杀病毒的功能
D．感染过计算机病毒的计算机具有对该病毒的免疫性

6．微机硬件系统中最核心的部件是______。
A．内存储器　　B．输入输出设备

C．CPU　　D．硬盘

7．以.txt 为扩展名的文件通常是______。

A．文本文件　　B．音频信号文件

C．图像文件　　D．视频信号文件

8．将汇编源程序翻译成目标程序（.OBJ）的程序称为______。

A．编辑程序　　B．编译程序

C．链接程序　　D．汇编程序

9．调制解调器（Modem）的主要技术指标是数据传输速率，它的度量单位是______。

A．MIPS　　B．Mbps　　C．dpi　　D．KB

10．一个汉字的国标码需用 2 字节存储，其每个字节的最高二进制位的值分别为______。

A．0，0　　B．1，0　　C．0，1　　D．1，1

11．从网上下载软件时，使用的网络服务类型是______。

A．文件传输　　B．远程登录　　C．信息浏览　　D．电子邮件

12．计算机技术中，英文缩写 CPU 的中文译名是______。

A．控制器　　B．运算器　　C．中央处理器　　D．寄存器

13．字长为 7 位的无符号二进制整数能表示的十进制整数的数值范围是______。

A．0～128　　B．0～255　　C．0～127　　D．1～127

14．在下列网络的传输介质中，抗干扰能力最好的一个是______。

A．光缆　　B．同轴电缆　　C．双绞线　　D．电话线

15．下列各项中两个软件均属于系统软件的是______。

A．MIS 和 UNIX　　B．WPS 和 UNIX

C．DOS 和 UNIX　　D．MIS 和 WPS

16．下列说法错误的是______。

A．汇编语言是一种依赖于计算机的低级程序设计语言

B．计算机可以直接执行机器语言程序

C．高级语言通常都具有执行效率高的特点

D．为提高开发效率，开发软件时应尽量采用高级语言

17．Cache 的中文译名是______。

A．缓冲器　　B．只读存储器

C．高速缓冲存储器　　D．可编程只读存储器

18．在微机中，VGA 属于______。

A．微机型号　　B．显示器型号

C．显示标准　　D．打印机型号

19．除硬盘容量大小外，下列也属于硬盘技术指标的是______。

A．转速　　B．平均访问时间

C．传输速率　　D．以上全部

20．英文缩写 CAI 的中文意思是______。

A．计算机辅助教学　　B．计算机辅助制造

C．计算机辅助设计　　D．计算机辅助管理

第 37 套题

1．以.avi 为扩展名的文件通常是______。

A．文本文件　　B．音频信号文件

C．图像文件　　D．视频信号文件

2．在微机中，I/O 设备是指______。

A．控制设备　　B．输入输出设备

C．输入设备　　D．输出设备

3．FTP 是因特网中______。

A．用于传送文件的一种服务　　B．发送电子邮件的软件

C．浏览网页的工具　　D．一种聊天工具

4．标准的 ASCII 码用 7 位二进制数表示，可表示不同的编码个数是______。

A．127　　B．128　　C．255　　D．256

5．下列度量单位中，用来度量计算机网络数据传输速率（比特率）的是______。

A．MB/s　　B．MIPS　　C．GHz　　D．Mbps

6．编译程序属于______。

A．系统软件　　B．应用软件

C．操作系统　　D．数据库管理软件

7．一个字长为 8 位的无符号二进制整数能表示的十进制数值范围是______。

A．0～256　　B．0～255　　C．1～256　　D．1～255

8．下列关于计算机病毒的叙述中，正确的是______。

A．所有计算机病毒只在可执行文件中传染

B．计算机病毒可通过读写移动硬盘或 Internet 进行传播

C．只要把带毒优盘设置成只读状态，那么此盘上的病毒就不会因读盘而传染给另一台计算机

D．清除病毒的最简单的方法是删除已感染病毒的文件

9．根据汉字国标 GB2312-80 的规定，一个汉字的内码码长为______。

A．8bit　　B．12bit　　C．16bit　　D．24bit

10．计算机网络中，若所有的计算机都连接到一个中心结点上，当一个网络结点需要传输数据时，首先传输到中心结点上，然后由中心结点转发到目的结点，这种连接结构称为______。

A．总线结构　　B．环型结构

C．星型结构　　D．网状结构

11．用助记符代替操作码、地址符号代替操作数的面向机器的语言是______。

A．汇编语言　　B．FORTRAN 语言

C．机器语言　　D．高级语言

12．移动硬盘与 U 盘相比，最大的优势是______。

A．容量大　　B．速度快　　C．安全性高　　D．兼容性好

13．当前流行的 Pentium 4 CPU 的字长是______。

A．8bit　　B．16bit　　C．32bit　　D．64bit

14．组成计算机硬件系统的基本部分是______。

A．CPU、键盘和显示器　　B．主机和输入/输出设备

C．CPU 和输入/输出设备　　D．CPU、硬盘、键盘和显示器

15．“32 位微型计算机”中的 32，是指下列技术指标中的______。

A．CPU 功耗　B．CPU 字长　C．CPU 主频　D．CPU 型号

16．数码相机里的照片可以利用计算机软件进行处理，计算机的这种应用属于______。

A．图像处理　B．实时控制　C．嵌入式系统　D．辅助设计

17．高级程序设计语言的特点是______。

A．高级语言数据结构丰富

B．高级语言与具体的机器结构密切相关

C．高级语言接近算法语言不易掌握

D．用高级语言编写的程序计算机可立即执行

18．关于因特网防火墙，下列叙述中错误的是______。

A．为单位内部网络提供了安全边界

B．防止外界入侵单位内部网络

C．可以阻止来自内部的威胁与攻击

D．可以使用过滤技术在网络层对数据进行选择

19．下列选项中，完整描述计算机操作系统作用的是______。

A．它是用户与计算机的界面

B．它对用户存储的文件进行管理，方便用户

C．它执行用户键入的各类命令

D．它管理计算机系统的全部软、硬件资源，合理组织计算机的工作流程，以达到充分发挥计算机资源的效能，为用户提供使用计算机的友好界面

20．计算机内存中用于存储信息的部件是______。

A．U 盘　B．只读存储器　C．硬盘　D．RAM

第 38 套题

1．用 8 位二进制数能表示的最大的无符号整数相当于十进制整数______。

A．255　B．256　C．128　D．127

2．摄像头属于______。

A．控制设备　B．存储设备　C．输出设备　D．输入设备

3．ROM 是指______。

A．随机存储器　B．只读存储器　C．外存储器　D．辅助存储器

4．CPU 的主要性能指标是______。

A．字长和时钟主频　　B．可靠性

C．耗电量和效率　　D．发热量和冷却效率

5．构成 CPU 的主要部件是______。

A．内存和控制器　　B．内存、控制器和运算器

C．高速缓存和运算器　　D．控制器和运算器

6．以下语言本身不能作为网页开发语言的是______。

A．C++　　B．ASP　　C．JSP　　D．HTML

7．计算机的主频指的是______。

A．软盘读写速度，用 Hz 表示

B．显示器输出速度，用 MHz 表示

C．时钟频率，用 MHz 表示

D．硬盘读写速度

8．目前使用的硬磁盘，在其读/写寻址过程中______。

A．盘片静止，磁头沿圆周方向旋转

B．盘片旋转，磁头静止

C．盘片旋转，磁头沿盘片径向运动

D．盘片与磁头都静止不动

9．下列关于计算机病毒的叙述中，错误的是______。

A．反病毒软件可以查、杀任何种类的病毒

B．计算机病毒是人为制造的、企图破坏计算机功能或计算机数据的一段小程序

C．反病毒软件必须随着新病毒的出现而升级，提高查、杀病毒的功能

D．计算机病毒具有传染性

10．Internet 中，用于实现域名和 IP 地址转换的是______。

A．SMTP　　B．DNS　　C．Ftp　　D．Http

11．在标准 ASCII 码表中，已知英文字母 A 的 ASCII 码是 01000001，则英文字母 E 的 ASCII 码是______。

A．01000011　　B．01000100　　C．01000101　　D．01000010

12．下列说法正确的是______。

A．与汇编方式执行程序相比，解释方式执行程序的效率更高

B．与汇编语言相比，高级语言程序的执行效率更高

C．与机器语言相比，汇编语言的可读性更差

D．以上三项都不对

13．用 16×16 点阵来表示汉字的字型，存储一个汉字的字形需用______个字节。

A．16×1　　B．16×2　　C．16×3　　D．16×4

14．Internet 是目前世界上第一大互联网，它起源于美国，其雏形是______。

A．CERNET　　B．NCPC 网

C．ARPANET　　D．GBNKT

15．区位码输入法的最大优点是______。

A．只用数码输入，方法简单、容易记忆

B．易记易用

C．一字一码，无重码

D．编码有规律，不易忘记

16．下列说法错误的是______。

A．计算机可以直接执行机器语言编写的程序

B．光盘是一种存储介质
C．操作系统是应用软件
D．计算机速度用 MIPS 表示

17．计算机技术应用广泛，以下属于科学计算方面的是______。
A．图像信息处理　　B．视频信息处理
C．火箭轨道计算　　D．信息检索

18．按操作系统的分类，UNIX 操作系统是______。
A．批处理操作系统　　B．实时操作系统
C．分时操作系统　　D．单用户操作系统

19．JPEG 是一个用于数字信号压缩的国际标准，其压缩对象是______。
A．文本　　B．音频信号　　C．静态图像　　D．视频信号

20．以下名称是手机中的常用软件，属于系统软件的是______。
A．手机 QQ　　B．Android　　C．Skype　　D．微信

第 39 套题

1．微机上广泛使用的 Windows XP 是______。
A．多用户多任务操作系统　　B．单用户多任务操作系统
C．实时操作系统　　D．多用户分时操作系统

2．配置 Cache 是为了解决______。
A．内存与外存之间速度不匹配问题
B．CPU 与外存之间速度不匹配问题
C．CPU 与内存之间速度不匹配问题
D．主机与外部设备之间速度不匹配问题

3．下列关于计算机病毒的叙述中，正确的是______。
A．计算机病毒只感染.exe 或.com 文件
B．计算机病毒可通过读写移动存储设备或通过 Internet 进行传播
C．计算机病毒是通过电网进行传播的
D．计算机病毒是由于程序中的逻辑错误造成的

4．下列属于计算机程序设计语言的是______。
A．ACDSee　　B．Visual Basic　　C．Wave Edit　　D．WinZip

5．计算机硬件系统主要包括：中央处理器（CPU）、存储器和______。
A．显示器和键盘　　B．打印机和键盘
C．显示器和鼠标　　D．输入/输出设备

6．计算机字长是______。
A．处理器处理数据的宽度　　B．存储一个字符的位数
C．屏幕一行显示字符的个数　　D．存储一个汉字的位数

7．下列说法正确的是______。
A．进程是一段程序　　B．进程是一段程序的执行过程
C．线程是一段子程序　　D．线程是多个进程的执行过程

8．一个字长为 6 位的无符号二进制数能表示的十进制数值范围是______。

A．0～64　B．1～64　C．1～63　D．0～63

9．在下列字符中，其 ASCII 码值最大的一个是______。

A．Z　B．9　C．空格字符　D．a

10．在各类程序设计语言中，相比较而言，执行效率最高的是______。

A．高级语言编写的程序　B．汇编语言编写的程序

C．机器语言编写的程序　D．面向对象语言编写的程序

11．要在 Web 浏览器中查看某一电子商务公司的主页，应知道______。

A．该公司的电子邮件地址　B．该公司法人的电子邮箱

C．该公司的 WWW 地址　D．该公司法人的 QQ 号

12．按照网络的拓扑结构划分以太网（Ethernet）属于______。

A．总线型网络结构　B．树型网络结构

C．星型网络结构　D．环型网络结构

13．“计算机集成制造系统”的英文简写是______。

A．CAD　B．CAM　C．CIMS　D．ERP

14．10GB 的硬盘表示其存储容量为______。

A．一万个字节　B．一千万个字节

C．一亿个字节　D．一百亿个字节

15．主要用于实现两个不同网络互联的设备是______。

A．转发器　B．集线器　C．路由器　D．调制解调器

16．下列说法中，错误的是______。

A．硬盘驱动器和盘片是密封在一起的，不能随意更换盘片

B．硬盘可以是多张盘片组成的盘片组

C．硬盘的技术指标除容量外，另一个是转速

D．硬盘安装在机箱内，属于主机的组成部分

17．显示器的分辨率为 1024×768，若能同时显示 256 种颜色，则显示存储器的容量至少为______。

A．192KB　B．384KB　C．768KB　D．1536KB

18．在计算机中，对汉字进行传输、处理和存储时使用汉字的______。

A．字形码　B．国标码　C．输入码　D．机内码

19．目前有许多不同的音频文件格式，下列不是数字音频文件格式的是______。

A．WAV　B．GIF　C．MP3　D．MID

20．运算器（ALU）的功能是______。

A．只能进行逻辑运算　B．对数据进行算术运算或逻辑运算

C．只能进行算术运算　D．做初等函数的计算

第 40 套题

1．把硬盘上的数据传送到计算机内存中去的操作称为______。

A．读盘　B．写盘　C．输出　D．存盘

2．在下列计算机应用项目中，属于科学计算应用领域的是______。

A．人机对弈　　B．民航联网订票系统

C．气象预报　　D．数控机床

3．在标准 ASCII 码表中，英文字母 a 和 A 的码值之差的十进制值是______。

A．20　　B．32　　C．-20　　D．-32

4．下列说法正确的是______。

A．编译程序的功能是将高级语言源程序编译成目标程序

B．解释程序的功能是解释执行汇编语言程序

C．Intel8086 指令不能在 Intel P4 上执行

D．C++语言和 Basic 语言都是高级语言，因此它们的执行效率相同

5．下列说法正确的是______。

A．一个进程会伴随其程序执行的结束而消亡

B．一段程序会伴随着其进程结束而消亡

C．任何进程在执行未结束时不允许被强行终止

D．任何进程在执行未结束时都可以被强行终止

6．液晶显示器（LCD）的主要技术指标不包括______。

A．显示分辨率　　B．显示速度

C．亮度和对比度　　D．存储容量

7．Internet 提供的最常用、便捷的通信服务是______。

A．文件传输（FTP）　　B．远程登录（Telnet）

C．电子邮件（E-mail）　　D．万维网（WWW）

8．用 C 语言编写的程序被称为______。

A．可执行程序　　B．源程序

C．目标程序　　D．编译程序

9．声音与视频信息在计算机内的表现形式是______。

A．二进制数字　　B．调制　　C．模拟　　D．模拟或数字

10．以下上网方式中采用无线网络传输技术的是______。

A．ADSL　　B．WiFi　　C．拨号接入　　D．以上都是

11．下列描述中，正确的是______。

A．光盘驱动器属于主机，而光盘属于外设

B．摄像头属于输入设备，而投影仪属于输出设备

C．U 盘既可以用作外存，也可以用作内存

D．硬盘是辅助存储器，不属于外设

12．计算机操作系统的最基本特征是______。

A．并发和共享　　B．共享和虚拟

C．虚拟和异步　　D．异步和并发

13．组成 CPU 的主要部件是______。

A．运算器和控制器　　B．运算器和存储器

C．控制器和寄存器　　D．运算器和寄存器

14．IPv4 地址和 IPv6 地址的位数分别为______。

A．4，6　　B．8，16　　C．16，24　　D．32，128

15．无线移动网络最突出的优点是______。

A．资源共享和快速传输信息　　B．提供随时随地的网络服务

C．文献检索和网上聊天　　D．共享文件和收发邮件

16．计算机的硬件主要包括：中央处理器（CPU）、存储器、输出设备和______。

A．键盘　　B．鼠标　　C．显示器　　D．输入设备

17．一个字长为 5 位的无符号二进制数能表示的十进制数值范围是______。

A．1～32　　B．0～31　　C．1～31　　D．0～32

18．下列 4 个 4 位十进制数中，属于正确的汉字区位码的是______。

A．5601　　B．9596　　C．9678　　D．8799

19．通常所说的“宏病毒”感染的文件类型是______。

A．COM　　B．DOC　　C．EXE　　D．TXT

20．微机内存按______。

A．二进制位编址　　B．十进制位编址

C．字长编址　　D．字节编址

第 41 套题

1．运算器的完整功能是进行______。

A．逻辑运算　　B．算术运算和逻辑运算

C．算术运算　　D．逻辑运算和微积分运算

2．域名 MH.BIT.EDU.CN 中主机名是______。

A．MH　　B．EDU　　C．CN　　D．BIT

3．能直接与 CPU 交换信息的存储器是______。

A．硬盘存储器　　B．CD-ROM

C．内存储器　　D．U 盘存储器

4．20GB 的硬盘表示容量约为______。

A．20 亿个字节　　B．20 亿个二进制位

C．200 亿个字节　　D．200 亿个二进制位

5．下列各组软件中，全部属于应用软件的是______。

A．程序语言处理程序、数据库管理系统、财务处理软件

B．文字处理程序、编辑程序、UNIX 操作系统

C．管理信息系统、办公自动化系统、电子商务软件

D．Word 2010、Windows XP、指挥信息系统

6．计算机安全是指计算机资产安全，即______。

A．计算机信息系统资源不受自然有害因素的威胁和危害

B．信息资源不受自然和人为有害因素的威胁和危害

C．计算机硬件系统不受人为有害因素的威胁和危害

D．计算机信息系统资源和信息资源不受自然和人为有害因素的威胁和危害

7．把用高级程序设计语言编写的程序转换成等价的可执行程序，必须经过______。

A．汇编和解释　　B．编辑和链接　　C．编译和链接　　D．解释和编译

8．一个完整的计算机系统的组成部分的确切提法应该是______。

A．计算机主机、键盘、显示器和软件

B．计算机硬件和应用软件

C．计算机硬件和系统软件

D．计算机硬件和软件

一个完整的计算机系统包括硬件系统和软件系统。

9．组成计算机指令的两部分是______。

A．数据和字符　　B．操作码和地址码

C．运算符和运算数　　D．运算符和运算结果

10．下列叙述中，错误的是______。

A．把数据从内存传输到硬盘的操作称为写盘

B．Windows 属于应用软件

C．把高级语言编写的程序转换为机器语言的目标程序的过程叫编译

D．计算机内部对数据的传输、存储和处理都使用二进制

11．以下关于电子邮件的说法，不正确的是______。

A．电子邮件的英文简称是 E-mail

B．加入因特网的每个用户通过申请都可以得到一个“电子信箱”

C．在一台计算机上申请的“电子信箱”，以后只有通过这台计算机上网才能收信

D．一个人可以申请多个电子信箱

12．Modem 是计算机通过电话线接入 Internet 时所必需的硬件，它的功能是______。

A．只将数字信号转换为模拟信号　　B．只将模拟信号转换为数字信号

C．为了在上网的同时能打电话　　D．将模拟信号和数字信号互相转换

13．在微机的配置中常看到“P4 2.4G”字样，其中数字“2.4G”表示______。

A．处理器的时钟频率是 2.4 GHz　　B．处理器的运算速度是 2.4 GIPS

C．处理器是 Pentium4 第 2.4 代　　D．处理器与内存间的数据交换速率是 2.4GB/S

14．构成 CPU 的主要部件是______。

A．内存和控制器　　B．内存和运算器

C．控制器和运算器　　D．内存、控制器和运算器

15．在微机中，西文字符所采用的编码是______。

A．EBCDIC 码　　B．ASCII 码

C．国标码　　D．BCD 码

16．汉字的区位码由一汉字的区号和位号组成。其区号和位号的范围各为______。

A．区号 1～95 位号 1～95　　B．区号 1～94 位号 1～94

C．区号 0～94 位号 0～94　　D．区号 0～95 位号 0～95

17．编译程序的最终目标是______。

A．发现源程序中的语法错误

B．改正源程序中的语法错误

C．将源程序编译成目标程序
D．将某一高级语言程序翻译成另一高级语言程序

18．下列关于计算机病毒的叙述中，错误的是______。
A．计算机病毒具有潜伏性
B．计算机病毒具有传染性
C．感染过计算机病毒的计算机具有对该病毒的免疫性
D．计算机病毒是一个特殊的寄生程序

19．计算机网络分为局域网、城域网和广域网，下列属于局域网的是______。
A．ChinaDDN 网　　B．Novell 网
C．ChinaNET 网　　D．Internet

20．世界上公认的第一台电子计算机诞生的年代是______。
A．20 世纪 30 年代　　B．20 世纪 40 年代
C．20 世纪 80 年代　　D．20 世纪 90 年代

第 42 套题

1．用高级程序设计语言编写的程序______。
A．计算机能直接执行　　B．具有良好的可读性和可移植性
C．执行效率高　　D．依赖于具体机器

2．五笔字型汉字输入法的编码属于______。
A．音码　　B．形声码　　C．区位码　　D．形码

3．现代微型计算机中所采用的电子器件是______。
A．电子管　　B．晶体管
C．小规模集成电路　　D．大规模和超大规模集成电路

4．下列关于计算机病毒的叙述中，正确的是______。
A．反病毒软件可以查、杀任何种类的病毒
B．计算机病毒发作后，将对计算机硬件造成永久性的物理损坏
C．反病毒软件必须随着新病毒的出现而升级，增强查、杀病毒的功能
D．感染过计算机病毒的计算机对该病毒免疫

5．造成计算机中存储数据丢失的原因主要是______。
A．病毒侵蚀、人为窃取　　B．计算机电磁辐射
C．计算机存储器硬件损坏　　D．以上全部

6．计算机网络最突出的优点是______。
A．资源共享和快速传输信息　　B．高精度计算和收发邮件
C．运算速度快和快速传输信息　　D．存储容量大和高精度

7．ROM 中的信息是______。
A．由计算机制造厂预先写入的
B．在系统安装时写入的
C．根据用户的需求，由用户随时写入的
D．由程序临时存入的

8．下列关于计算机病毒的说法中，正确的是______。

A．计算机病毒是对计算机操作人员身体有害的生物病毒

B．计算机病毒发作后，将造成计算机硬件永久性的物理损坏

C．计算机病毒是一种通过自我复制进行传染的、破坏计算机程序和数据的小程序

D．计算机病毒是一种有逻辑错误的程序

9．蠕虫病毒属于______。

A．宏病毒　B．网络病毒

C．混合型病毒　D．文件型病毒

10．计算机软件的确切含义是______。

A．计算机程序、数据与相应文档的总称

B．系统软件与应用软件的总和

C．操作系统、数据库管理软件与应用软件的总和

D．各类应用软件的总称

11．以太网的拓扑结构是______。

A．星型　B．总线型　C．环型　D．树型

12．下列设备组中，完全属于计算机输出设备的一组是______。

A．喷墨打印机，显示器，键盘　B．激光打印机，键盘，鼠标

C．键盘，鼠标，扫描仪　D．打印机，绘图仪，显示器

13．度量计算机运算速度常用的单位是______。

A．MIPS　B．MHz　C．MB/s　D．Mbps

14．如果在一个非零无符号二进制整数之后添加一个 0，则此数的值为原数的______。

A．10 倍　B．2 倍　C．1/2　D．1/10

15．计算机操作系统的主要功能是______。

A．管理计算机系统的软硬件资源，以充分发挥计算机资源的效率，并为其他软件提供良好的运行环境

B．把高级程序设计语言和汇编语言编写的程序翻译成计算机硬件可以直接执行的目标程序，为用户提供良好的软件开发环境

C．对各类计算机文件进行有效的管理，并提交计算机硬件高效处理

D．为用户操作和使用计算机提供方便

16．控制器的功能是______。

A．指挥、协调计算机各相关硬件工作

B．指挥、协调计算机各相关软件工作

C．指挥、协调计算机各相关硬件和软件工作

D．控制数据的输入和输出

17．上网需要在计算机上安装______。

A．数据库管理软件　B．视频播放软件

C．浏览器软件　D．网络游戏软件

18．在下列字符中，其 ASCII 码值最小的一个是______。

A．空格字符　B．0　C．A　D．a

19．下列叙述中，错误的是______。
A．计算机系统由硬件系统和软件系统组成
B．计算机软件由各类应用软件组成
C．CPU 主要由运算器和控制器组成
D．计算机主机由 CPU 和内存储器组成

20．在计算机指令中，规定其所执行操作功能的部分称为______。
A．地址码 B．源操作数 C．操作数 D．操作码

第 43 套题

1．计算机系统软件中最核心的是______。
A．程序语言处理系统 B．操作系统
C．数据库管理系统 D．诊断程序

2．显示或打印汉字时，系统使用的是汉字的______。
A．机内码 B．字形码 C．输入码 D．国标交换码

3．下列关于计算机病毒的叙述中，正确的是______。
A．反病毒软件可以查、杀任何种类的病毒
B．计算机病毒是一种被破坏了的程序
C．反病毒软件必须随着新病毒的出现而升级，提高查、杀病毒的功能
D．感染过计算机病毒的计算机具有对该病毒的免疫性

4．拥有计算机并以拨号方式接入 Internet 网的用户需要使用______。
A．CD-ROM B．鼠标 C．U 盘 D．Modem

5．下列软件中，属于系统软件的是______。
A．办公自动化软件 B．Windows XP
C．管理信息系统 D．指挥信息系统

6．当电源关闭后，下列关于存储器的说法中，正确的是______。
A．存储在 RAM 中的数据不会丢失
B．存储在 ROM 中的数据不会丢失
C．存储在 U 盘中的数据会全部丢失
D．存储在硬盘中的数据会丢失

7．计算机的系统总线是计算机各部件间传递信息的公共通道，它分________。
A．数据总线和控制总线
B．地址总线和数据总线
C．数据总线、控制总线和地址总线
D．地址总线和控制总线

8．计算机的技术性能指标主要是指______。
A．计算机所配备的程序设计语言、操作系统、外部设备
B．计算机的可靠性、可维性和可用性
C．显示器的分辨率、打印机的性能等配置
D．字长、主频、运算速度、内/外存容量

9．世界上公认的第一台电子计算机诞生在______。

A．中国　　B．美国　　C．英国　　D．日本

10．下列设备组中，完全属于外部设备的一组是______。

A．CD-ROM 驱动器，CPU，键盘，显示器

B．激光打印机，键盘，CD-ROM 驱动器，鼠标

C．内存储器，CD-ROM 驱动器，扫描仪，显示器

D．打印机，CPU，内存储器，硬盘

11．下列选项属于“计算机安全设置”的是______。

A．定期备份重要数据　　B．不下载来路不明的软件及程序

C．停掉 Guest 账号　　D．安装杀（防）毒软件

12．下列关于 ASCII 编码的叙述中，正确的是______。

A．一个字符的标准 ASCII 码占一个字节，其最高二进制位总为 1

B．所有大写英文字母的 ASCII 码值都小于小写英文字母'a'的 ASCII 码值

C．所有大写英文字母的 ASCII 码值都大于小写英文字母'a'的 ASCII 码值

D．标准 ASCII 码表有 256 个不同的字符编码

13．以下名称是手机中的常用软件，属于系统软件的是______。

A．手机 QQ　　B．Android　　C．Skype　　D．微信

14．计算机网络中常用的有线传输介质有______。

A．双绞线，红外线，同轴电缆　　B．激光，光纤，同轴电缆

C．双绞线，光纤，同轴电缆　　D．光纤，同轴电缆，微波

15．如果删除一个非零无符号二进制数尾部的 2 个 0，则此数的值为原数______。

A．4 倍　　B．2 倍　　C．1/2　　D．1/4

16．计算机指令由两部分组成，它们是______。

A．运算符和运算数　　B．操作数和结果

C．操作码和操作数　　D．数据和字符

17．计算机网络的主要目标是实现______。

A．数据处理和网络游戏　　B．文献检索和网上聊天

C．快速通信和资源共享　　D．共享文件和收发邮件

18．在计算机中，组成一个字节的二进制位数是______。

A．1　　B．2　　C．4　　D．8

19．计算机软件的确切含义是______。

A．计算机程序、数据与相应文档的总称

B．系统软件与应用软件的总和

C．操作系统、数据库管理软件与应用软件的总和

D．各类应用软件的总称

20．正确的 IP 地址是______。

A．202.112.111.1　　B．202.2.2.2.2

C．202.202.1　　D．202.257.14.13

第44套题

1．用“综合业务数字网”（又称“一线通”）接入因特网的优点是上网通话两不误，它的英文缩写是______。

A．ADSL　　B．ISDN　　C．ISP　　D．TCP

2．防火墙是指______。

A．一个特定软件　　B．一个特定硬件

C．执行访问控制策略的一组系统　　D．一批硬件的总称

3．下列软件中，属于系统软件的是______。

A．航天信息系统　　B．Office 2003

C．Windows Vista　　D．决策支持系统

4．世界上第一台计算机是1946年在美国研制成功的，该计算机的英文缩写名为______。

A．MARK-II　　B．ENIAC　　C．EDSAC　　D．EDVAC

5．计算机硬件能直接识别、执行的语言是______。

A．汇编语言　　B．机器语言

C．高级程序语言　　D．C++语言

6．假设某台式计算机的内存储器容量为8GB，硬盘容量为1TB。硬盘的容量是内存容量的______。

A．40倍　　B．60倍　　C．80倍　　D．100倍

7．以拨号方式接入Internet网可______。

A．提高可靠性　　B．提高计算机的存储容量

C．运算速度快　　D．实现资源共享和快速通信

8．下列叙述中，正确的是______。

A．内存中存放的只有程序代码

B．内存中存放的只有数据

C．内存中存放的既有程序代码又有数据

D．外存中存放的是当前正在执行的程序代码和所需的数据

9．已知英文字母m的ASCII码值为6DH，那么ASCII码值为71H的英文字母是______。

A．M　　B．j　　C．P　　D．q

10．有一域名为bit.edu.cn，根据域名代码的规定，此域名表示______。

A．教育机构　　B．商业组织　　C．军事部门　　D．政府机关

11．CPU主要技术性能指标有______。

A．字长、主频和运算速度　　B．可靠性和精度

C．耗电量和效率　　D．冷却效率

12．计算机感染病毒的可能途径之一是______。

A．从键盘上输入数据

B．随意运行外来的、未经消病毒软件严格审查的软盘上的软件

C．所使用的软盘表面不清洁

D．电源不稳定

13. 若已知一汉字的国标码是 5E38H，则其内码是______。
A. DEB8H B. DE38H C. 5EB8H D. 7E58H

14. 下列设备组中，完全属于输入设备的一组是______。
A. CD-ROM 驱动器，键盘，显示器
B. 绘图仪，键盘，鼠标
C. 键盘，鼠标，扫描仪
D. 打印机，硬盘，条码阅读器

15. 在数制的转换中，下列叙述中正确的一条是______。
A. 对于相同的十进制正整数，随着基数 R 的增大，转换结果的位数小于或等于原数据的位数
B. 对于相同的十进制正整数，随着基数 R 的增大，转换结果的位数大于或等于原数据的位数
C. 不同数制的数字符是各不相同的，没有一个数字符是一样的
D. 对于同一个整数值，二进制数表示的位数一定大于十进制数的位数

16. 十进制整数 127 转换为二进制整数等于______。
A. 1010000 B. 0001000 C. 1111111 D. 1011000

17. 计算机指令主要存放在______。
A. CPU B. 内存 C. 硬盘 D. 键盘

18. 能保存网页地址的文件夹是______。
A. 收件箱 B. 公文包 C. 我的文档 D. 收藏夹

19. 计算机系统软件中，最基本、最核心的软件是______。
A. 操作系统 B. 数据库管理系统
C. 程序语言处理系统 D. 系统维护工具

20. 1946 年首台电子数字计算机 ENIAC 问世后，冯·诺伊曼（Von Neumann）在研制 EDVAC 计算机时，提出两个重要的改进，它们是______。
A. 采用二进制和存储程序控制的概念
B. 引入 CPU 和内存储器的概念
C. 采用机器语言和十六进制
D. 采用 ASCII 编码系统

第 45 套题

1. 下列叙述中，正确的是______。
A. CPU 能直接读取硬盘上的数据
B. CPU 能直接存取内存储器上的数据
C. CPU 由存储器、运算器和控制器组成
D. CPU 主要用来存储程序和数据

2. 在计算机中，每个存储单元都有一个连续的编号，此编号称为______。
A. 地址 B. 位置号
C. 门牌号 D. 房号

3．一个完整的计算机系统应该包括______。

A．主机、键盘和显示器　　B．硬件系统和软件系统

C．主机和它的外部设备　　D．系统软件和应用软件

4．计算机网络中传输介质传输速率的单位是 bps，其含义是______。

A．字节/秒　B．字/秒　C．字段/秒　D．二进制位/秒

5．若要将计算机与局域网连接，至少需要具有的硬件是 ______。

A．集线器　B．网关　C．网卡　D．路由器

6．十进制数 18 转换成二进制数是______。

A．010101　B．101000　C．010010　D．001010

7．下列各类计算机程序语言中，不属于高级程序设计语言的是______。

A．Basic 语言　B．C 语言　C．FORTRAN 语言　D．汇编语言

8．按电子计算机传统的分代方法，第一代至第四代计算机依次是______。

A．机械计算机，电子管计算机，晶体管计算机，集成电路计算机

B．晶体管计算机，集成电路计算机，大规模集成电路计算机，光器件计算机

C．电子管计算机，晶体管计算机，小、中规模集成电路计算机，大规模和超大规模集成电路计算机

D．手摇机械计算机，电动机械计算机，电子管计算机，晶体管计算机

9．假设某台式计算机的内存储器容量为 64GB，硬盘容量为 1TB。硬盘的容量是内存容量的______。

A．200 倍　B．160 倍　C．120 倍　D．100 倍

10．计算机操作系统通常具有的五大功能是______。

A．CPU 管理、显示器管理、键盘管理、打印机管理和鼠标管理

B．硬盘管理、U 盘管理、CPU 的管理、显示器管理和键盘管理

C．处理器（CPU）管理、存储管理、文件管理、设备管理和作业管理

D．启动、打印、显示、文件存取和关机

11．下列各选项中，不属于 Internet 应用的是______。

A．新闻组　B．远程登录　C．网络协议　D．搜索引擎

12．下列叙述中，正确的是______。

A．计算机病毒只在可执行文件中传染，不执行的文件不会传染

B．计算机病毒主要通过读/写移动存储器或 Internet 进行传播

C．只要删除所有感染了病毒的文件就可以彻底消除病毒

D．计算机杀病毒软件可以查出和清除任意已知的和未知的计算机病毒

13．一般而言，Internet 环境中的防火墙建立在______。

A．每个子网的内部　　B．内部子网之间

C．内部网络与外部网络的交叉点　　D．以上 3 个都不对

14．以下关于编译程序的说法正确的是______。

A．编译程序直接生成可执行文件

B．编译程序直接执行源程序

C．编译程序完成高级语言程序到低级语言程序的等价翻译

D．各种编译程序构造都比较复杂，所以执行效率高

15．在下面列出的：①字处理软件，②Linux，③UNIX，④学籍管理系统，⑤Windows XP和⑥Office 2003 等六个软件中，属于系统软件的有______。

A．①②③　　B．②③⑤　　C．①②③⑤　　D．全部都不是

16．下列关于指令系统的描述，正确的是______。

A．指令由操作码和控制码两部分组成

B．指令的地址码部分可能是操作数，也可能是操作数的内存单元地址

C．指令的地址码部分是不可缺少的

D．指令的操作码部分描述了完成指令所需要的操作数类型

17．在 ASCII 码表中，根据码值由小到大的排列顺序是______。

A．空格字符、数字符、大写英文字母、小写英文字母

B．数字符、空格字符、大写英文字母、小写英文字母

C．空格字符、数字符、小写英文字母、大写英文字母

D．数字符、大写英文字母、小写英文字母、空格字符

18．若网络的各个结点通过中继器连接成一个闭合环路，则称这种拓扑结构为______。

A．总线型拓扑　　B．星型拓扑　　C．树型拓扑　　D．环型拓扑

19．在微机的硬件设备中，有一种设备在程序设计中既可以当作输出设备，又可以当作输入设备，这种设备是 ______。

A．绘图仪　　B．网络摄像头

C．手写笔　　D．磁盘驱动器

20．字长是 CPU 的主要性能指标之一，它表示______。

A．CPU 一次能处理二进制数据的位数

B．CPU 最长的十进制整数的位数

C．CPU 最大的有效数字位数

D．CPU 计算结果的有效数字长度

第 46 套题

1．计算机网络最突出的优点是______。

A．精度高　　B．运算速度快

C．容量大　　D．共享资源

2．用来控制、指挥和协调计算机各部件工作的是______。

A．运算器　　B．鼠标　　C．控制器　　D．存储器

3．计算机网络中常用的传输介质中传输速率最快的是______。

A．双绞线　　B．光纤　　C．同轴电缆　　D．电话线

4．以下程序设计语言是低级语言的是______。

A．FORTRAN 语言　　B．Java 语言

C．Visual Basic 语言　　D．80X86 汇编语言

5．CPU 的指令系统又称为______。

A．汇编语言　　B．机器语言　　C．程序设计语言　　D．符号语言

6．组成一个完整的计算机系统应该包括______。

A．主机、鼠标、键盘和显示器

B．系统软件和应用软件

C．主机、显示器、键盘和音箱等外部设备

D．硬件系统和软件系统

7．办公自动化（OA）按计算机应用的分类，它属于________。

A．科学计算　　B．辅助设计　　C．实时控制　　D．数据处理

8．把用高级程序设计语言编写的源程序翻译成目标程序（.OBJ）的程序称为______。

A．汇编程序　　B．编辑程序　　C．编译程序　　D．解释程序

9．在因特网技术中，缩写 ISP 的中文全名是______。

A．因特网服务提供商　　B．因特网服务产品

C．因特网服务协议　　D．因特网服务程序

10．在下列字符中，其 ASCII 码值最小的一个是______。

A．9　　B．p　　C．Z　　D．a

11．防火墙用于将 Internet 和内部网络隔离，因此它是______。

A．防止 Internet 火灾的硬件设施

B．抗电磁干扰的硬件设施

C．保护网线不受破坏的软件和硬件设施

D．保护网络安全和信息安全的软件和硬件设施

12．下列不是度量存储器容量的单位是______。

A．KB　　B．MB　　C．GHz　　D．GB

13．为实现以 ADSL 方式接入 Internet，至少需要在计算机中内置或外置的一个关键硬件设备是______。

A．网卡　　B．集线器　　C．服务器　　D．调制解调器（Modem）

14．计算机病毒是指能够侵入计算机系统并在计算机系统中潜伏、传播，破坏系统正常工作的一种具有繁殖能力的______。

A．流行性感冒病毒　　B．特殊小程序

C．特殊微生物　　D．源程序

15．操作系统的主要功能是______。

A．对用户的数据文件进行管理，为用户管理文件提供方便

B．对计算机的所有资源进行统一控制和管理，为用户使用计算机提供方便

C．对源程序进行编译和运行

D．对汇编语言程序进行翻译

16．已知三个字符为：a、X 和 5，按它们的 ASCII 码值升序排序，结果是______。

A．5，a，X　　B．a，5，X　　C．X，a，5　　D．5，X，a

17．十进制整数 64 转换为二进制整数等于______。

A．1100000　　B．1000000　　C．1000100　　D．1000010

18．随机存取存储器（RAM）的最大特点是______。

A．存储量极大，属于海量存储器

B．存储在其中的信息可以永久保存

C．一旦断电，存储在其上的信息将全部消失，且无法恢复

D．计算机中，只是用来存储数据的

19．以下关于世界上第一台电子计算机 ENIAC 的叙述中，错误的是______。

A．ENIAC 是 1946 年在美国诞生的

B．它主要采用电子管和继电器

C．它是首次采用存储程序和程序控制自动工作的电子计算机

D．研制它的主要目的是用来计算弹道

20．假设邮件服务器的地址是 email.bj163.com，则用户的正确的电子邮箱地址的格式是______。

A．用户名#email.bj163.com　　B．用户名@email.bj163.com

C．用户名&email.bj163.com　　D．用户名$email.bj163.com

第 47 套题

1．操作系统中的文件管理系统为用户提供的功能是______。

A．按文件作者存取文件　　B．按文件名管理文件

C．按文件创建日期存取文件　　D．按文件大小存取文件

2．DVD-ROM 属于______。

A．大容量可读可写外存储器　　B．大容量只读外存储器

C．CPU 可直接存取的存储器　　D．只读内存储器

3．Internet 中不同网络和不同计算机相互通信的协议是______。

A．ATM　　B．TCP/IP　　C．Novell　　D．X.25

4．在外部设备中，扫描仪属于______。

A．输出设备　　B．存储设备

C．输入设备　　D．特殊设备

5．面向对象程序设计语言是一种______。

A．依赖于计算机的低级程序设计语言

B．计算机能直接执行的程序设计语言

C．可移植性较好的高级程序设计语言

D．执行效率较高的程序设计语言

6．计算机之所以能按人们的意图自动进行工作，最直接的原因是因为采用了______。

A．二进制　　B．高速电子元件

C．程序设计语言　　D．存储程序控制

7．下列叙述中，正确的是______。

A．计算机病毒是由于光盘表面不清洁而造成的

B．计算机病毒主要通过读写移动存储器或 Internet 进行传播

C．只要把带病毒的优盘设置成只读状态，那么此盘上的病毒就不会因读盘而传染给另一台计算机

D．计算机病毒发作后，将造成计算机硬件永久性的物理损坏

8．操作系统是计算机软件系统中______。

A．最常用的应用软件　　B．最核心的系统软件

C．最通用的专用软件　　D．最流行的通用软件

9．汇编语言是一种______。

A．依赖于计算机的低级程序设计语言

B．计算机能直接执行的程序设计语言

C．独立于计算机的高级程序设计语言

D．执行效率较低的程序设计语言

10．在下列字符中，其 ASCII 码值最大的一个是______。

A．9　　B．Q　　C．d　　D．F

11．下列不属于计算机特点的是______。

A．存储程序控制，工作自动化　　B．具有逻辑推理和判断能力

C．处理速度快、存储量大　　D．不可靠、故障率高

12．1KB 的准确数值是______。

A．1024Bytes　　B．1000Bytes　　C．1024bits　　D．1000bits

13．下列各项中，正确的电子邮箱地址是______。

A．L202@sina.com　　B．TT202#yahoo.com

C．A112.256.23.8　　D．K201&yahoo.com.cn

14．为了防止信息被别人窃取，可以设置开机密码，下列密码设置最安全的是______。

A．12345678　　B．nd@YZ@g1

C．NDYZ　　D．Yingzhong

15．下列各存储器中，存取速度最快的一种是______。

A．RAM　　B．光盘　　C．U 盘　　D．硬盘

16．TCP 协议的主要功能是______。

A．进行数据分组　　B．确保数据的可靠传输

C．确定数据传输路径　　D．提高数据传输速度

17．CPU 的中文名称是______。

A．控制器　　B．不间断电源

C．算术逻辑部件　　D．中央处理器

18．HTTP 是______。

A．网址　　B．域名　　C．高级语言　　D．超文本传输协议

19．十进制数 29 转换成无符号二进制数等于______。

A．11111　　B．11101　　C．11001　　D．11011

20．下列度量单位中，用来度量 CPU 时钟主频的是______。

A．MB/s　　B．MIPS　　C．GHz　　D．MB

第 48 套题

1．下列各存储器中，存取速度最快的一种是______。

A．U 盘　　B．内存储器　　C．光盘　　D．固定硬盘

2．Pentium（奔腾）微机的字长是______。

A．8 位　B．16 位　C．32 位　D．64 位

3．局域网硬件中主要包括工作站、网络适配器、传输介质和______。

A．Modem　B．交换机　C．打印机　D．中继站

4．把内存中数据传送到计算机的硬盘上去的操作称为______。

A．显示　B．写盘　C．输入　D．读盘

5．存储一个 48×48 点阵的汉字字形码需要的字节数是______。

A．384　B．144　C．256　D．288

6．电子计算机最早的应用领域是______。

A．数据处理　B．科学计算　C．工业控制　D．文字处理

7．对声音波形采样时，采样频率越高，声音文件的数据量______。

A．越小　B．越大　C．不变　D．无法确定

8．在标准 ASCII 码表中，已知英文字母 D 的 ASCII 码是 68，则英文字母 A 的 ASCII 码是______。

A．64　B．65　C．96　D．97

9．因特网中 IP 地址用四组十进制数表示，每组数字的取值范围是______。

A．0～127　B．0～128　C．0～255　D．0～256

10．解释程序的功能是______。

A．解释执行汇编语言程序　B．解释执行高级语言程序

C．将汇编语言程序解释成目标程序　D．将高级语言程序解释成目标程序

11．微机上广泛使用的 Windows 是______。

A．多任务操作系统　B．单任务操作系统

C．实时操作系统　D．批处理操作系统

12．面向对象程序设计语言是______。

A．汇编语言　B．机器语言

C．高级程序语言　D．形式语言

13．十进制数 32 转换成无符号二进制整数是______。

A．100000　B．100100　C．100010　D．101000

14．组成计算机系统的两大部分是______。

A．硬件系统和软件系统　B．主机和外部设备

C．系统软件和应用软件　D．输入设备和输出设备

15．影响一台计算机性能的关键部件是______。

A．CD-ROM　B．硬盘　C．CPU　D．显示器

16．计算机网络的目标是实现______。

A．数据处理和网上聊天　B．文献检索和收发邮件

C．资源共享和信息传输　D．信息传输和网络游戏

17．通常打印质量最好的打印机是______。

A．针式打印机　B．点阵打印机

C．喷墨打印机　D．激光打印机

18．传播计算机病毒的一大可能途径是______。

A．通过键盘输入数据时传入　　B．通过电源线传播

C．通过使用表面不清洁的光盘　　D．通过 Internet 传播

19．Internet 最初创建时的应用领域是______。

A．经济　　B．军事　　C．教育　　D．外交

20．下列各组软件中，全部属于应用软件的是______。

A．视频播放系统、操作系统

B．军事指挥程序、数据库管理系统

C．导弹飞行控制系统、军事信息系统

D．航天信息系统、语言处理程序

第 49 套题

1．在计算机内部用来传送、存储、加工处理的数据或指令所采用的形式是______。

A．十进制码　　B．二进制码

C．八进制码　　D．十六进制码

2．下列叙述中，错误的是______。

A．内存储器一般由 ROM 和 RAM 组成

B．RAM 中存储的数据一旦断电就全部丢失

C．CPU 不能访问内存储器

D．存储在 ROM 中的数据断电后也不会丢失

3．微机的销售广告中“P4 2.4G/256M/80G”中的 2.4G 是表示______。

A．CPU 的运算速度为 2.4GIPS　　B．CPU 为 Pentium 4 的 2.4 代

C．CPU 的时钟主频为 2.4GHz　　D．CPU 与内存间的数据交换速率是 2.4Gbps

4．Windows 是计算机系统中的______。

A．主要硬件　　B．系统软件　　C．工具软件　　D．应用软件

5．计算机技术中，下列的英文缩写和中文名字的对照中，正确的是______。

A．CAD——计算机辅助制造　　B．CAM——计算机辅助教育

C．CIMS——计算机集成制造系统　　D．CAI——计算机辅助设计

6．通常网络用户使用的电子邮箱建在______。

A．用户的计算机上　　B．发件人的计算机上

C．ISP 的邮件服务器上　　D．收件人的计算机上

7．存储 1024 个 24×24 点阵的汉字字形码需要的字节数是______。

A．720B　　B．72KB　　C．7000B　　D．7200B

8．操作系统对磁盘进行读/写操作的物理单位是______。

A．磁道　　B．字节　　C．扇区　　D．文件

9．下列说法正确的是______。

A．CPU 可直接处理外存上的信息

B．计算机可以直接执行高级语言编写的程序

C．计算机可以直接执行机器语言编写的程序

D．系统软件是买来的软件，应用软件是自己编写的软件

10．设任意一个十进制整数为 D，转换成二进制数为 B。根据数制的概念，下列叙述中正确的是______。

A．数字 B 的位数<数字 D 的位数

B．数字 B 的位数≤数字 D 的位数

C．数字 B 的位数≥数字 D 的位数

D．数字 B 的位数>数字 D 的位数

11．与高级语言相比，汇编语言编写的程序通常______。

A．执行效率更高　　B．更短

C．可读性更好　　D．移植性更好

12．英文缩写 ROM 的中文译名是______。

A．高速缓冲存储器　　B．只读存储器

C．随机存取存储器　　D．优盘

13．在下列设备中，不能作为微机输出设备的是______。

A．鼠标　　B．打印机　　C．显示器　　D．绘图仪

14．当计算机病毒发作时，主要造成的破坏是______。

A．对磁盘片的物理损坏

B．对磁盘驱动器的损坏

C．对 CPU 的损坏

D．对存储在硬盘上的程序、数据甚至系统的破坏

15．能够利用无线移动网络上网的是______。

A．内置无线网卡的笔记本电脑

B．部分具有上网功能的手机

C．部分具有上网功能的平板电脑

D．以上全部

16．一个字符的标准 ASCII 码的长度是______。

A．7 bit　　B．8 bit　　C．16 bit　　D．6 bit

17．下列各软件中，不是系统软件的是______。

A．操作系统　　B．语言处理系统

C．指挥信息系统　　D．数据库管理系统

18．域名 ABC.XYZ.COM.CN 中主机名是______。

A．ABC　　B．XYZ　　C．COM　　D．CN

19．实现音频信号数字化最核心的硬件电路是______。

A．A/D 转换器　　B．D/A 转换器

C．数字编码器　　D．数字解码器

20．Internet 实现了分布在世界各地的各类网络的互联，其最基础和核心的协议是______。

A．HTTP　　B．FTP　　C．HTML　　D．TCP/IP

第 50 套题

1．在计算机网络中，英文缩写 WAN 的中文名是______。

A．局域网　　B．无线网　　C．广域网　　D．城域网

2．下列各组软件中，全部属于应用软件的是______。

A．音频播放系统、语言编译系统、数据库管理系统

B．文字处理程序、军事指挥程序、UNIX

C．导弹飞行系统、军事信息系统、航天信息系统

D．Word 2010、Photoshop、Windows 7

3．下列不能用作存储容量单位的是______。

A．Byte　　B．GB　　C．MIPS　　D．KB

4．若对音频信号以 10kHz 采样率、16 位量化精度进行数字化，则每分钟的双声道数字化声音信号产生的数据量约为______。

A．1.2MB　　B．1.6MB　　C．2.4MB　　D．4.8MB

5．下列选项中，既可作为输入设备又可作为输出设备的是______。

A．扫描仪　　B．绘图仪　　C．鼠标　　D．磁盘驱动器

6．写邮件时，除了发件人地址之外，另一项必须要填写的是______。

A．信件内容　　B．收件人地址　　C．主题　　D．抄送

7．计算机网络的目标是实现______。

A．数据处理　　B．文献检索

C．资源共享和信息传输　　D．信息传输

8．组成一个计算机系统的两大部分是______。

A．系统软件和应用软件　　B．硬件系统和软件系统

C．主机和外部设备　　D．主机和输入/出设备

9．下列关于磁道的说法中，正确的是______。

A．盘面上的磁道是一组同心圆

B．由于每一磁道的周长不同，所以每一磁道的存储容量也不同

C．盘面上的磁道是一条阿基米德螺线

D．磁道的编号是最内圈为 0，并依序由内向外逐渐增大，最外圈的编号最大

10．下列叙述中，正确的是______。

A．C++是一种高级程序设计语言

B．用 C++程序设计语言编写的程序可以无需经过编译就能直接在机器上运行

C．汇编语言是一种低级程序设计语言，且执行效率很低

D．机器语言和汇编语言是同一种语言的不同名称

11．接入因特网的每台主机都有一个唯一可识别的地址，称为______。

A．TCP 地址　　B．IP 地址　　C．TCP/IP 地址　　D．URL

12．为了提高软件开发效率，开发软件时应尽量采用______。

A．汇编语言　　B．机器语言　　C．指令系统　　D．高级语言

13．操作系统将 CPU 的时间资源划分成极短的时间片，轮流分配给各终端用户，使终端

用户单独分享 CPU 的时间片，有独占计算机的感觉，这种操作系统称为______。

A．实时操作系统　　B．批处理操作系统

C．分时操作系统　　D．分布式操作系统

14．十进制数 60 转换成无符号二进制整数是______。

A．0111100　　B．0111010　　C．0111000　　D．0110110

15．下列叙述中，正确的是______。

A．字长为 16 位表示这台计算机最大能计算一个 16 位的十进制数

B．字长为 16 位表示这台计算机的 CPU 一次能处理 16 位二进制数

C．运算器只能进行算术运算

D．SRAM 的集成度高于 DRAM

16．CPU 中，除了内部总线和必要的寄存器外，主要的两大部件分别是运算器和______。

A．控制器　　B．存储器　　C．Cache　　D．编辑器

17．调制解调器（Modem）的主要功能是______。

A．模拟信号的放大　　B．数字信号的放大

C．数字信号的编码　　D．模拟信号与数字信号之间的相互转换

18．在标准 ASCII 编码表中，数字码、小写英文字母和大写英文字母的前后次序是______。

A．数字、小写英文字母、大写英文字母

B．小写英文字母、大写英文字母、数字

C．数字、大写英文字母、小写英文字母

D．大写英文字母、小写英文字母、数字

19．下列的英文缩写和中文名字的对照中，正确的是______。

A．CAD——计算机辅助设计　　B．CAM——计算机辅助教育

C．CIMS——计算机集成管理系统　　D．CAI——计算机辅助制造

20．用来存储当前正在运行的应用程序及其相应数据的存储器是______。

A．RAM　　B．硬盘　　C．ROM　　D．CD-ROM

第 51 套题

1．下列叙述中，正确的是______。

A．高级语言编写的程序可移植性差

B．机器语言就是汇编语言，无非是名称不同而已

C．指令是由一串二进制数 0、1 组成的

D．用机器语言编写的程序可读性好

2．下列软件中，不是操作系统的是______。

A．Linux　　B．UNIX　　C．MS-DOS　　D．MS Office

3．在 Internet 上浏览时，浏览器和 WWW 服务器之间传输网页使用的协议是______。

A．Http　　B．IP　　C．Ftp　　D．Smtp

4．用来存储当前正在运行的应用程序及相应数据的存储器是______。

A．内存　　B．硬盘　　C．U 盘　　D．CD-ROM

5．“千兆以太网”通常是一种高速局域网，其网络数据传输速率大约为______。

A．1000000 位/秒　　B．1000000000 位/秒
C．1000000 字节/秒　　D．1000000000 字节/秒

6．计算机技术中，下列度量存储器容量的单位中，最大的单位是______。

A．KB　　B．MB　　C．Byte　　D．GB

7．下列的英文缩写和中文名字的对照中，错误的是______。

A．CAD——计算机辅助设计　　B．CAM——计算机辅助制造
C．CIMS——计算机集成管理系统　　D．CAI——计算机辅助教学

8．随着 Internet 的发展，越来越多的计算机感染病毒的可能途径之一是______。

A．从键盘上输入数据
B．通过电源线
C．所使用的光盘表面不清洁
D．通过 Internet 的 E-mail，附着在电子邮件的信息中

9．关于汇编语言程序______。

A．相对于高级程序设计语言程序具有良好的可移植性
B．相对于高级程序设计语言程序具有良好的可读性
C．相对于机器语言程序具有良好的可移植性
D．相对于机器语言程序具有较高的执行效率

10．下列设备中，可以作为微机输入设备的是______。

A．打印机　　B．显示器　　C．鼠标　　D．绘图仪

11．下列叙述中，错误的是______。

A．硬磁盘可以与 CPU 之间直接交换数据
B．硬磁盘在主机箱内，可以存放大量文件
C．硬磁盘是外存储器之一
D．硬磁盘的技术指标之一是每分钟的转速 rpm

12．下列各组软件中，属于应用软件的一组是______。

A．Windows XP 和管理信息系统　　B．UNIX 和文字处理程序
C．Linux 和视频播放系统　　D．Office 2003 和军事指挥程序

13．十进制数 59 转换成无符号二进制整数是______。

A．0111101　　B．0111011
C．0110101　　D．0111111

14．一般说来，数字化声音的质量越高，则要求______。

A．量化位数越少、采样率越低　　B．量化位数越多、采样率越高
C．量化位数越少、采样率越高　　D．量化位数越多、采样率越低

15．下列关于 CPU 的叙述中，正确的是______。

A．CPU 能直接读取硬盘上的数据
B．CPU 能直接与内存储器交换数据
C．CPU 主要组成部分是存储器和控制器
D．CPU 主要用来执行算术运算

16．根据域名代码规定，表示政府部门网站的域名代码是______。

A．.net B．.com C．.gov D．.org

17．在标准 ASCII 码表中，已知英文字母 A 的十进制码值是 65，英文字母 a 的十进制码值是______。

A．95 B．96 C．97 D．91

18．一个完整的计算机系统应该包括______。

A．主机、键盘和显示器 B．硬件系统和软件系统

C．主机和它的外部设备 D．系统软件和应用软件

19．字长是 CPU 的主要技术性能指标之一，它表示的是______。

A．CPU 的计算结果的有效数字长度

B．CPU 一次能处理二进制数据的位数

C．CPU 能表示的最大的有效数字位数

D．CPU 能表示的十进制整数的位数

20．计算机网络是一个______。

A．管理信息系统 B．编译系统

C．在协议控制下的多机互联系统 D．网上购物系统

第 52 套题

1．某 800 万像素的数码相机，拍摄照片的最高分辨率大约是______。

A．3200×2400 B．2048×1600 C．1600×1200 D．1024×768

2．计算机中，负责指挥计算机各部分自动协调一致地进行工作的部件是______。

A．运算器 B．控制器 C．存储器 D．总线

3．下列关于电子邮件的叙述中，正确的是______。

A．如果收件人的计算机没有打开时，发件人发来的电子邮件将丢失

B．如果收件人的计算机没有打开时，发件人发来的电子邮件将退回

C．如果收件人的计算机没有打开时，当收件人的计算机打开时再重发

D．发件人发来的电子邮件保存在收件人的电子邮箱中，收件人可随时接收

4．下面关于操作系统的叙述中，正确的是______。

A．操作系统是计算机软件系统中的核心软件

B．操作系统属于应用软件

C．Windows 是 PC 机唯一的操作系统

D．操作系统的五大功能是：启动、打印、显示、文件存取和关机

5．为防止计算机病毒传染，应该做到______。

A．无病毒的 U 盘不要与来历不明的 U 盘放在一起

B．不要复制来历不明 U 盘中的程序

C．长时间不用的 U 盘要经常格式化

D．U 盘中不要存放可执行程序

6．办公自动化（OA）是计算机的一项应用，按计算机应用的分类，它属于______。

A．科学计算 B．辅助设计 C．实时控制 D．信息处理

7．硬盘属于______。

A．内部存储器　　B．外部存储器　　C．只读存储器　　D．输出设备

8．在CD光盘上标记有“CD-RW”字样，“RW”标记表明该光盘是______。

A．只能写入一次，可以反复读出的一次性写入光盘

B．可多次擦除型光盘

C．只能读出，不能写入的只读光盘

D．其驱动器单倍速为1350KB/S的高密度可读写光盘

9．目前广泛使用的Internet，其前身可追溯到______。

A．ARPANET　　B．CHINANET　　C．DECnet　　D．NOVELL

10．通常所说的计算机的主机是指______。

A．CPU和内存　　B．CPU和硬盘

C．CPU、内存和硬盘　　D．CPU、内存与CD-ROM

11．用MIPS衡量的计算机性能指标是______。

A．处理能力　　B．存储容量　　C．可靠性　　D．运算速度

12．十进制数100转换成无符号二进制整数是______。

A．0110101　　B．01101000　　C．01100100　　D．01100110

13．第二代电子计算机的主要元件是______。

A．继电器　　B．晶体管　　C．电子管　　D．集成电路

14．下列选项属于面向对象程序设计语言的是______。

A．Java和C　　B．Java和C++　　C．VB和C　　D．VB和Word

15．下列软件中，属于应用软件的是______。

A．操作系统　　B．数据库管理系统

C．程序设计语言处理系统　　D．管理信息系统

16．1GB的准确值是______。

A．1024×1024 Bytes　　B．1024 KB

C．1024 MB　　D．1000×1000 KB

17．计算机网络是计算机技术和______。

A．自动化技术的结合　　B．通信技术的结合

C．电缆等传输技术的结合　　D．信息技术的结合

18．在标准ASCII码表中，已知英文字母K的十六进制码值是4B，则二进制ASCII码1001000对应的字符是______。

A．G　　B．H　　C．I　　D．J

19．显示器的主要技术指标之一是______。

A．分辨率　　B．亮度　　C．重量　　D．耗电量

20．下列叙述中，正确的是______。

A．用高级语言编写的程序称为源程序

B．计算机能直接识别、执行用汇编语言编写的程序

C．机器语言编写的程序执行效率最低

D．不同型号的CPU具有相同的机器语言

第 53 套题

1．广域网中采用的交换技术大多是______。

A．电路交换　B．报文交换　C．分组交换　D．自定义交换

2．移动硬盘或优盘连接计算机所使用的接口通常是______。

A．RS-232C 接口　B．并行接口　C．USB　D．UBS

3．下列关于计算机病毒的描述，正确的是_____。

A．正版软件不会受到计算机病毒的攻击

B．光盘上的软件不可能携带计算机病毒

C．计算机病毒是一种特殊的计算机程序，因此数据文件中不可能携带病毒

D．任何计算机病毒一定会有清除的办法

4．“32 位微机”中的 32 位指的是______。

A．微机型号　B．内存容量　C．存储单位　D．机器字长

5．下面关于随机存取存储器（RAM）的叙述中，正确的是______。

A．存储在 SRAM 或 DRAM 中的数据在断电后将全部丢失且无法恢复

B．SRAM 的集成度比 DRAM 高

C．DRAM 的存取速度比 SRAM 快

D．DRAM 常用来作 Cache 用

6．编译程序将高级语言程序翻译成与之等价的机器语言程序，该机器语言程序称为______。

A．工作程序　B．机器程序　C．临时程序　D．目标程序

7．在标准 ASCII 码表中，已知英文字母 A 的 ASCII 码是 01000001，英文字母 D 的 ASCII 码是______。

A．01000011　B．01000100　C．01000101　D．01000110

8．“铁路联网售票系统”按计算机应用的分类，它属于______。

A．科学计算　B．辅助设计　C．实时控制　D．信息处理

9．计算机主要技术指标通常是指______。

A．所配备的系统软件的版本

B．CPU 的时钟频率、运算速度、字长和存储容量

C．扫描仪的分辨率、打印机的配置

D．硬盘容量的大小

10．在计算机的硬件技术中，构成存储器的最小单位是______。

A．字节（Byte）　B．二进制位（bit）

C．字（Word）　D．双字（Double Word）

11．组成微型机主机的部件是______。

A．内存和硬盘　B．CPU、显示器和键盘

C．CPU 和内存　D．CPU、内存、硬盘、显示器和键盘

12．无符号二进制整数 111111 转换成十进制数是______。

A．71　B．65　C．63　D．62

13. 对一个图形来说，通常用位图格式文件存储与用矢量格式文件存储所占用的空间比较______。

A. 更小　　B. 更大　　C. 相同　　D. 无法确定

14. 下列选项中，不属于显示器主要技术指标的是______。

A. 分辨率　　B. 重量　　C. 像素的点距　　D. 显示器的尺寸

15. 下列叙述中，正确的是______。

A. 用高级语言编写的程序可移植性好

B. 用高级语言编写的程序运行效率最高

C. 用机器语言编写的程序执行效率最低

D. 用高级语言编写的程序的可读性最差

16. 下列关于电子邮件的说法，正确的是______。

A. 收件人必须有 E-mail 账号，发件人可以没有 E-mail 账号

B. 发件人必须有 E-mail 账号，收件人可以没有 E-mail 账号

C. 发件人和收件人均必须有 E-mail 账号

D. 发件人必须知道收件人的邮政编码

17. 通信技术主要是用于扩展人的______。

A. 处理信息功能　　B. 传递信息功能

C. 收集信息功能　　D. 信息的控制与使用功能

18. 在因特网上，一台计算机可以作为另一台主机的远程终端，使用该主机的资源，该项服务称为______。

A. Telnet　　B. BBS　　C. FTP　　D. WWW

19. 操作系统是______。

A. 主机与外设的接口　　B. 用户与计算机的接口

C. 系统软件与应用软件的接口　　D. 高级语言与汇编语言的接口

20. 下列软件中，属于系统软件的是______。

A. C++编译程序　　B. Excel 2003

C. 学籍管理系统　　D. 财务管理系统

第 54 套题

1. 在下列关于字符大小关系的说法中，正确的是______。

A. 空格>a>A　　B. 空格>A>a　　C. a>A>空格　　D. A>a>空格

2. 下列度量单位中，用来度量计算机外部设备传输率的是______。

A. MB/s　　B. MIPS　　C. GHz　　D. MB

3. 微机的字长是 4 个字节，这意味着______。

A. 能处理的最大数值为 4 位十进制数 9999

B. 能处理的字符串最多由 4 个字符组成

C. 在 CPU 中作为一个整体加以传送处理的为 32 位二进制代码

D. 在 CPU 中运算的最大结果为 2 的 32 次方

4．操作系统的作用是______。

A．用户操作规范　　B．管理计算机硬件系统

C．管理计算机软件系统　　D．管理计算机系统的所有资源

5．下列描述正确的是______。

A．计算机不能直接执行高级语言源程序，但可以直接执行汇编语言源程序

B．高级语言与 CPU 型号无关，但汇编语言与 CPU 型号相关

C．高级语言源程序不如汇编语言源程序的可读性好

D．高级语言程序不如汇编语言程序的移植性好

6．下面关于 USB 的叙述中，错误的是______。

A．USB 接口的尺寸比并行接口大得多

B．USB2.0 的数据传输率大大高于 USB1.1

C．USB 具有热插拔与即插即用的功能

D．在 Windows XP 下，使用 USB 接口连接的外部设备（如移动硬盘、U 盘等）不需要驱动程序

7．早期的计算机语言中，所有的指令、数据都用一串二进制数 0 和 1 表示，这种语言称为______。

A．Basic 语言　　B．机器语言　　C．汇编语言　　D．Java 语言

8．电子商务的本质是______。

A．计算机技术　　B．电子技术　　C．商务活动　　D．网络技术

9．下面关于优盘的描述中，错误的是______。

A．优盘有基本型、增强型和加密型三种

B．优盘的特点是重量轻、体积小

C．优盘多固定在机箱内，不便携带

D．断电后，优盘还能保持存储的数据不丢失

10．KB（千字节）是度量存储器容量大小的常用单位之一，1KB 等于______。

A．1000 个字节　　B．1024 个字节

C．1000 个二进位　　D．1024 个字

11．以.jpg 为扩展名的文件通常是______。

A．文本文件　　B．音频信号文件

C．图像文件　　D．视频信号文件

12．计算机病毒的危害表现为______。

A．能造成计算机芯片的永久性失效

B．使磁盘霉变

C．影响程序运行，破坏计算机系统的数据与程序

D．切断计算机系统电源

13．下列设备组中，完全属于外部设备的一组是______。

A．激光打印机，移动硬盘，鼠标

B．CPU，键盘，显示器

C．SRAM 内存条，CD-ROM 驱动器，扫描仪

D．优盘，内存储器，硬盘

14．UPS 的中文译名是______。

A．稳压电源　　B．不间断电源　　C．高能电源　　D．调压电源

15．以下有关光纤通信的说法中错误的是______。

A．光纤通信是利用光导纤维传导光信号来进行通信的

B．光纤通信具有通信容量大、保密性强和传输距离长等优点

C．光纤线路的损耗大，所以每隔 1～2 公里距离就需要中继器

D．光纤通信常用波分多路复用技术提高通信容量

16．局域网中，提供并管理共享资源的计算机称为______。

A．网桥　　B．网关　　C．服务器　　D．工作站

17．下列各项中，非法的 Internet IP 地址是______。

A．202.96.12.14　　B．202.196.72.140

C．112.256.23.8　　D．201.124.38.79

18．按照数的进位制概念，下列各个数中正确的八进制数是______。

A．1101　　B．7081　　C．1109　　D．B03A

19．用户名为 XUEJY 的正确电子邮件地址是______。

A．XUEJY @ bj163.com　　B．XUEJY&bj163.com

C．XUEJY#bj163.com　　D．XUEJY@bj163.com

20．下列软件中，属于应用软件的是______。

A．Windows XP　　B．PowerPoint 2003

C．UNIX　　D．Linux

第 55 套题

1．下列说法中，正确的是______。

A．只要将高级程序语言编写的源程序文件（如 try.c）的扩展名更改为.exe，它就成为可执行文件了

B．高档计算机可以直接执行用高级程序语言编写的程序

C．高级语言源程序只有经过编译和链接后才能成为可执行程序

D．用高级程序语言编写的程序可移植性和可读性都很差

2．计算机病毒______。

A．不会对计算机操作人员造成身体损害

B．会导致所有计算机操作人员感染致病

C．会导致部分计算机操作人员感染致病

D．会导致部分计算机操作人员感染病毒，但不会致病

3．计算机的硬件主要包括：中央处理器、存储器、输出设备和______。

A．键盘　　B．鼠标　　C．输入设备　　D．显示器

4．下列关于操作系统的描述，正确的是______。

A．操作系统中只有程序没有数据

B．操作系统提供的人机交互接口其他软件无法使用

C．操作系统是一种最重要的应用软件
D．一台计算机可以安装多个操作系统

5．已知三个字符为：a、Z 和 8，按它们的 ASCII 码值升序排序，结果是______。
A．8，a，Z　B．a，8，Z　C．a，Z，8　D．8，Z，a

6．以.wav 为扩展名的文件通常是______。
A．文本文件　B．音频信号文件　C．图像文件　D．视频信号文件

7．计算机有多种技术指标，其中主频是指______。
A．内存的时钟频率　B．CPU 内核工作的时钟频率
C．系统时钟频率，也叫外频　D．总线频率

8．下列叙述中，错误的是______。
A．硬盘在主机箱内，它是主机的组成部分
B．硬盘属于外部存储器
C．硬盘驱动器既可作输入设备又可作输出设备用
D．硬盘与 CPU 之间不能直接交换数据

9．下列说法中正确的是______。
A．计算机体积越大，功能越强
B．微机 CPU 主频越高，其运算速度越快
C．两个显示器的屏幕大小相同，它们的分辨率也相同
D．激光打印机打印的汉字比喷墨打印机多

10．十进制数 121 转换成无符号二进制整数是______。
A．1111001　B．111001　C．1001111　D．100111

11．若网络的各个结点均连接到同一条通信线路上，且线路两端有防止信号反射的装置，这种拓扑结构称为______。
A．总线型拓扑　B．星型拓扑　C．树型拓扑　D．环型拓扑

12．目前的许多消费电子产品（数码相机、数字电视机等）中都使用了不同功能的微处理器来完成特定的处理任务，计算机的这种应用属于______。
A．科学计算　B．实时控制　C．嵌入式系统　D．辅助设计

13．将目标程序（.OBJ）转换成可执行文件（.EXE）的程序称为______。
A．编辑程序　B．编译程序　C．链接程序　D．汇编程序

14．根据 Internet 的域名代码规定，域名中的______表示商业组织的网站。
A．.net　B．.com　C．.gov　D．.org

15．在不同进制的四个数中，最小的一个数是______。
A．11011001（二进制）　B．75（十进制）
C．37（八进制）　D．2A（十六进制）

16．调制解调器（Modem）的功能是______。
A．将计算机的数字信号转换成模拟信号
B．将模拟信号转换成计算机的数字信号
C．将数字信号与模拟信号互相转换
D．为了上网与接电话两不误

17．汉字国标码（GB2312-80）把汉字分成______。

A．简化字和繁体字两个等级

B．一级汉字，二级汉字和三级汉字三个等级

C．一级常用汉字，二级次常用汉字两个等级

D．常用字，次常用字，罕见字三个等级

18．下面关于随机存取存储器（RAM）的叙述中，正确的是______。

A．RAM 分静态 RAM（SRAM）和动态 RAM（DRAM）两大类

B．SRAM 的集成度比 DRAM 高

C．DRAM 的存取速度比 SRAM 快

D．DRAM 中存储的数据无须“刷新”

19．显示器的参数：1024×768，它表示______。

A．显示器分辨率　　B．显示器颜色指标

C．显示器屏幕大小　　D．显示每个字符的列数和行数

20．一个完整的计算机软件应包含______。

A．系统软件和应用软件　　B．编辑软件和应用软件

C．数据库软件和工具软件　　D．程序、相应数据和文档

第2章　基本操作题

第1套题

****** 本题型共有5小题 ******

（1）将考生文件夹下JIAO\WU文件夹中的文件SOUP.IPX重命名为CHAO.DOX。

（2）将考生文件夹下QIU\LONG文件夹中的文件WATER.FOX设置为只读和存档属性。

（3）将考生文件夹下PENG文件夹中的文件BLUE.INF移动到考生文件夹下ZHU文件夹中，并将该文件重命名为RED.WPS。

（4）将考生文件夹下HAI\XIE文件夹中的文件BOMP.IDE复制到考生文件夹下YING文件夹中。

（5）将考生文件夹下TAN\WEN文件夹中的文件夹TANG删除。

第2套题

****** 本题型共有5题 ******

（1）将考生文件夹下SLOVIA文件夹中的文件WENSE.FMT更名为BUGMUNT.FRM。

（2）将考生文件夹下DREAM文件夹中的文件SENSE.BMP设置为存档和只读属性。

（3）将考生文件夹下DOVER\SWIM文件夹中的文件夹DELPHI删除。

（4）将考生文件夹下POWER\FIELD文件夹中的文件COPY.WPS复制到考生文件夹下的APPLE\PIE文件夹中。

（5）在考生文件夹下DRIVE文件夹中建立一个新文件夹MODDLE。

第3套题

****** 本题型共有5小题 ******

（1）将考生文件夹下VERSON文件夹中的文件LEAFT.SOP复制到同一文件夹中，并将该文件名改为BEAUTY.SOP。

（2）在考生文件夹下CARD文件夹中建立一个新文件WOLDMAN.DOC。

（3）将考生文件夹下HEART\BEEN文件夹中的文件MONKEY.STP的属性修改为只读属性。

（4）将考生文件夹下MEANSE文件夹中的文件POPER.CRP删除。

（5）将考生文件夹下READ文件夹中的文件SILVER.GOD移动到考生文件夹下PRINT\SPEAK文件夹中，并将文件名改为BEACON.GOD。

第4套题

****** 本题型共有5小题 ******

（1）将考生文件夹下VISION文件夹中的文件LEATH.SEL复制到同一文件夹中，并将该文件命名为 BEUT.SEL。

（2）在考生文件夹下 LORRY 文件夹中新建一个文件 BUS.DOC。

（3）将考生文件夹下 COFF\BANK 文件夹中的文件 MONEY.STR 设置成隐藏和只读属性。

（4）将考生文件夹下 WORD 文件夹中的文件 EXCELL.MAP 删除。

（5）将考生文件夹下 STORY 文件夹中的文件夹 SPEAK 重命名为 TALK。

第 5 套题

****** 本题型共有 5 小题 ******

（1）将考生文件夹下 FENG\WANG 文件夹中的文件 BOOK.DBT 移动到考生文件夹下 CHANG 文件夹中，并将该文件改名为 TEXT.PRG。

（2）将考生文件夹下 CHU 文件夹中的文件 JIANG.TMP 删除。

（3）将考生文件夹下 REI 文件夹中的文件 SONG.FOR 复制到考生文件夹下 CHENG 文件夹中。

（4）在考生文件夹下 MAO 文件夹中建立一个新文件夹 YANG。

（5）将考生文件夹下 ZHOU\DENG 文件夹中的文件 OWER.DBF 设置为隐藏和存档属性。

第 6 套题

****** 本题型共有 5 小题 ******

（1）将考生文件夹下 COMMAND 文件夹中的文件 REFRESH.HLP 移动到考生文件夹下 ERASE 文件夹中，并重命名为 SWEAM.ASW。

（2）将考生文件夹下 CENTRY 文件夹中的文件 NOISE.BAK 重命名为 BIN.DOC。

（3）将考生文件夹下 ROOM 文件夹中的文件 GED.WRI 删除。

（4）将考生文件夹下 FOOTBAL 文件夹中的文件 SHOOT.FOR 的只读和隐藏属性撤消。

（5）在考生文件夹下 FORM 文件夹中新建一个文件夹 SHEET。

第 7 套题

****** 本题型共有 5 小题 ******

（1）将考生文件夹下 MIRROR 文件夹中文件 JOICE.BAS 设置为隐藏属性。

（2）将考生文件夹下 SNOW 文件夹中的文件夹 DRIGEN 删除。

（3）将考生文件夹下 NEWFILE 文件夹中的文件 AUTUMN.FOR 复制到考生文件夹下 WSK 文件夹中，并命名为 SUMMER.OBJ。

（4）在考生文件夹下 YELLOW 文件夹中新建一个文件夹 STUDIO。

（5）将考生文件夹下 CPC 文件夹中的文件 TOKEN.DOC 移动到考生文件夹下 STEEL 文件夹中。

第 8 套题

****** 本题型共有 5 小题 ******

（1）将考生文件夹下 NAOM 文件夹中的 TRAVEL.DBF 文件删除。

（2）将考生文件夹下 HQWE 文件夹中的 LOCK.FOR 文件复制到同一文件夹中，并将该文件命名为 USER.FFF。

（3）为考生文件夹中的 WALL 文件夹中的 PBOB.TXT 文件建立名为 PBOB 的快捷方式，并存放在考生文件夹中。

（4）将考生文件夹下 WETHEAR 文件夹中的 PIRACY.TXT 文件移动到考生文件夹中，并重命名为 ROSO.BAK。

（5）在考生文件夹下 JIBEN 文件夹中创建名为 A2TNBQ 的文件夹，并设置属性为隐藏。

第 9 套题

****** 本题型共有 5 小题 ******

（1）将考生文件夹下 ASD\KBF 文件夹中的文件 OPTIC.BAS 复制到考生文件夹下 USER 文件夹中，并将该文件改名为 DREAM.WPS。

（2）将考生文件夹下 METER 文件夹中的文件 HFINOH.PAS 删除。

（3）将考生文件夹下含有文件 HORSE.BAS 的文件夹 HAS 移动到考生文件夹下 MINI 文件夹中。

（4）在考生文件夹下 ASER 文件夹中建立一个新文件夹 URER。

（5）将考生文件夹下 CATER 文件夹中的文件 TEERY.WPS 更名为 WON.BAK。

第 10 套题

****** 本题型共有 5 小题 ******

（1）将考生文件夹下 SEED 文件夹设置为存档属性。

（2）将考生文件夹下 CHALEE 文件夹移动到考生文件夹下 BROWN 文件夹中，并改名为 TOMIC。

（3）将考生文件夹下 ZIIP 文件夹更名为 KUNIE。

（4）将考生文件夹下 FXP\VUE 文件夹中的文件 JOIN.CDX 移动到考生文件夹下 AUTUMN 文件夹中，并改名为 ENJOY.BPX。

（5）将考生文件夹下 GATS\IOS 文件夹中文件 JEEN.BAK 删除。

第 3 章　Word 2010 文字处理操作题

第 1 套题

1．在考生文件夹下，打开文档 WORD1.DOCX，按照要求完成下列操作并以该文件名（WORD1.DOCX）保存文档。

（1）将标题段文字（“可怕的无声环境”）设置为三号红色仿宋、加粗、居中、段后间距 0.5 行。

（2）给全文中所有“环境”一词添加波浪下划线；将正文各段文字（“科学家曾做过……身心健康。”）设置为小四号宋体；各段落左右各缩进 0.5 字符；首行缩进 2 字符。

（3）将正文第一段（“科学家曾做过……逐渐走向死亡的陷阱。”）分为等宽两栏，栏宽 20 字符，栏间加分隔线。

2．在考生文件夹下，打开文档 WORD2.DOCX，按照要求完成下列操作并以该文件名（WORD2.DOCX）保存文档。

（1）设置表格列宽为 2.5 厘米、行高 0.6 厘米、表格居中；设置外框线为红色 1.5 磅双窄线、内框线为红色 1 磅单实线，第 2、3 行间的表格线为红色 1.5 磅单实线。

（2）再对表格进行如下修改：在第一个单元格中添加一条红色 0.75 磅单实线对角线；合并第 1 行第 2、3、4 列单元格；合并第 6 行第 2、3、4 列单元格，并将合并后的单元格均匀拆分为 2 列；设置表格第 1、2 行为蓝色（“自定义”选项卡中设置红色：0、绿色：0、蓝色：255）底纹。修改后的表格形式如下：

<table>
<tr><td rowspan="2"></td><td colspan="3"></td><td></td></tr>
<tr><td></td><td></td><td></td><td></td></tr>
<tr><td></td><td></td><td></td><td></td><td></td></tr>
<tr><td></td><td></td><td></td><td></td><td></td></tr>
<tr><td></td><td></td><td></td><td></td><td></td></tr>
<tr><td></td><td colspan="3"></td><td></td></tr>
</table>

第 2 套题

试对考生文件夹下 WORD.DOCX 文档中的文字进行编辑、排版和保存，具体要求如下：

（1）将标题段（“长安奔奔微型轿车简介”）文字设置为二号红色楷体、加粗并添加着重号。

（2）将正文各段（“2006 年 11 月……车身侧倾不大。”）中的中文文字设置为小四号宋体、西文文字设置为小四号 Arial 字体；行距 18 磅，各段落段前间距 0.2 行。将最后一段（“奔奔的底盘……车身侧倾不大。”）分为等宽两栏，栏间距 3 字符，栏间加分隔线。

（3）将文中后 7 行文字转换成一个 7 行 2 列的表格，并使用表格样式“浅色底纹-强调文字颜色 5”修改表格；设置表格居中、表格中所有文字中部居中；设置表格列宽为 5 厘米、行高为 0.6 厘米，设置表格所有单元格的左、右边距均为 0.3 厘米（使用“表格属性”对话框中的“单元格”选项卡进行设置）。

（4）在表格最后一行之后添加一行，并在“参数名称”列输入“发动机型号”，在“参数值”列输入“JL474Q2”。

第 3 套题

在考生文件夹下打开文档 WORD.DOCX，按照要求完成下列操作并以该文件名（WORD.DOCX）保存文档。

（1）将标题段（“人民币汇率创新高”）文字设置为二号黑体、加粗、倾斜，并添加红色双波浪线方框。

（2）将正文第一段（“人行加息消息……，较上日收市升 89 点。”）设置为悬挂缩进 2 字符，段后间距 0.3 行。

（3）为正文第二段、第三段（“外汇交易员指出……进一步扩大。”）添加项目符号“●”；将正文第四段（“目前的……，提高其不确定性。”）分为带分隔线的等宽两栏，栏间距为 3 字符。

（4）将文中后 7 行文字转换为一个 7 行 3 列的表格，设置表格居中、表格列宽为 2.8 厘米、行高为 0.6 厘米，表格中所有文字中部居中。

（5）设置表格所有框线为 1.5 磅蓝色单实线；为表格第一行添加灰色（“自定义”选项卡中设置红色：192、绿色：192、蓝色：192）底纹；按“货币名称”列根据“拼音”升序排列表格内容。

第 4 套题

在考生文件夹下打开文档 WORD.DOCX，按照要求完成下列操作并以该文件名（WORD.DOCX）保存文档。

（1）将标题段（“4. 电子商务技术专利框架”）文字设置为三号蓝色黑体、加粗、居中。倒数第五行文字（“表 4-1 国内外在中国申请的专利统计”）设置为四号楷体、居中，绿色边框、黄色底纹。

（2）为文档中的第八到十二行（共五行）设置项目符号“●”。

（3）将标题段后的第一自然段（“根据对国内、外电子商务专利技术……是知识和信息技术相结合的成果。”）进行分栏，要求分成 3 栏，栏宽相等，栏间加分隔线。

（4）将文中最后 4 行文字按照制表符转换为一个 4 行 7 列的表格，设置表格居中。计算“申请专利总数”列值。

（5）设置表格左右外边框为无边框、上下外边框为 3 磅绿色单实线；所有内框线为 1 磅蓝色单实线。

第 5 套题

在考生文件夹下打开文档 WORD.DOCX，按照要求完成下列操作并以该文件名

（WORD.DOCX）保存文档。

（1）将标题段（“1. 国内企业申请的专利部分”）文字设置为四号蓝色楷体、加粗、居中，绿色边框、边框宽度为 3 磅、黄色底纹。

（2）为第一段（“根据对我国企业申请的……覆盖的领域包括：”）和最后一段（“如果和电子商务知识产权……围绕了认证、安全、支付来研究的。”）间的 8 行设置项目符号“◆”。

3）为倒数第 9 行（“表 4-2 国内企业申请的专利分类统计”）插入脚注，脚注内容为“资料来源：中华人民共和国知识产权局”，脚注字体为小五号宋体。

（4）将最后的 8 行文字转换为一个 8 行 3 列的表格。设置表格居中，表格中所有文字中部居中。

（5）分别将表格第 1 列的第 4、5 单元格和第 3 列的第 4、5 单元格进行合并，分别将第 1 列的第 2、3 单元格和第 3 列的第 2、3 单元格进行合并。设置表格外框线为 3 磅蓝色单实线，内框线为 1 磅，颜色为黑色（“自定义”选项卡设置为红色：0、绿色：0、蓝色：0），单实线。

第 6 套题

对考生文件夹下 WORD.DOCX 文档中的文字进行编辑、排版和保存，具体要求如下：

（1）将标题段（“第三代计算机网络——计算机互联网”）文字设置为楷体四号红色字，自定义边框颜色（红色：0，绿色：128，蓝色：0）、黄色底纹、居中。

（2）设置正文各段落（“第三代计算机网络是 Internet……计算机网络的普及和发展。”）左右各缩进 1 字符、行距为 1.2 倍；各段落首行缩进 2 字符；将正文第二段（“IBM 公司……网络的普及和发展。”）分为等宽三栏、首字下沉 2 行。

（3）设置页眉为“计算机网络”、字体大小为“小五号”，设置页脚为“计算机网络培训教程”、字体大小为“五号”。

（4）将文中后 6 行文字转换为一个 6 行 4 列的表格。设置表格居中，表格第一、二、四列列宽均为 2 厘米，第三列列宽为 2.3 厘米，行高为 0.8 厘米。

（5）在表格的最后一列右侧增加一列，列宽为 2 厘米，列标题为“总分”，分别计算每人的总分并填入相应的单元格内；表格中所有文字中部居中；设置表格外框线为 3 磅蓝色单实线，内框线为 1 磅红色单实线，第一行的底纹设置为灰色（自定义颜色为红色：192，绿色：192，蓝色：192）。

第 7 套题

在考生文件夹下打开文档 WORD.DOCX，按照要求完成下列操作并以该文件名（WORD.DOCX）保存文档。

（1）将标题段（“信用卡业务外包”）设置为黑体、四号、居中，颜色为自定义（红色：102、绿色：102、蓝色：153）；倒数第七行文字（“表 1 在印度从事外包业务的若干金融机构（2005）”）设置为四号、居中，靛蓝色（自定义颜色为红色：51、绿色：51、蓝色：153）边框、底纹颜色为自定义颜色（红色：130、绿色：130、蓝色：100）。

（2）为第三段（“一类是将信用卡业务……达到保留客户的目的；”）和第四段（“另一类则是将……作为支柱业务来发展。”）设置项目符号“●”。

（3）设置页眉为“信用卡业务外包”，字体为小五号、宋体。

（4）将最后面的6行文字转换为一个6行4列的表格，第2、4列表格列宽为2厘米。设置表格居中，表格中所有文字中部居中。

（5）设置表格外框线和第1行的下框线为3磅蓝色单实线，内框线为1磅黑色（“自定义”选项卡设置为红色：0、绿色：0、蓝色：0），单实线。

第8套题

1．在考生文件夹下，打开文档 WORD1.DOCX，按照要求完成下列操作并以该文件名（WORD1.DOCX）保存文档。

（1）将标题段文字（“‘星星连珠’会引发灾害吗？”）设置为蓝色（标准色）小三号黑体、加粗、居中。

（2）设置正文各段落（““星星连珠“时，……可以忽略不计。”）左右各缩进0.5字符、段后间距0.5行。将正文第一段（“‘星星连珠’时，……特别影响。”）分为等宽的两栏、栏间距为0.19字符、栏间加分隔线。

（3）设置页面边框为红色1磅方框。

2．在考生文件夹下，打开文档 WORD2.DOCX，按照要求完成下列操作并以该文件名（WORD2.DOCX）保存文档。

（1）在表格最右边插入一列，输入列标题“实发工资”，计算出各职工的实发工资，按“实发工资”列升序排列表格内容。

（2）设置表格居中，表格列宽为2厘米，行高为0.6厘米，表格所有内容水平居中；设置表格所有框线为1磅红色单实线。

第9套题

1．在考生文件夹下，打开文档 WORD1.DOCX，按照要求完成下列操作并以该文件名（WORD1.DOCX）保存文档。

（1）将文中所有“教委”替换为“教育部”，并设置为红色、斜体、加着重号。

（2）将标题段文字（“高校科技实力排名”）设置为红色三号黑体、加粗、居中，字符间距加宽4磅。

（3）将正文第一段（“由教育部授权，……权威性是不容质疑的。”）左右各缩进2字符，悬挂缩进2字符，行距18磅；将正文第二段（“根据6月7日，…，‘高校科研经费排行榜’。”）分为等宽的两栏，栏间加分隔线。

2．在考生文件夹下，打开文档 WORD2.DOCX，按照要求完成下列操作并以该文件名（WORD2.DOCX）保存文档。

（1）插入一6行6列表格，设置表格居中；设置表格列宽为2厘米、行高为0.4厘米；设置表格外框线为1.5磅绿色（标准色）单实线，内框线为1磅绿色（标准色）单实线。

（2）将第一行所有单元格合并，并设置该行为黄色底纹。

第10套题

1．在考生文件夹下，打开文档 WORD1.DOCX，按照要求完成下列操作并以该文件名（WORD1.DOCX）保存文档。

（1）将文中所有“实”改为“石”。为页面添加内容为“锦绣中国”的文字水印。

（2）将标题段文字（“绍兴东湖”）设置为二号蓝色（标准色）空心黑体、倾斜、居中。

（3）设置正文各段落（“东湖位于……留连往返。”）段后间距为 0.5 行，各段首字下沉 2 行（距正文 0.2 厘米）；在页面底端（页脚）按“普通数字 3”样式插入罗马数字型（“I、II、III、、……”）页码。

2．在考生文件夹下，打开文档 WORD2.DOCX，按照要求完成下列操作并以该文件名（WORD2.DOCX）保存文档。

（1）将文档内提供的数据转换为 6 行 6 列表格。设置表格居中，表格列宽为 2 厘米，表格中文字水平居中。计算各学生的平均成绩，并按“平均成绩”列降序排列表格内容。

（2）将表格外框线、第一行的下框线和第一列的右框线设置为 1 磅红色单实线，表格底纹设置为“白色，背景 1，深色 15%”。

第 11 套题

1．在考生文件夹下，打开文档 WORD1.DOCX，按照要求完成下列操作并以该文件名（WORD1.DOCX）保存文档。

（1）将文中所有错词“声明科学”替换为“生命科学”；页面纸张大小设置为 B5（ISO）（“17.6×25 厘米”）

（2）将标题段文字（“生命科学是中国发展的机遇”）设置为红色三号仿宋、居中、加粗，并添加双波浪下划线。

（3）将正文各段落（“新华网北京……进一步研究和学习。”）设置为首行缩进 2 字符，行距 18 磅，段前间距 1 行。将正文第三段（“他认为……进一步研究和学习。”）分为等宽的两栏，栏宽为 15 字符，栏间加分隔线。

2．在考生文件夹下，打开文档 WORD2.DOCX，按照要求完成下列操作并以该文件名（WORD2.DOCX）保存文档。

（1）将文中后 7 行文字转换为一个 7 行 4 列的表格，设置表格居中，表格中的文字水平居中；并按“低温（℃）”列降序排列表格内容。

（2）设置表格列宽为 2.6 厘米、行高 0.5 厘米，所有表格框线为 1 磅红色单实线，为表格第一列添加浅绿色（标准色）底纹。

第 12 套题

1．在考生文件夹下，打开文档 WORD1.DOCX，按照要求完成下列操作并以该文件名（WORD1.DOCX）保存文档。

（1）将标题段文字（“信息与计算机”）设置为三号蓝色（标准色）空心黑体、居中，并添加黄色底纹。

（2）将正文各段文字（“在进入新世纪……互相依存和发展着。”）设置为小四号楷体；各段落左右各缩进 2.2 字符、首行缩进 2 字符、1.2 倍行距。

（3）设置页面纸张大小为“16 开 184×260 毫米（18.39×25.98 厘米）”，页面左右边距各 2.7 厘米；为页面添加红色 1 磅阴影边框。

2．在考生文件夹下，打开文档 WORD2.DOCX，按照要求完成下列操作并以该文件名

（WORD2.DOCX）保存文档。

（1）设置表格居中；表格中的第 1 行和第 1 列文字水平居中，其余各行各列文字中部右对齐。

（2）设置表格列宽为 2.7 厘米、行高 0.6 厘米，表格所有框线为红色 1 磅单实线；按“涨跌”列降序排序表格内容。

第 13 套题

1．在考生文件夹下，打开文档 WORD1.DOCX，按照要求完成下列操作并以该文件名（WORD1.DOCX）保存文档。

（1）将文中所有“电脑”替换为“计算机”；将标题段文字（“多媒体系统的特征”）设置为二号蓝色（标准色）黑体、加粗、居中。

（2）并将正文第二段文字（“交互性是……进行控制。”）移至第三段文字（“集成性是……协调一致。”）之后（但不与第三段合并）。将正文各段文字（“多媒体计算机……模拟信号方式。”）设置为小四号宋体；各段落左右缩进 1 字符、段前间距 0.5 行。

（3）设置正文第一段（“多媒体计算机……和数字化特征。”）首字下沉两行（距正文 0.2 厘米）；为正文后三段添加项目符号“●”。

2．在考生文件夹下，打开文档 WORD2.DOCX，按照要求完成下列操作并以该文件名（WORD2.DOCX）保存文档。

（1）制作一个 3 行 4 列的表格，设置表格居中、列宽 2 厘米、行高 0.8 厘米；将第 2、3 行的第 4 列单元格均匀拆分为两列，将第 3 行的第 2、3 列单元格合并。

（2）在表格左侧添加 1 列；设置表格外框线为 1.5 磅红色双窄线、内框线为 1 磅蓝色（标准色）单实线；为表格第 1 行添加“红色，强调文字颜色 2，淡色 80%”底纹。

第 14 套题

1．在考生文件夹下，打开文档 WORD1.DOCX，按照要求完成下列操作并以该文件名（WORD1.DOCX）保存文档。

（1）将标题段（“8086/8088CPU 的 BIU 和 EU”）的中文设置为四号红色宋体、英文设置为四号红色 Arial 字体；标题段居中、字符间距加宽 2 磅。

（2）将正文各段文字（“从功能上看……FLAGS 中。”）的中文设置为五号仿宋、英文设置为五号 Arial 字体；各段落首行缩进 2 字符、段前间距 0.5 行。

（3）为文中所有“数据”一词加粗并添加着重号；将正文第三段（“EU 的功能是……FLAGS 中。”）分为等宽的两栏、栏宽 18 字符、栏间加分隔线。

2．在考生文件夹下，打开文档 WORD2.DOCX，按照要求完成下列操作并以该文件名（WORD2.DOCX）保存文档。

（1）为表格第 1 行第 2 列单元格中的“[X]”添加“补码”下标；设置表格居中；设置表格中第 1 行文字水平居中，其他各行文字中部右对齐。

（2）设置表格列宽为 2 厘米、行高为 0.6 厘米；设置外框线为红色 1.5 磅双窄线、内框线为绿色（标准色）1 磅单实线，第 1 行单元格为黄色底纹。

第 15 套题

1．在考生文件夹下，打开文档 WORD1.DOCX，按照要求完成下列操作并以该文件名（WORD1.DOCX）保存文档。

（1）将文中所有错词“网罗”替换为“网络”；将标题段文字（“常用的网络互连设备”）设置为二号红色黑体、居中。

（2）将正文各段文字（“常用的网络互连设备……开销更大。”）的中文设置为小四号宋体、英文和数字设置为小四号 Arial 字体；各段落悬挂缩进 2 字符、段前间距 0.6 行。

（3）将文档页面的纸张大小设置为“16 开（18.4×26 厘米）”、上下页边距各为 3 厘米；为文档添加内容为“教材”的文字水印。

2．在考生文件夹下，打开文档 WORD2.DOCX，按照要求完成下列操作并以该文件名（WORD2.DOCX）保存文档。

（1）在表格右侧增加一列，输入列标题“平均成绩”；并在新增列相应单元格内填入左侧三门功课的平均成绩；按“平均成绩”列降序排列表格内容。

（2）设置表格居中、列宽为 2.2 厘米、行高为 0.6 厘米，表格中第 1 行文字水平居中、其他各行文字中部两端对齐；设置表格外框线为红色 1.5 磅双窄线、内框线为红色 1 磅单实线。

第 4 章　Excel 2010 电子表格操作题

第 1 套题

1．在考生文件夹下打开 EXCEL.XLSX 文件：

（1）将 Sheet1 工作表的 A1:E1 单元格合并为一个单元格，内容水平居中；计算“同比增长”列的内容（同比增长=(07 年销售量-06 年销售量)/06 年销售量，百分比型，保留小数点后两位）；如果“同比增长”列内容高于或等于 20%，在“备注”列内给出信息“较快”，否则内容为“ ”（一个空格）（利用 IF 函数）。

（2）选取“月份”列（A2:A14）和“同比增长”列（D2:D14）数据区域的内容建立“带数据标记的折线图”（系列产生在“列”），标题为“销售同比增长统计图”，清除图例；将图插入到表的 A16:F30 单元格区域内，将工作表命名为“销售情况统计表”，保存 EXCEL.XLSX 文件。

2．打开工作簿文件 EXC.XLSX，对工作表“图书销售情况表”内数据清单的内容按主要关键字“经销部门”的降序次序和次要关键字“季度”的升序次序进行排序，对排序后的数据进行高级筛选（在数据表格前插入三行，条件区域设在 A1:F2 单元格区域，将筛选条件写入条件区域的对应列上），条件为社科类图书且销售量排名在前三十名，工作表名不变，保存 EXC.XLSX 工作簿。

第 2 套题

1．在考生文件夹下打开 EXCEL.XLSX 文件：

（1）将 Sheet1 工作表的 A1:G1 单元格合并为一个单元格，内容水平居中；计算“月平均值”行的内容（数值型，保留小数点后 1 位）；计算“最高值”行的内容（三年中某月的最高值，利用 MAX 函数）。

（2）选取“月份”行（A2:G2）和“月平均值”行（A6:G6）数据区域的内容建立“带数据标记的折线图”（系列产生在“行”），图表标题为“降雪量统计图”，清除图例；将图插入到表的 A9:F20 单元格区域内，将工作表命名为“降雪量统计表”，保存 EXCEL.XLSX 文件。

2．打开工作簿文件 EXC.XLSX，对工作表“产品销售情况表”内数据清单的内容按主要关键字“季度”的升序次序和次要关键字“分店名称”的降序次序进行排序，对排序后的数据进行高级筛选（在数据清单前插入三行，条件区域设在 A1:H2 单元格区域，将筛选条件写入条件区域的对应列上），条件是：产品名称为“电冰箱”且销售额排名在前十名，工作表名不变，保存 EXC.XLSX 工作簿。

第 3 套题

1．打开工作簿文件 EXCEL.XLSX，将下列某县学生的大学升学和分配情况数据建成一个数据表（存放在 A1:D6 单元格区域内），并求出“考取/分配回县比率”（保留小数点后面两位），其计算公式是：考取/分配回县比率=分配回县人数/考取人数，其数据表保存在 Sheet1 工作表中。

时间	考取人数	分配回县人数	考取/分配回县比率
1994	232	152	
1995	353	162	
1996	450	239	
1997	586	267	
1998	705	280	

2．选“时间”和“考取/分配回县比率”两列数据，创建“带平滑线和数据标记的散点图”图表，设置数值（X）轴标题为“时间”，数值（Y）轴标题为“考取/分配回县比率”，图表标题为“考取/分配回县散点图”，嵌入在工作表的 A8:F18 单元格区域中。

3．将 Sheet1 更名为“回县比率表”。

第 4 套题

1．打开工作簿文件 EXCEL.XLSX：

（1）将工作表 Sheet1 的 A1:C1 单元格合并为一个单元格，内容水平居中，计算数量的“总计”及“所占比例”列的内容（所占比例=数量/总计，百分比型，保留小数点后两位），将工作表命名为“人力资源情况表”。

（2）选取“人力资源情况表”的“人员类型”列（A2:A6）和“所占比例”列（C2:C6）的单元格区域内容，建立“分离型饼图”，系列产生在“列”，设置数据标签格式，标签选项为“百分比”，在图表上方插入图表标题为“人力资源情况图”，插入到表的 A9:E19 单元格区域内。

2．打开工作簿文件 EXA.XLSX，对工作表“数据库技术成绩单”内数据清单的内容进行分类汇总（分类汇总前请先按主要关键字“系别”升序排序），分类字段为“系别”，汇总方式为“平均值”，汇总项为“考试成绩”“实验成绩”“总成绩”（汇总数据设为数值型，保留小数点后两位），汇总结果显示在数据下方，工作表名不变，工作簿名不变。

第 5 套题

1．在考生文件夹下打开 EXCEL.XLSX 文件：

（1）将 Sheet1 工作表的 A1:E1 单元格合并为一个单元格，内容水平居中；按“销售额=销售数量*单价”计算“销售额”列的内容（数值型，保留小数点后 0 位）和“总销售额”（置于 D12 单元格内），计算“所占百分比”列的内容（所占百分比=销售额/总销售额，百分比型，保留小数点后 2 位）。

（2）选取“产品型号”列（A2:A11）和“所占百分比”列（E2:E11）数据区域的内容建立“分离型三维饼图”（系列产生在“列”），在图表上方插入图表标题为“产品销量统计图”，图例位置靠左，设置数据标签格式，标签选项为“百分比”；将图插入到表的 A14:E26 单元格区域内，将工作表命名为“产品销量统计表”，保存 EXCEL.XLSX 文件。

2．打开工作簿文件 EXC.XLSX，对工作表“产品销售情况表”内数据清单的内容按主要关键字“季度”的升序次序和次要关键字“产品名称”的降序次序进行排序，对排序后的数据进行高级筛选（筛选条件有两个，条件一：产品名称为“手机”，条件区域为 D41:D42；条件二：销售排名为前 15 名，条件区域为 H41:H42），工作表名不变，保存 EXC.XLSX 工作簿。

第 6 套题

1．在考生文件夹下打开 EXCEL.XLSX 文件：

（1）将 Sheet1 工作表的 A1:E1 单元格合并为一个单元格，内容水平居中；计算“销售额”列的内容（保留小数点后 0 位），按销售额的降序次序计算“销售排名”列的内容（利用 RANK 函数）；利用条件格式将 E3:E11 区域内排名前三位的字体颜色设置为蓝色。

（2）选取“产品型号”和“销售额”列内容，建立“簇状条形图”（系列产生在“列”），在图表上方插入图表标题“产品销售统计图”，清除图例；将图插入到表的 A13:D29 单元格区域内，将工作表命名为“产品销售统计表”，保存 EXCEL.XLSX 文件。

2．打开工作簿文件 EXC.XLSX，对工作表“产品销售情况表”内数据清单的内容进行自动筛选，条件依次为第 2 分店或第 3 分店、空调或手机产品，工作表名不变，保存 EXC.XLSX 工作簿。

第 7 套题

1．在考生文件夹下打开 EXCEL.XLSX 文件：

（1）将 Sheet1 工作表的 A1:D1 单元格合并为一个单元格，内容水平居中；计算员工的“平均年龄”置于 D13 单元格内（数值型，保留小数点后 1 位）；计算学历为本科、硕士、博士的人数置于 F5:F7 单元格区域（利用 COUNTIF 函数）。

（2）选取“学历”列（E4:E7）和“人数”列（F4:F7）数据区域的内容建立“簇状水平圆柱图”（系列产生在“列”），在图表上方插入图表标题“员工学历情况统计图”，图例位置靠上，设置数据系列格式图案内部背景颜色为纯色填充水绿色，强调文字颜色 5，淡色 60%；将图插入到表的 A15:F28 单元格区域内，将工作表命名为“员工学历情况统计表”，保存 EXCEL.XLSX 文件。

2．打开工作簿文件 EXC.XLSX，对工作表“产品销售情况表”内数据清单的内容建立数据透视表，按行为“产品名称”，列为“季度”，数据为“销售额（万元）”求和布局，并置于现工作表的 I5:M10 单元格区域，工作表名不变，保存 EXC.XLSX 工作簿。

第 8 套题

1．打开工作簿文件 EXCEL.XLSX：

（1）将 Sheet1 工作表的 A1:G1 单元格合并为一个单元格，内容水平居中；根据提供的工资浮动率计算工资的浮动额；再计算浮动后工资；为“备注”列添加信息，如果员工的浮动额大于 800 元，在对应的备注列内填入“激励”，否则填入“努力”（利用 IF 函数）；设置“备注”列的单元格样式为“40%-强调文字颜色 2”。

（2）选取“职工号”“原来工资”和“浮动后工资”列的内容，建立“堆积面积图”，设置图表样式为“样式 28”，图例位于底部，图表标题为“工资对比图”，位于图的上方，将图插入到表的 A14:G33 单元格区域内，将工作表命名为“工资对比表”。

2．打开工作簿文件 EXC.XLSX，对工作表“产品销售情况表”内数据清单的内容建立数据透视表，行标签为“分公司”，列标签为“产品名称”，求和项为“销售额（万元）”，并置于现工作表的 J6:N20 单元格区域，工作表名不变，保存 EXC.XLSX 工作簿。

第 9 套题

1．打开工作簿文件 EXCEL.XLSX：

（1）将 Sheet1 工作表的 A1:E1 单元格合并为一个单元格，内容水平居中；计算实测值与预测值之间的误差的绝对值置于“误差（绝对值）”列；评估“预测准确度”列，评估规则为：“误差”低于或等于“实测值”10%的，“预测准确度”为“高”；“误差”大于“实测值”10%的，“预测准确度”为“低”（使用 IF 函数）；利用条件格式的“数据条”下的“渐变填充”中的“蓝色数据条”修饰 A3:C7 单元格区域。

（2）选择“实测值”“预测值”两列数据建立“带数据标记的折线图”，图表标题为“测试数据对比图”，位于图的上方，并将其嵌入到工作表的 A17:E37 区域中。将工作表 Sheet1 更名为“测试结果误差表”。

2．打开工作簿文件 EXC.XLSX，对工作表“产品销售情况表”内数据清单的内容建立数据透视表，行标签为“分公司”，列标签为“季度”，求和项为“销售数量”，并置于现工作表的 I8:M22 单元格区域，工作表名不变，保存 EXC.XLSX 工作簿。

第 10 套题

1．在考生文件夹下打开 EXCEL.XLSX 文件：

（1）将 Sheet1 工作表的 A1:H1 单元格合并为一个单元格，内容水平居中；计算“平均值”列的内容（数值型，保留小数点后 1 位）；计算“最高值”行的内容置于 B7:G7 内（某月三地区中的最高值，利用 MAX 函数，数值型，保留小数点后 2 位）；将 A2:H7 数据区域设置为套用表格格式“表样式浅色 16”。

（2）选取 A2:G5 单元格区域内容，建立“带数据标记的折线图”，图表标题为“降雨量统计图”，图例靠右；将图插入到表的 A9:G24 单元格区域内，将工作表命名为“降雨量统计表”，保存 EXCEL.XLSX 文件。

2．打开工作簿文件 EXC.XLSX，对工作表“产品销售情况表”内数据清单的内容按主要关键字“分公司”的降序次序和次要关键字“产品名称”的降序次序进行排序，完成对各分公司销售额总和的分类汇总，汇总结果显示在数据下方，工作表名不变，保存 EXC.XLSX 工作簿。

第 11 套题

1．在考生文件夹下打开 EXCEL.XLSX 文件：

（1）将 Sheet1 工作表的 A1:E1 单元格合并为一个单元格，内容水平居中；计算“销售额”列的内容（数值型，保留小数点后 0 位），计算各产品的总销售额置于 D13 单元格内；计算各产品销售额占总销售额的比例置于“所占比例”列（百分比型，保留小数点后 1 位）；将 A2:E13 数据区域设置为套用表格格式“表样式中等深浅 4”。

（2）选取“产品型号”列（A2:A12）和“所占比例”列（E2:E12）数据区域的内容建立“分离型三维饼图”，图表标题为“销售情况统计图”，图例位于底部；将图插入到表 A15:E30 单元格区域，将工作表命名为“销售情况统计表”，保存 EXCEL.XLSX 文件。

2．打开工作簿文件 EXC.XLSX，对工作表“产品销售情况表”内数据清单的内容按主要关键字“分公司”的降序次序和次要关键字“季度”的升序次序进行排序，对排序后的数据进行高级筛选（在数据清单前插入四行，条件区域设在 A1:G3 单元格区域，请在对应字段列内输入条件，条件是：产品名称为“空调”或“电视”且销售额排名在前 20 名，工作表名不变，保存 EXC.XLSX 工作簿。

第 12 套题

1．打开工作簿文件 EXCEL.XLSX：

（1）将 Sheet1 工作表的 A1:D1 单元格合并为一个单元格，内容水平居中；计算“总计”列、“优秀支持率”（百分比型，保留小数点后 1 位）列和“优秀支持率排名“（降序排名）列；利用条件格式的“数据条”下的“实心填充”修饰 A2:B8 单元格区域。

（2）选择“学生”和“优秀支持率”两列数据区域的内容建立“分离型三维饼图”，图表标题为“优秀支持率统计图”，图例位于左侧，为饼图添加数据标签；将图插入到表 A12:E28 单元格区域，将工作表命名为“优秀支持率统计表”，保存 EXCEL.XLSX 文件。

2．打开工作簿文件 EXC.XLSX，对工作表“产品销售情况表”内数据清单的内容建立数据透视表，行标签为“产品名称”，列标签为“分公司”，求和项为“销售额（万元）”，并置于现工作表的 I32:V37 单元格区域，工作表名不变，保存 EXC.XLSX 工作簿。

第 13 套题

1．打开工作簿文件 EXCEL.XLSX：

（1）将 Sheet1 工作表的 A1:F1 单元格合并为一个单元格，内容水平居中；计算“上升案例数”（保留小数点后 0 位），其计算公式是：上升案例数 ＝ 去年案例数×上升比率；给出“备注”列信息（利用 IF 函数），上升案例数大于 50，给出“重点关注”，上升案例数小于 50，给出“关注”；利用套用表格格式的“表样式浅色 15”修饰 A2:F7 单元格区域。

（2）选择“地区”和“上升案例数”两列数据区域的内容建立“三维簇状柱形图”，图表标题为“上升案例数统计图”，图例靠上；将图插入到表 A10:F25 单元格区域，将工作表命名为“上升案例数统计表”，保存 EXCEL.XLSX 文件。

2．打开工作簿文件 EXC.XLSX，对工作表“产品销售情况表”内数据清单的内容建立高级筛选，在数据清单前插入四行，条件区域设在 B1:F3 单元格区域，请在对应字段列内输入条件，条件是：“西部 2”的“空调”和“南部 1”的“电视”，销售额均在 10 万元以上，工作表名不变，保存 EXC.XLSX 工作簿。

第 14 套题

1．打开工作簿文件 EXCEL.XLSX：

（1）将 Sheet1 工作表的 A1:G1 单元格合并为一个单元格，内容水平居中；计算“已销售出数量”（已销售出数量=进货数量-库存数量），计算“销售额（元）”，给出“销售额排名”（按销售额降序排列）列的内容；利用单元格样式的“标题 2”修饰表的标题，利用“输出”修饰表的 A2:G14 单元格区域；利用条件格式将“销售排名”列内容中数值小于或等于 5 的数字颜色设置为红色。

（2）选择“商品编号”和“销售额（元）”两列数据区域的内容建立“三维簇状柱形图”，图表标题为“商品销售额统计图”，图例位于底部；将图插入到表 A16:F32 单元格区域，将工作表命名为“商品销售情况表”，保存 EXCEL.XLSX 文件。

2．打开工作簿文件 EXC.XLSX，对工作表“‘计算机动画技术’成绩单”内数据清单的内容进行自动筛选，条件是：计算机系、信息系、自动控制系，且总成绩 80 分及以上的数据，工作表名不变，保存 EXC.XLSX 工作簿。

第 15 套题

1．打开工作簿文件 EXCEL.XLSX：

（1）将 Sheet1 工作表的 A1:E1 单元格合并为一个单元格，内容水平居中；计算“总产量（吨）”“总产量排名“（利用 RANK 函数，降序）；利用条件格式“数据条”下“实心填充”中的“蓝色数据条”修饰 D3:D9 单元格区域。

（2）选择“地区”和“总产量（吨）”两列数据区域的内容建立“簇状棱锥图”，图表标题为“粮食产量统计图”，图例位于底部；将图插入到表 A11:E26 单元格区域，将工作表命名为“粮食产量统计表”，保存 EXCEL.XLSX 文件。

2．打开工作簿文件 EXC.XLSX，对工作表“产品销售情况表”内数据清单的内容建立筛选，条件是：分公司为“西部 1”和“南部 2”，产品为“空调”和“电视”，销售额均在 10 万元以上的数据，工作表名不变，保存 EXC.XLSX 工作簿。

第 5 章　PowerPoint 2010 演示文稿制作操作题

第 1 套题

打开考生文件夹下的演示文稿 yswg.pptx，按照下列要求完成对此文稿的修改并保存。

（1）在第一张幻灯片中插入样式为“填充-无，轮廓-强调文字 2”的艺术字“京津城铁试运行”，位置为水平：6 厘米，度量依据：左上角；垂直：7 厘米，度量依据：左上角。第二张幻灯片的版式改为“两栏内容”，在右侧文本区输入“一等车厢票价不高于 70 元，二等车厢票价不高于 60 元。”右侧文本设置为“楷体”、47 磅。将第四张幻灯片的图片复制到第三张幻灯片的内容区域。在第三张幻灯片的标题文本“列车快速舒适”上设置超链接，链接对象是第二张幻灯片。在第三张幻灯片备注区插入文本“单击标题，可以循环放映。”删除第四张幻灯片。

（2）第一张幻灯片的背景填充为“渐变填充”，“预设颜色”为“金乌坠地”，类型为“线性”，方向为“线性向下”。幻灯片放映方式改为“演讲者放映”。

第 2 套题

打开考生文件夹下的演示文稿 yswg.pptx，按照下列要求完成对此文稿的修饰并保存。

（1）使用“暗香扑面”主题修饰全文，全部幻灯片切换效果为“溶解”。

（2）在第一张幻灯片前插入一版式为“标题幻灯片”的新幻灯片，主标题输入“中国海军护航舰队抵达亚丁湾索马里海域”，并设置为“黑体”，41 磅，红色（请用“自定义”选项卡设置红色 250、绿色 0、蓝色 0），副标题输入“组织实施对 4 艘中国商船的首次护航”，并设置为“仿宋”，30 磅。第二张幻灯片的版式改为“两栏内容”，将图片移入右侧内容区，标题区输入“中国海军护航舰队确保被护航船只和人员安全”。图片动画设置为“进入”“擦除”“自底部”，文本动画设置为“进入”“飞入”“自底部”。动画顺序为先文本后图片。第三张幻灯片的版式改为“内容与标题”，将图片移入内容区，并将第二张幻灯片文本区前两段文本移到第三张幻灯片的文本区。设置母版，使每张幻灯片的左下角出现文本“中国海军”，字体为“宋体”，字号为 15 磅。

第 3 套题

打开考生文件夹下的演示文稿 yswg.pptx，按照下列要求完成对此文稿的修饰并保存。

（1）使用“沉稳”主题修饰全文，全部幻灯片切换效果为“水平百叶窗”。

（2）在第一张幻灯片前插入一版式为“标题幻灯片”的新幻灯片，主标题输入“公共交通工具逃生指南”，并设置为“黑体”，43 磅，蓝色（请用“自定义”选项卡设置红色 0、绿色 0、蓝色 240），副标题输入“专家建议”，并设置为“楷体”，27 磅。第三张幻灯片的版式改为“两栏内容”，将第二张幻灯片的图片移入右侧内容区，标题区输入“缺乏安全出行基本常识”。图片动画设置为“进入”“水平随机线条”，内容区的文本动画设置为“进入”“飞入”“自底部”。

动画顺序为先文本后图片。删除第二张幻灯片。设置母版，使每张幻灯片的左下角出现文字“逃生指南”，这个文字所在的文本框的位置：水平：3.4 厘米，度量依据：左上角；垂直：17.4 厘米，度量依据：左上角，其字体为“黑体”，字号为 15 磅。

第 4 套题

打开考生文件夹下的演示文稿 yswg.pptx，按照下列要求完成对此文稿的修饰并保存。

（1）在第一张幻灯片前插入一版式为“标题幻灯片”的新幻灯片，主标题输入“国庆 60 周年阅兵”，并设置为“黑体”，65 磅，红色（请用“自定义”选项卡设置红色 230、绿色 0、蓝色 0），副标题输入“代表委员揭秘建国 60 周年大庆”，并设置为“仿宋”，35 磅。第二张幻灯片的版式改为“内容与标题”，文本设置为 23 磅字，将第三张幻灯片的图片移入内容区域。删除第三张幻灯片。移动第三张幻灯片，使之成为第四张幻灯片。在第四张幻灯片备注区插入文本“阅兵的功效”。

（2）在第二张幻灯片的文本“庆典式阅兵的功效”上设置超链接，链接对象是第四张幻灯片。在隐藏背景图形的情况下，将第一张幻灯片背景填充为“渐变填充”，“预设颜色”为“碧海青天”，类型为“矩形”，方向为“从左上角”。全部幻灯片切换效果为“溶解”。

第 5 套题

打开考生文件夹下的演示文稿 yswg.pptx，按照下列要求完成对此文稿的修饰并保存。

（1）在第一张幻灯片前插入一张版式为“标题幻灯片”的新幻灯片，主标题区域输入“中国雷达研制接近世界先进水平”，副标题区域输入“空军雷达学院五十七年春华秋实”，在隐藏背景图形的情况下，其背景设置为“紫色网格”纹理。第四张幻灯片的版式改为“内容与标题”，文本设置为 19 磅字，将第三张幻灯片的图片移到第四张幻灯片的内容区域。第五张幻灯片版式改为“标题和竖排文字”，文本动画设置为“进入”“轮子”“3 轮辐图案（3）”。移动第二张幻灯片，使之成为第五张幻灯片。

（2）在第三张幻灯片的文本“三到一长期”上设置超链接，链接对象是本文档的第五张幻灯片。删除第二张幻灯片。

第 6 套题

打开考生文件夹下的演示文稿 yswg.pptx，按照下列要求完成对此文稿的修饰并保存。

（1）使用“跋涉”主题修饰全文，设置放映方式为“观众自行浏览”。

（2）将第三张幻灯片移到第一张幻灯片前面，并将此张幻灯片的主标题“早晨喝开水”设置为“黑体”，61 磅，蓝色（请用“自定义”选项卡设置红色 0、绿色 0、蓝色 245），副标题“5 大好处”设置为“隶书”，34 磅。在第一张幻灯片后插入一版式为“空白”的新幻灯片，插入 4 行 2 列的表格。第一列的第 1～4 行依次录入“好处”“补充水分”“防止便秘”和“冲刷肠胃”。第二列的第 1 行录入“原因”，将第三张幻灯片的文本第 1～3 段依次复制到表格第二列的第 2～4 行，表格文字全部设置为 24 磅字，第一行文字居中。请将表格框调进幻灯片内。将第三张幻灯片的版式改为“内容与标题”，将第四张幻灯片的图片动画设置为“进入”“随机线条”“水平”。

第 7 套题

打开考生文件夹下的演示文稿 yswg.pptx，按照下列要求完成对此文稿的修饰并保存。

（1）设置母版，使每张幻灯片的左下角出现文字“携带流感病毒动物”（在占位符中添加），这个文字所在的文本框的位置：水平：3 厘米，度量依据：左上角，垂直：17.4 厘米，度量依据：左上角，且文字设置为 13 磅字。第一张幻灯片前插入一张版式为“标题幻灯片”的新幻灯片，主标题输入“哪些动物将流感病毒传染给人？”，副标题区域输入“携带流感病毒的动物”，主标题设置为“楷体”，39 磅字，黄色（请用“自定义”选项卡设置红色 240、绿色 230、蓝色 0）。第三张幻灯片的版式改为“内容与标题”，文本设置为 19 磅字，将第二张幻灯片左侧的图片移到第三张幻灯片的内容区域。将第四张幻灯片的版式改为“内容与标题”，文本设置为 21 磅字，将第二张幻灯片右侧的图片移到第四张幻灯片的内容区域。第三张幻灯片的图片动画设置为“进入”“擦除”“自底部”，文本动画设置为“进入”“飞入”“自左侧”。动画顺序为先文本后图片。删除第二张幻灯片。

（2）第四张幻灯片的版式改为“垂直排列标题与文本”，并使之成为第二张幻灯片。全部幻灯片切换效果为“溶解”。

第 8 套题

打开考生文件夹下的演示文稿 yswg.pptx，按照下列要求完成对此文稿的修饰并保存。

（1）在幻灯片的标题区中键入“中国的 DXF100 地效飞机”，文字设置为“黑体”“加粗”54 磅字，红色（RGB 模式：红色 255，绿色 0，蓝色 0）。插入版式为“标题和内容”的新幻灯片，作为第二张幻灯片。第二张幻灯片的标题内容为“DXF100 主要技术参数”，文本内容为“可载乘客 15 人，装有两台 300 马力航空发动机。”第一张幻灯片中的飞机图片动画设置为“进入”“飞入”，效果选项为“自右侧”。第二张幻灯片前插入一版式为“空白”的新幻灯片，并在位置（水平：5.3 厘米，自：左上角；垂直：8.2 厘米，自：左上角）插入样式为“填充-蓝色，强调文字颜色 2，粗糙棱台”的艺术字“DXF100 地效飞机”，文字效果为“转换-弯曲-倒 V 形”。

（2）第二张幻灯片的背景预设颜色为：“雨后初晴”，类型为“射线”，并将该幻灯片移为第一张幻灯片。全部幻灯片切换方案设置为“时钟”，效果选项为“逆时针”。放映方式为“观众自行浏览”。

第 9 套题

打开考生文件夹下的演示文稿 yswg.pptx，按照下列要求完成对此文稿的修饰并保存。

（1）使用“暗香扑面”主题修饰全文，全部幻灯片切换方案为“百叶窗”，效果选项为“水平”。

（2）在第一张“标题幻灯片”中，主标题字体设置为 Times New Roman、47 磅字；副标题字体设置为 Arial Black、“加粗”、55 磅字。主标题文字颜色设置成蓝色（RGB 模式：红色 0，绿色 0，蓝色 230）。副标题动画效果为：“进入”“飞入”，效果选项为“自左侧”，效果选项为文本“按字/词”。幻灯片的背景设置为“白色大理石”。第二张幻灯片的版式改为“两栏内容”，原有信号灯图片移入左侧内容区，将第四张幻灯片的图片移动到第二张幻灯片右侧内容区。删除第四张幻灯片。第三张幻灯片标题为“Open-loopControl”，47 磅字，然后移动它成为第二张幻灯片。

第 10 套题

打开考生文件夹下的演示文稿 yswg.pptx，按照下列要求完成对此文稿的修饰并保存。

（1）使用“精装书”主题修饰全文，全部幻灯片切换方案为“蜂巢”。

（2）在第二张幻灯片前插入版式为“两栏内容”的新幻灯片，将第三张幻灯片的标题移到第二张幻灯片左侧，把考生文件夹下的图片文件 ppt1.png 插入到第二张幻灯片右侧的内容区，图片的动画效果设置为：“进入”“螺旋飞入”，文字动画设置为“进入”“飞入”，效果选项为“自左下部”。动画顺序为先文字后图片。将第三张幻灯片版式改为“标题幻灯片”，主标题键入“Module4”，设置为：“黑体”、55 磅字，副标题键入“Second Order Systems”，设置为：“楷体”、33 磅字。移动第三张幻灯片，使之成为整个演示文稿的第一张幻灯片。

第 11 套题

打开考生文件夹下的演示文稿 yswg.pptx，按照下列要求完成对此文稿的修饰并保存。

（1）使用“都市”主题修饰全文。

（2）将第二张幻灯片版式改为“两栏内容”，标题为“项目计划过程”。将第四张幻灯片左侧图片移到第二张幻灯片右侧内容区，并插入备注：“细节将另行介绍”。将第一张幻灯片版式改为“比较”，将第四张幻灯片左侧图片移到第一张幻灯片右侧内容区，图片动画设置为“进入”“基本旋转”，文字动画设置为“进入”“浮入”，且动画开始的选项为“上一动画之后”。并移动该幻灯片到最后。删除第二张幻灯片原来标题文字，并将版式改为“空白”，在位置（水平：6.67 厘米，自：左上角；垂直：8.24 厘米，自：左上角）插入样式为“渐变填充-橙色，强调文字颜色 4，映像”的艺术字“个体软件过程”，文字效果为“转换-弯曲-波形 1”。并移动该幻灯片使之成为第一张幻灯片。删除第三张幻灯片。

第 12 套题

打开考生文件夹下的演示文稿 yswg.pptx，按照下列要求完成对此文稿的修饰并保存。

（1）使用“茅草”主题修饰全文。全部幻灯片切换方案为“切出”，效果选项为“全黑”。放映方式为“观众自行浏览”。

（2）第五张幻灯片的标题为“软件项目管理”。在第一张幻灯片前插入版式为“比较”的新幻灯片，将第三张幻灯片的标题和图片分部移到第一张幻灯片左侧的小标题和内容区。同样，将第四张幻灯片的标题和图片分部移到第一张幻灯片右侧的小标题和内容区。两张图片的动画均设置为“进入”“飞入”，效果选项为“自右侧”。删除第三和第四张幻灯片。第二张幻灯片前插入版式为“标题和内容”的新幻灯片，标题为“项目管理的主要任务与测量的实践”。内容区插入 3 行 2 列表格，第 1 列的 2、3 行内容依次为“任务”和“测试”，第 1 行第 2 列内容为“内容”，将第三张幻灯片内容区的文本移到表格的第 2 行第 2 列，将第四张幻灯片内容区的文本移到表格的第 3 行第 2 列。删除第三和第四张幻灯片，使第三张幻灯片成为第一张幻灯片。

第 13 套题

打开考生文件夹下的演示文稿 yswg.pptx，按照下列要求完成对此文稿的修饰并保存。

（1）使用“穿越”主题修饰全文。

（2）在第一张幻灯片前插入版式为“标题和内容”的新幻灯片，标题为“公共交通工具逃生指南”，内容区插入 3 行 2 列表格，第 1 列的 1、2、3 行内容依次为“交通工具”“地铁“和“公交车”，第 1 行第 2 列内容为“逃生方法”，将第四张幻灯片内容区的文本移到表格第 3 行第 2 列，将第五张幻灯片内容区的文本移到表格第 2 行第 2 列。表格样式为“中度样式 4-强调 2”。在第一张幻灯片前插入版式为“标题幻灯片”的新幻灯片，主标题输入“公共交通工具逃生指南”，并设置为“黑体”，43 磅，红色（RGB 模式：红色 193、绿色 0、蓝色 0），副标题输入“专家建议”，并设置为“楷体”，27 磅。第四张幻灯片的版式改为“两栏内容”，将第三张幻灯片的图片移入第四张幻灯片内容区，标题为“缺乏安全出行基本常识”。图片动画设置为“进入”“擦除”、效果选项为“自右侧”。第四张幻灯片移到第二张幻灯片之前。并删除第四、五、六张幻灯片。

第 14 套题

打开考生文件夹下的演示文稿 yswg.pptx，按照下列要求完成对此文稿的修饰并保存。

（1）使用“极目远眺”主题修饰全文，将全部幻灯片的切换方案设置成“擦除”，效果选项为“自顶部”。

（2）在第一张幻灯片前插入一张版式为“空白”的新幻灯片，在位置（水平：5.3 厘米，自：左上角；垂直：8.2 厘米，自：左上角）插入样式为“填充-无，轮廓-强调文字颜色 2”的艺术字“数据库原理与技术”，文字效果为“转换-弯曲-双波形 2”。第四张幻灯片的版式改为“两栏内容”，将第五张幻灯片的左图插入到第四张幻灯片右侧内容区。图片动画设置为“进入”“劈裂”，效果选项的方向为“中央向上下展开”。将第五张幻灯片的图片插入到第二张幻灯片的右侧内容区，第二张幻灯片主标题输入“数据模型”。第三张幻灯片的文本设置为 27 磅字，并移动第二张幻灯片，使之成为第四张幻灯片，删除第五张幻灯片。

第 15 套题

打开考生文件夹下的演示文稿 yswg.pptx，按照下列要求完成对此文稿的修饰并保存。

（1）使用“凤舞九天”主题修饰全文，放映方式为“观众自行浏览”。

（2）将第四张幻灯片版式改为“两栏内容”，将考生文件夹下的图片文件 ppt1.jpg 插入到第四张幻灯片右侧内容区。第一张幻灯片加上标题“计算机功能”，图片动画设置为“进入”“切入”，效果选项的方向为“自左侧”。然后将第二张幻灯片移到第一张幻灯片之前，幻灯片版式改为“标题幻灯片”，主标题为“计算机系统”，字体为“黑体”，52 磅字，副标题为“计算机功能与硬件系统组成”，30 磅字，背景设置渐变填充，预设颜色为“宝石蓝”，类型为“矩形”。第三张幻灯片的版式改为“标题和内容”，标题为“计算机硬件系统”，将考生文件夹下的图片文件 ppt2.jpg 插入内容区，并插入备注：“硬件系统只是计算机系统的一部分”。使第四张幻灯片成为第二张幻灯片。

第 6 章　计算机网络基础操作题

第 1 套题

向张卫国同学发一封 E-mail，祝贺他考入北京大学，并将考生文件夹下的一个贺卡文件 ka.txt 作为附件一起发送。

具体如下：

【收件人】zhangwg@mail.home.com

【抄送】

【主题】祝贺

【函件内容】“由衷地祝贺你考取北京大学数学系，为未来的数学家而高兴。”

第 2 套题

向老同学发一封 E-mail，邀请他来参加母校 50 周年校庆。

具体如下：

【收件人】Hangwg@mail.home.com

【抄送】

【主题】邀请参加校庆

【函件内容】“今年 8 月 26 日是母校建校 50 周年，邀请你来母校共同庆祝。”

第 3 套题

向公司部门经理汪某某发送一封 E-mail 报告生产情况，抄送总经理刘某某，并将考生文件夹下的一个生产情况文件 List.txt 作为附件一起发送。

具体如下：

【收件人】WangLing@mail.pchome.com.cn

【抄送】Liuwf@mail.pchome.com.cn

【主题】报告生产情况

【函件内容】“本厂超额 5%完成一季度生产任务。”

第 4 套题

某模拟网站的主页地址是：HTTP://localhost/index.htm，打开此主页，浏览“等级考试”页面，查找“等级考试介绍”的页面内容并将它以文本文件的格式保存到考生文件夹下，命名为“DJKSJS.txt”。

第 5 套题

某模拟网站的主页地址是：HTTP://LOCALHOST/index.htm，打开此主页，浏览“电大考试”页面，查找“中央电大概况”的页面内容并将它以文本文件的格式保存到考生文件夹下，命名为“ZYDD.txt”。

第 6 套题

某模拟网站的主页地址是：HTTP://LOCALHOST/index.htm，打开此主页，浏览“英语考试”页面，查找“CET 考试介绍”的页面内容并将它以文本文件的格式保存到考生文件夹下，命名为“CET.txt”。

第 7 套题

某模拟网站的主页地址是：HTTP://LOCALHOST/index.htm，打开此主页，浏览“微软认证”页面，查找“认证注意事项”的页面内容并将它以文本文件的格式保存到考生文件夹下，命名为“认证.txt”。

第 8 套题

向朋友李富仁先生发一封 E-mail，并将考生文件夹下的图片文件“Lzmj.jpg”作为附件一起发出。

具体如下：

【收件人】lifr@mail.njhy.edu.cn

【抄送】

【主题】风景照片

【函件内容】“李先生：把在西藏旅游时照的一幅风景照片寄给你，请欣赏。”

第 9 套题

向项目组组员发一封讨论项目进度的通知的 E-mail，并抄送部门经理汪某某。

具体如下：

【收件人】panwd@mail.home.com.cn

【抄送】wangjl@mail.home.com.cn

【主题】通知

【函件内容】“各位组员：定于本月 10 日在公司会议室召开 A-3 项目讨论会，请全体出席。”

第 10 套题

向万容芳发一封 E-mail，并将考生文件夹下的一个文本文件 myfile.txt 作为附件一起发出。

具体如下：

【收件人】wanrf@bj163.com

【抄送】

【主题】投稿

【函件内容】“万编辑：你好，寄上文稿一篇，见附件，请审阅。”

第 11 套题

向学校后勤部门发一封 E-mail，反映自来水漏水问题。
具体如下：
【收件人】hqgl@houqin.sddx.edu.cn
【抄送】
【主题】自来水漏水
【函件内容】"后勤负责同志：学校西草坪中的自来水管漏水，请及时修理。"

第 12 套题

向学校教务处发一封 E-mail，提一个建议。
具体如下：
【收件人】jwc@jwchu.zsdx.edu.cn
【抄送】
【主题】建议
【函件内容】"教务处负责同志：建议教学区内禁止汽车通行。"

第 13 套题

向编辑孙先生发一封 E-mail，并将考生文件夹下的一个文本文件 mytf.txt 作为附件一起发出。
具体内容如下：
【收件人】sungz@bj163.com
【主题】译稿
【函件内容】"孙编辑：你好，寄上译文一篇，见附件，请审阅。"

第 14 套题

向课题组成员小王和小李发 E-mail（注意：需单独分别发送），具体内容为："定于本星期三上午在会议室开课题讨论会，请准时出席"，主题填写"通知"。这两位的电子邮件地址分别为：wangwb@mail.jmdx.edu.cn 和 ligf@home.com。

第 15 套题

同时向下列两个 E-mail 地址发送一封电子邮件（注：不准用抄送），并将考生文件夹下的一个 Word 文档 table.doc 作为附件一起发出去。
具体如下：
【收件人 E-mail 地址】wurj@bj163.com 和 kuohq@263.net.cn
【主题】统计表
【函件内容】"发去一个统计表，具体见附件。"

选择题答案与解析

第1套题

1．C

评析：计算机病毒是可破坏他人资源的、人为编制的一段程序。计算机病毒具有以下几个特点：破坏性、传染性、隐藏性和潜伏性。

2．C

评析：一个高级语言源程序必须经过“编译“和“链接装配”两步后才能成为可执行的机器语言程序。

3．C

评析：略

4．B

评析：软件系统分为系统软件和应用软件。Windows 是广泛使用的系统软件之一，所以选项 B 是错误的。

5．D

评析：一般说来，安全的系统会利用一些专门的安全特性来控制对信息的访问，只有经过适当授权的人，或者以这些人的名义进行的进程可以读、写、创建和删除这些信息。中国公安部计算机管理监察司的定义是：计算机安全是指计算机资产安全，即计算机信息系统资源和信息资源不受自然和人为有害因素的威胁和危害。

6．D

评析：一个完整的计算机系统包括硬件系统和软件系统。

7．A

评析：域名的格式：主机名.机构名.网络名.最高层域名。

8．B

评析：一条指令必须包括操作码和地址码（或称操作数）两部分，操作码指出指令完成操作的类型，地址码指出参与操作的数据和操作结果存放的位置。

9．C

评析：中央处理器（CPU）主要包括运算器和控制器两大部件，它是计算机的核心部件。CPU 是一个体积不大而元件的集成度非常高、功能强大的芯片。计算机的所有操作都受 CPU 控制，所以它的品质直接影响着整个计算机系统的性能。

10．B

评析：西文字符所用的编码是 ASCII 码。它是以 7 位二进制位来表示一个字符的。

11．B

评析：1946 年 2 月 15 日，第一台电子计算机 ENIAC 在美国宾夕法尼亚大学诞生了。

12．C

评析：CPU 由运算器和控制器两部分组成，可以完成指令的解释与执行。计算机的存储器分为内存储器和外存储器。内存储器（简称内存）是计算机主机的一个组成部分，它与 CPU 直接进行信息交换，CPU 直接读取内存中的数据。

13．C

评析：编译方式是把高级语言程序全部转换成机器指令并产生目标程序，再由计算机执行。

14．B

评析：计算机网络按地理范围进行分类可分为：局域网、城域网、广域网。ChinaDDN 网、ChinaNET 网属于城域网，Internet 属于广域网，Novell 网属于局域网。

15．B

评析：中央处理器（CPU）由运算器和控制器两部分组成，运算器主要完成算术运算和逻辑运算；控制器主要控制和协调计算机各部件自动、连续地执行各条指令。

16．D

评析：调制解调器是实现数字信号和模拟信号转换的设备。例如，当个人计算机通过电话线路连入 Internet 时，发送方的计算机发出的数字信号，要通过调制解调器转换成模拟信号在电话网上传输，接收方的计算机则要通过调制解调器，将传输过来的模拟信号转换成数字信号。

17．C

评析：本题的考查知识点是软件分类。

软件可以分为系统软件和应用软件，系统软件主要有操作系统、驱动程序、程序开发语言、数据库管理系统等，应用软件则实现了计算机的一些具体应用功能。

18．B

评析：标准的汉字编码表有 94 行、94 列，其行号称为区号，列号称为位号。双字节中，用高字节表示区号，低字节表示位号。非汉字图形符号置于第 1～11 区，一级汉字 3755 个置于第 16～55 区，二级汉字 3008 个置于第 56～87 区。

19．C

评析：20GB=20*1024MB=20*1024*1024KB=20*1024*1024*1024B=21474836480B，所以 20GB 的硬盘表示容量约为 200 亿个字节。

20．A

评析：在微机的配置中看到“P4 2.4G”字样，其中“2.4G”表示处理器的时钟频率是 2.4GHz。

第 2 套题

1．D

评析：输出设备的任务是将计算机的处理结果以人或其他设备所能接受的形式送出计算机。常用的输出设备有：打印机、显示器和数据投影设备。

本题中键盘、鼠标和扫描仪都属于输入设备。

2．B

评析：以太网是最常用的一种局域网，网络中所有结点都通过以太网卡和双绞线（或光纤）连接到网络中，实现相互间的通信。其拓扑结构为总线结构。

3．C

评析：略

4．D

评析：通常一条指令包括两方面的内容：操作码和操作数。操作码决定要完成的操作，操作数指参加运算的数据及其所在的单元地址。

5．C

评析：反病毒软件是因病毒的产生而产生的，所以反病毒软件必须随着新病毒的出现而升级，提高查、杀病毒的功能。反病毒软件是针对已知病毒而言的，并不是可以查、杀任何种类的病毒。计算机病毒是一种人为编制的可以制造故障的计算机程序，具有一定的破坏性。

6．B

评析：计算机软件分为系统软件和应用软件。

7．A

评析：计算机网络系统具有丰富的功能，其中最主要的是资源共享和快速通信。

8．D

评析：目前流行的汉字输入码的编码方案有很多，如全拼输入法、双拼输入法、自然码输入法、五笔字型输入法等。全拼输入法和双拼输入法是根据汉字的发音进行编码的，称为音码；五笔字型输入法是根据汉字的字形结构进行编码的，称为形码；自然码输入法是以拼音为主，辅以字形字义进行编码的，称为音形码。

9．A

评析：MHz 是时钟主频的单位，MB/s 的含义是兆字节每秒，指每秒传输的字节数量，Mbps 是数据传输速率的单位。

10．B

评析：非零无符号二进制整数之后添加一个 0，相当于向左移动了一位，也就是扩大了原来数的 2 倍。向右移动一位相当于缩小为原来数的 1/2。

11．D

评析：造成计算机中存储数据丢失的原因主要是：病毒侵蚀、人为窃取、计算机电磁辐射、计算机存储器硬件损坏等。

12．A

评析：计算机操作系统的作用是控制和管理计算机的硬件资源和软件资源，从而提高计算机的利用率，方便用户使用计算机。

13．B

评析：蠕虫病毒是网络病毒的典型代表，它不占用除内存以外的任何资源，不修改磁盘文件，利用网络功能搜索网络地址，将自身向下一地址进行传播。

14．A

评析：控制器是计算机的神经中枢，由它指挥全机各个部件自动、协调的工作。

15．D

评析：目前微机中广泛采用的电子元器件是：大规模和超大规模集成电路。电子管是第一代计算机所采用的逻辑元件（1946－1958）。晶体管是第二代计算机所采用的逻辑元件（1959－1964）。小规模集成电路是第三代计算机所采用的逻辑元件（1965－1971）。大规模和超大规模集成电路是第四代计算机所采用的逻辑元件（1971—今）。

16. A

评析：ROM（Read Only Memory），即只读存储器，其中存储的内容只能供反复读出，而不能重新写入。因此在 ROM 中存放的是固定不变的程序与数据，其优点是切断机器电源后，ROM 中的信息仍然保留不会改变。

17. B

评析：用高级程序设计语言编写的程序具有可读性和可移植性，基本上不做修改就能用于各种型号的计算机和各种操作系统。对源程序而言，经过编译、链接成可执行文件，就可以直接在本机运行该程序。

18. A

评析：软件是指运行在计算机硬件上的程序、运行程序所需的数据和相关文档的总称。

19. A

评析：空格的 ASCII 码值是 32，0 的 ASCII 码值是 48，A 的 ASCII 码值是 65，a 的 ASCII 码值是 97，故 A 选项的 ASCII 码值最小。

第 3 套题

1. B

评析：存储器分内存和外存，内存就是 CPU 能由地址线直接寻址的存储器。内存又分 RAM、ROM 两种。RAM 是可读可写的存储器，它用于存放经常变化的程序和数据。只要一断电，RAM 中的程序和数据就会丢失。ROM 是只读存储器，ROM 中的程序和数据即使断电也不会丢失。

2. B

评析：存储在计算机内的汉字要在屏幕或打印机上显示、输出时，汉字机内码并不能作为每个汉字的字形信息输出。显示汉字时，需要根据汉字机内码向字模库检索出该汉字的字形信息输出。

3. C

评析：网络传输介质是指在网络中传输信息的载体，常用的传输介质分为有线传输介质和无线传输介质两大类。

（1）有线传输介质是指在两个通信设备之间实现的物理连接部分，它能将信号从一方传输到另一方。有线传输介质主要有双绞线、同轴电缆和光纤。双绞线和同轴电缆传输电信号，光纤传输光信号。

（2）无线传输介质指我们周围的自由空间，利用无线电波在自由空间的传播可以实现多种无线通信。在自由空间传输的电磁波根据频谱可分为无线电波、微波、红外线、激光等，信息可被加载在电磁波上进行传输。

4. C

评析：计算机安全设置包括：

（1）物理安全；
（2）停掉 Guest 账号；
（3）限制不必要的用户数量；
（4）创建 2 个管理员用账号；
（5）把系统 administrator 账号改名；
（6）修改共享文件的权限；
（7）使用安全密码；
（8）设置屏幕保护密码；

（9）使用 NTFS 格式分区；
（10）运行防毒软件；
（11）保障备份盘的安全；
（12）查看本地共享资源；
（13）删除共享；
（14）删除 ipc$空连接；
（15）关闭 139 端口；
（16）防止 rpc 漏洞；
（17）445 端口的关闭；
（18）3389 端口的关闭；
（19）4899 端口的防范；
（20）禁用服务。

5．C

评析：总线就是系统部件之间传送信息的公共通道，各部件由总线连接并通过它传递数据和控制信号。总线分为内部总线和系统总线，系统总线又分为数据总线、地址总线和控制总线。

6．D

评析：目前微型计算机的 CPU 可以处理的二进制位至少为 8 位。

7．D

评析：调制解调器（Modem）的作用是：将计算机数字信号与模拟信号互相转换，以便传输数据。

8．B

评析：注意本题的要求是“完全”属于“外部设备”的一组。一个完整的计算机包括硬件系统和软件系统，其中硬件系统包括中央处理器、存储器、输入输出设备。输入输出设备就是常说的外部设备，主要包括键盘、鼠标、显示器、打印机、扫描仪、数字化仪、光笔、触摸屏、条形码读入器、绘图仪、移动存储设备等。

9．C

评析：计算机网络系统具有丰富的功能，其中最主要的是资源共享和快速通信。

10．D

评析：在一个非零无符号二进制整数之后添加一个 0，相当于向左移动了一位，也就是扩大了原来数的 2 倍。在一个非零无符号二进制整数之后去掉一个 0，相当于向右移动一位，也就是变为原数的 1/2。

11．C

评析：一条指令必须包括操作码和地址码（或称操作数）两部分。

12．C

评析：反病毒软件是因病毒的产生而产生的，所以反病毒软件必须随着新病毒的出现而升级，提高查、杀病毒的功能。反病毒软件是针对已知病毒而言的，并不是可以查、杀任何种类的病毒。计算机病毒是一种人为编制的可以制造故障的计算机程序，具有一定的破坏性。

13．B

评析：在计算机软件中最重要且最基本的就是操作系统（OS）。它是最底层的软件，控制计算机运行的所有程序并管理整个计算机的资源，是计算机裸机与应用程序及用户之间的桥梁。没有它，用户也就无法使用某种软件或程序。

14．B

评析：ASCII 码是美国标准信息交换码，被国际标准化组织指定为国际标准。国际通用的 7 位 ASCII 码是用 7 位二进制数表示一个字符的编码，其编码范围从 0000000B～1111111B，共有 2^7=128 个不同的编码值，相应可以表示 128 个不同字符的编码。计算机内部用一个字节

（8 位二进制位）存放一个 7 位 ASCII 码，最高位置 0。

7 位 ASCII 码表中对大、小写英文字母，阿拉伯数字，标点符号及控制符等特殊符号规定了编码。其中小写字母的 ASCII 码值大于大写字母的 ASCII 码值。

15．B

评析：在计算机中，操作系统的功能是管理、控制和监督计算机软件、硬件资源协调运行。它是直接运行在计算机硬件上的最基本的系统软件，是系统软件的核心。Android 是一种以 Linux 为基础的开放源代码操作系统，主要使用于便携设备。因此，对于便携设备来说，Android 属于系统软件。

16．D

评析：计算机的主要技术性能指标有：字长、时钟频率、运算速度、存储容量和存取周期。

17．B

评析：世界上第一台电子计算机 ENIAC 是 1946 年在美国诞生的，它主要采用电子管和继电器制成，设计用于弹道计算。

18．A

评析：IP 地址由 32 位二进制数组成（占 4 个字节），也可以用十进制表示，每个字节之间用“.”隔开，每个字节数的表示范围可从 0～255。

19．B

评析：软件系统可以分为系统软件和应用软件两大类。

系统软件由一组控制计算机系统并管理其资源的程序组成，其主要功能包括：启动计算机，存储、加载和执行应用程序，对文件进行排序、检索，将高级程序语言翻译成机器语言等。

操作系统是直接运行在“裸机”上的最基本的系统软件。

本题中 Windows XP 属于操作系统，其他均属于应用软件。

第 4 套题

1．A

评析：域名的格式：主机名.机构名.网络名.最高层域名，顶级域名主要包括：COM 表示商业机构；EDU 表示教育机构；GOV 表示政府机构；MIL 表示军事机构；NET 表示网络支持中心；ORG 表示国际组织。

2．B

评析：计算机硬件只能直接识别机器语言。

3．D

评析：数制也称计数制，是指用同一组固定的字符和统一的规则来表示数值的方法。十进制（自然语言中）通常用 0～9 来表示，二进制（计算机中）用 0 和 1 表示，八进制用 0～7 表示，十六进制用 0～F 表示。

（1）十进制整数转换成二进制（八进制、十六进制），转换方法：用十进制数除以二（八、十六），第一次得到的余数为最低有效位，最后一次得到的余数为最高有效位。

（2）二（八、十六）进制整数转换成十进制整数的转换方法：将二（八、十六）进制数按权展开，求累加和便可得到相应的十进制数。

（3）二进制数与八进制数之间的转换方法：3 位二进制数可转换为 1 位八进制数，1 位八进制数可以转换为 3 位二进制数。

二进制数与十六进制数之间的转换方法：4 位二进制数可转换为 1 位十六进制数，1 位十六进制数可转换为 4 位二进制数。

4．D

评析：计算机网络系统具有丰富的功能，其中最主要的是资源共享和快速通信。

5．C

评析：常用的存储容量单位有：字节（Byte）、KB（千字节）、MB（兆字节）、GB（千兆字节）。它们之间的关系为：

1 字节（Byte）=8 个二进制位（bit）；

1KB=1024B；

1MB=1024KB；

1GB=1024MB。

6．A

评析：在计算机软件中最重要且最基本的就是操作系统（OS）。它是最底层的软件，它控制计算机运行的所有程序并管理整个计算机的资源，是计算机裸机与应用程序及用户之间的桥梁。没有它，用户也就无法使用某种软件或程序。

7．B

评析：计算机病毒是一种人为编制的制造故障的计算机程序。预防计算机病毒的主要方法是：

（1）不随便使用外来软件，对外来软盘必须先检查、后使用。

（2）严禁在微型计算机上玩游戏。

（3）不用非原始软盘引导机器。

（4）不要在系统引导盘上存放用户数据和程序。

（5）保存重要软件的复制件。

（6）给系统盘和文件加以写保护。

（7）定期对硬盘做检查，及时发现病毒、消除病毒。

8．A

评析：冯·诺伊曼（Von Neumann）在研制 EDVAC 计算机时，提出把指令和数据一同存储起来，让计算机自动地执行程序。

9．A

评析：CPU 的性能指标直接决定了由它构成的微型计算机系统的性能指标。CPU 的性能指标主要包括字长和时钟主频。字长表示 CPU 每次处理数据的能力；时钟主频以 MHz（兆赫兹）为单位来度量。时钟主频越高，其处理数据的速度相对也就越快。

10．C

评析：内存中存放的是当前运行的程序和程序所用的数据，属于临时存储器；外存属于永久性存储器，存放着暂时不用的数据和程序。

11．B

评析：1946 年 2 月 15 日，第一台电子计算机 ENIAC 在美国宾夕法尼亚大学诞生了。

12．B

评析：RAM 用于存放当前使用的程序、数据、中间结果和与外存交换的数据。

13．B

评析：ADSL 是非对称数字用户线的缩写；ISP 是因特网服务提供商；TCP 是协议。

14．D

评析：m 的 ASCII 码值为 6DH，6DH 为十六进制数（在进制中最后一位的规定：B 表示的是二进制数，D 表示的是十进制数，O 表示的是八进制数，H 表示的是十六进制数），用十进制表示为 6*16+13=109（D 对应十进制为 13），q 的 ASCII 码值在 m 的后面 4 位，即 113，对应转换为十六进制为 71H。

15．C

评析：鼠标、键盘、扫描仪、条码阅读器都属于输入设备。打印机、显示器、绘图仪属于输出设备。CD-ROM 驱动器、硬盘属于存储设备。

16．C

评析：$2^8=(128)_{10}=(10000000)_2$，$(128-1)_{10}=(10000000-1)_2$，即$(127)_{10}=(1111111)_2$。

17．C

评析：防火墙是指为了增强机构内部网络的安全性而设置在不同网络或网络安全域之间的一系列部件的组合。它可以通过监测、限制、更改跨越防火墙的数据流，尽可能地对外部屏蔽网络内部的信息、结构和运行状况，以此来实现网络的安全防护。

18．D

评析：IE 的收藏夹提供保存 Web 页面地址的功能。它有两个优点：一、收入收藏夹的网页地址可由浏览者给定一个简明的名字以便记忆，当鼠标指针指向此名字时，会同时显示对应的 Web 页地址。单击该名字便可转到相应的 Web 页，省去了键入地址的麻烦。二、收藏夹的机理很像资源管理器，其管理、操作都很方便。

19．C

评析：系统软件主要包括操作系统、语言处理系统、系统性能检测和实用工具软件等。其中最主要的是操作系统，它提供了一个软件运行的环境，如在微机中使用最为广泛的微软公司的 Windows 系统，Windows Vista 为微软 Windows 系列操作系统的一个版本。

20．A

评析：汉字的机内码是将国标码的两个字节的最高位分别置 1 得到的。机内码和其国标码之差总是 8080H。

第 5 套题

1．D

评析：环型拓扑结构是共享介质局域网的主要拓扑结构之一。在环型拓扑结构中，多个结点共享一条环通路。

2．B

评析：软件系统可以分为系统软件和应用软件两大类。

系统软件由一组控制计算机系统并管理其资源的程序组成，其主要功能包括：启动计算机、存储、加载和执行应用程序，对文件进行排序、检索，将程序语言翻译成机器语言等。

操作系统是直接运行在“裸机”上的最基本的系统软件。

本题中 Linux、UNIX 和 Windows XP 都属于操作系统。而其余选项都属于计算机的应用软件。

3．C

评析：计算机操作系统的五大功能包括：处理器管理、存储管理、文件管理、设备管理和作业管理。

4．C

评析：第一代电子计算机的主要特点是采用电子管作为基本元件。

第二代电子计算机主要采用晶体管作为基本元件，体积缩小、功耗降低，提高了速度和可靠性。

第三代电子计算机采用集成电路作为基本元件，体积减小，功耗、价格等进一步降低，而速度及可靠性则有更大的提高。

第四代是大规模和超大规模集成电路计算机。

5．D

评析：数据传输速率是描述数据传输系统的重要技术指标之一。数据传输速率在数值上，等于每秒钟传输构成数据代码的二进制比特数，它的单位为比特/秒（bit/second），通常记做bps，其含义是二进制位/秒。

6．B

评析：常用的存储容量单位有：字节（Byte）、KB（千字节）、MB（兆字节）、GB（千兆字节）。它们之间的关系为：

1 字节（Byte）=8 个二进制位（bit）；

1KB=1024B；

1MB=1024KB；

1GB=1024MB。

7．B

评析：CPU 包括运算器和控制器两大部件，可以直接访问内存储器，而硬盘属于外存，故不能直接读取；而存储程序和数据的部件是存储器。

8．B

评析：计算机病毒是人为编写的特殊小程序，能够侵入计算机系统并在计算机系统中潜伏、传播，破坏系统正常工作并具有繁殖能力，它可以通过读/写移动存储器或 Internet 进行传播。

9．D

评析：绘图仪是输出设备，网络摄像头和手写笔是输入设备，磁盘驱动器既可以作输入设备也可以作输出设备。

10．A

评析：在 ASCII 码表中，ASCII 码值从小到大的排列顺序是：空格字符、数字、大写英文字母、小写英文字母。

11．B

评析：硬件系统和软件系统是计算机系统两大组成部分。输入/输出设备、主机和外部设备属于硬件系统。系统软件和应用软件属于软件系统。

12．A

评析：计算机的内存是按字节进行编址的，每一个字节的存储单元对应一个地址编码。

13．C

评析：所谓防火墙指的是一个由软件和硬件设备组合而成、在内部网和外部网之间、专用网与公共网之间的界面上构造的保护屏障，是一种获取安全性的形象说法，它是一种计算机硬件和软件的结合，使 Internet 与 Intranet 之间建立起一个安全网关（Security Gateway），从而保护内部网免受非法用户的侵入。防火墙主要由服务访问规则、验证工具、包过滤和应用网关 4 个部分组成。防火墙就是一个位于计算机和它所连接的网络之间的软件或硬件，该计算机流入流出的所有网络通信和数据包均要经过此防火墙。

14．C

评析：计算机网络是由多个互连的结点组成的，结点之间要做到有条不紊地交换数据，每个结点都必须遵守一些事先约定好的原则。这些规则、约定与标准被称为网络协议（Protocol）。

15．D

评析：机器语言和汇编语言都是“低级”的语言，而高级语言是一种用表达各种意义的“词”和“数学公式”按照一定的语法规则编写程序的语言，如 C、C++、Visual C++、Visual Basic、FORTRAN 等，其中 FORTRAN 语言是世界上最早出现的计算机高级程序设计语言。

16．A

评析：CPU 的性能指标直接决定了由它构成的微型计算机系统性能指标。CPU 的性能指标主要包括字长和时钟主频。字长是指计算机运算部件一次能同时处理的二进制数据的位数。

17．C

评析：单击“开始-所有程序-附件-计算器-查看-科学型”。

18．B

评析：机器指令是一个按照一定的格式构成的二进制代码串，一条机器指令包括两个部分：操作性质部分、操作对象部分。基本格式为：

操作码	源操作数（或地址）	目的操作数地址

操作码指示指令所要完成的操作，如加法、减法、数据传送等；操作数指示指令执行过程中所需要的数据，如加法指令中的加数、被加数等，这些数据可以是操作数本身，也可以来自某寄存器或存储单元。

19．C

评析：网络接口卡（简称网卡）是构成网络必需的基本设备，用于将计算机和通信电缆连接在一起，以便经电缆在计算机之间进行高速数据传输。因此，每台连接到局域网的计算机（工作站或服务器）都需要安装一块网卡。

20．C

评析：本题的考查知识点是计算机语言。

机器语言和汇编语言称为计算机低级语言，C 语言等在表示上接近自然语言和数学语言，称为高级语言。编译程序把高级语言写的源程序转换为机器指令的程序，即目标程序。源程序经过编译生成目标文件，然后经过连接程序产生可执行程序。

第 6 套题

1．B

评析：指令系统也称机器语言。每条指令都对应一串二进制代码。

2．D

评析：本题的考查知识点是宽带接入技术。

ADSL（Asymmetric Digital Subscriber Line）是非对称数字用户线，下行带宽要高于上行带宽。使用该方式接入国际互联网，需要安装 ADSL 调制解调器，利用用户现有电话网中的用户线上网。

3．C

评析：世界上第一台电子计算机 ENIAC 是 1946 年在美国诞生的，它主要采用电子管和继电器，主要用于弹道计算。

4．C

评析：控制器主要是控制和协调计算机各部件自动、连续地执行各条指令。

5．A

评析：数字的 ASCII 码值从 0～9 依次增大，其后是大写字母，ASCII 码值从 A～Z 依次增大，再后面是小写字母，ASCII 码值从 a～z 依次增大。

6．B

评析：一个完整的电子邮箱地址应包括用户名和主机名两部分，用户名和主机名之间用@相分隔。

7．B

评析：单击“开始-所有程序-附件-计算器-查看-科学型”。

8．B

评析：操作系统的主要功能是对计算机的所有资源进行控制和管理，为用户使用计算机提供方便。

9．D

评析：在 ASCII 码表中，ASCII 码值从小到大的排列顺序是：数字、大写英文字母、小写英文字母。

10．D

评析：防火墙被嵌入到驻地网和 Internet 之间，从而建立受控制的连接并形成外部安全墙或者说是边界。这个边界的目的在于防止驻地网收到来自 Internet 的攻击，并在安全性将受到影响的地方形成阻塞点。防火墙可以是一台计算机系统，也可以是由两台或更多的系统协同工作起到防火墙的作用。

11．A

评析：ISP（Internet Service Provider）是指因特网服务提供商。

12．B

评析：计算机病毒是指编制或者在计算机程序中插入的破坏计算机功能或者破坏数据，影响计算机使用并且能够自我复制的一组计算机指令或者程序代码。

13．C

评析：RAM，也称为临时存储器。RAM 中存储当前使用的程序、数据、中间结果和与外存交换的数据，CPU 根据需要可以直接读/写 RAM 中的内容。RAM 有两个主要的特点：一是其中的信息随时可以读出或写入，当写入时，原来存储的数据将被冲掉；二是加电使用时其中的信息会完好无缺，但是一旦断电（关机或意外掉电），RAM 中存储的数据就会消失，而且无法恢复。

14．D

评析：硬件系统和软件系统是计算机系统两大组成部分。输入/输出设备、主机和外部设备属于硬件系统。系统软件和应用软件属于软件系统。

15．D

评析：用汇编语言编写程序与机器语言相比，除较直观和易记忆外，仍然存在工作量大、面向机器、无通用性等缺点，所以一般称汇编语言为“低级语言”，它仍然依赖于具体的机器。

16．D

评析：建立计算机网络的主要目的是为了实现数据通信和资源共享。计算机网络最突出的优点是共享资源。

17．B

评析：计算机网络中常用的传输介质有双绞线、同轴电缆和光纤。在三种传输介质中，双绞线的地理范围最小、抗干扰性最低；同轴电缆的地理范围中等、抗干扰性中等；光纤的性能最好、不受电磁干扰或噪声影响、传输速率最高。

18．D

评析：信息处理是目前计算机应用最广泛的领域之一。信息处理是指用计算机对各种形式的信息（如文字、图像、声音等）进行收集、存储、加工、分析和传送的过程。

19．C

评析：用高级程序设计语言编写的程序称为源程序，源程序不可直接运行。要在计算机上运行高级语言程序，必须先经过编译，把用高级语言编制的程序翻译成机器指令程序，再经过连接装配，把经编译程序产生的目标程序变成可执行的机器语言程序。

20．C

评析：常用的存储容量单位有：字节（Byte）、KB（千字节）、MB（兆字节）、GB（千兆字节）。它们之间的关系为：

1 字节（Byte）=8 个二进制位（bit）；

1KB=1024B；　　1MB=1024KB；　　1GB=1024MB。

第 7 套题

1．B

评析：DVD 光盘存储密度高，一面光盘可以分单层或双层存储信息，一张光盘有两面，最多可以有 4 层存储空间，所以，存储容量极大。

2．D

评析：HTTP（超文本传输协议）是一种通信协议，它允许将超文本标记语言（HTML）文档从 Web 服务器传送到 Web 浏览器。

3．B

评析：文件管理系统负责文件的存储、检索、共享和保护，并按文件名管理的方式为用户提供操作文件的方便。

4．A

评析：计算机存储器可分为两大类：内存储器和外存储器。内存储器是主机的一个组成部分，它与 CPU 直接进行数据的交换，而外存储器不能直接与 CPU 进行信息交换，必须通过内存储器才能与 CPU 进行信息交换，相对来说外存储器的存取速度没有内存储器的存取速度快。U 盘、光盘和硬盘都是外存储器。

5．A

评析：汇编语言需要经过汇编程序转换成可执行的机器语言，才能在计算机上运行。汇编语言不同于机器语言，不可以直接在计算机上执行。

6．C

评析：Hz 是度量所有物体频率的基本单位，由于 CPU 的时钟频率很高，所以 CPU 时钟频率的单位用 GHz 表示。

7．B

评析：操作系统是运行在计算机硬件上的、最基本的系统软件，是系统软件的核心。

8．A

评析：常用的存储容量单位有：字节（Byte）、KB（千字节）、MB（兆字节）、GB（吉字节）。它们之间的关系为：

1 字节（Byte）=8 个二进制位（bit）；

1KB=1024B；1MB=1024KB；1GB=1024MB。

9．D

评析：计算机的主要特点表现在以下几个方面：①运算速度快；②计算精度高；③存储容量大；④具有逻辑判断功能；⑤自动化程度高，通用性强。

10．C

评析：外部设备包括输入设备和输出设备。其中扫描仪是输入设备，常用的输入设备还有：鼠标、键盘、手写板等。

11．D

评析：计算机之所以能按人们的意志自动进行工作，就计算机的组成来看，一个完整计算机系统可由硬件系统和软件系统两部分组成，在计算机硬件中 CPU 用来完成指令的解释与执行。存储器主要用来完成存储功能，正是由于计算机的存储、自动解释和执行功能，使得计算机能按人们的意志快速地自动完成工作。

12．D

评析：中央处理器（CPU）主要包括运算器和控制器两大部件，它是计算机的核心部件。

13．B

评析：TCP/IP 协议是指传输控制协议/网际协议，它的主要功能是保证可靠的数据传输。

14．B

评析：计算机病毒是一种通过自我复制进行传染的、破坏计算机程序和数据的小程序。在计算机运行过程中，它们能把自己精确拷贝或有修改地拷贝到其他程序中或某些硬件中，从而达到破坏其他程序及某些硬件的作用。

15．A

评析：一个完整的电子邮箱地址应包括用户名和主机名两部分，用户名和主机名之间用@相分隔。

16．C

评析：ASCII 码是世界公认的标准符号信息码，7 位版的 ASCII 码共有 2^7=128 个字符。

其中 0 的 ASCII 码值是 30H；A～Z 的 ASCII 码值是 41H～5AH；a～z 的 ASCII 码值是 61H～7AH；空字符为 0。

17．B

评析：密码强度是对密码安全性给出的评级。一般来说，密码强度越高，密码就越安全。高强度的密码应该是包括大小写字母、数字和符号，且长度不宜过短。在本题中，“nd@YZ@g1”采取大小写字母、数字和字符相结合的方式，相对其他选项来说密码强度更高，因此密码设置最安全。

18．C

评析：计算机语言具有高级程序设计语言和低级程序设计语言之分。而高级程序设计语言又主要是相对于汇编语言而言的，它是较接近自然语言和数学公式的编程，基本脱离了机器的硬件系统，用人们更易理解的方式编写程序。

用高级程序设计语言编写的源程序在计算机中是不能直接执行的，必须翻译成机器语言后程序才能执行，所以执行效率不高。面向对象的程序设计语言属于高级程序设计语言，可移植性较好。

19．B

评析：略

20．B

评析：因特网是通过路由器或网关将不同类型的物理网互联在一起的虚拟网络。它采用 TCP/IP 协议控制各网络之间的数据传输，采用分组交换技术传输数据。

TCP/IP 是用于计算机通信的一组协议。TCP/IP 由网络接口层、网际层、传输层、应用层等四个层次组成。其中，网络接口层是最底层，包括各种硬件协议，面向硬件；应用层面向用户，提供一组常用的应用程序，如电子邮件、文件传送等。

第 8 套题

1．D

评析：激光打印机属非击打式打印机，优点是无噪声、打印速度快、打印质量最好，缺点是设备价格高、耗材贵，打印成本在各种打印机中最高。

2．B

评析：采样频率，也称为采样速度或者采样率，定义了每秒从连续信号中提取并组成离散信号的采样个数，用赫兹（Hz）来表示。采样频率越高，即采样的间隔时间越短，则在单位时间内计算机得到的声音样本数据就越多，对声音波形的表示也越精确。

3．A

评析：Windows 操作系统是单用户多任务操作系统，经过十几年的发展，已从 Windows 3.1 发展到 Windows NT、Windows 2000 和 Windows XP，最新版本是 Windows 10。

4．D

评析：计算机病毒可以通过有病毒的软盘传染，还可以通过网络进行传染。

5．A

评析：硬件系统和软件系统是计算机系统两大组成部分。输入设备和输出设备、主机和外部设备属于硬件系统；系统软件和应用软件属于软件系统。

6．B

评析：计算机存储器可分为两大类：内存储器和外存储器。内存储器是主机的一个组成部分，它与 CPU 直接进行数据的交换；而外存储器不能直接与 CPU 进行数据信息交换，必须通过内存储器才能与 CPU 进行信息交换。相对来说外存储器的存取速度没有内存储器的存取速度快。U 盘、光盘和固定硬盘都是外存储器。

7．B

评析：写盘就是通过磁头往介质写入信息数据的过程。

读盘就是磁头读取存储在介质上的数据的过程，比如硬盘磁头读取硬盘中的信息数据、光盘磁头读取光盘信息等。

8．B

评析：局域网硬件中主要包括工作站、网络适配器、传输介质和交换机。

9．B

评析：ASCII 码是二进制代码，ASCII 码表的排列顺序是按十进制数排列，包括英文小写字母、英文大写字母、各种标点符号及专用符号、功能符等。字符 A 的 ASCII 码值是 68-3=65。

10．C

评析：中央处理器（CPU）主要包括运算器和控制器两大部件，它是计算机的核心部件。CPU 是一体积不大而元件集成度非常高、功能强大的芯片。计算机的所有操作都受 CPU 控制，所以它的品质直接影响着整个计算机系统的性能。

11．C

评析：所谓 IP 地址就是给每个连接在 Internet 上的主机分配的一个地址。IP 地址的长度为 32 位，分为 4 段，每段 8 位，用十进制数字表示，每段数字范围为 0～255，段与段之间用句点隔开。

12．C

评析：计算机软件可以划分为系统软件和应用软件两大类。系统软件包含程序设计语言处理程序、操作系统、数据库管理系统以及各种通用服务程序等。应用软件是为解决实际应用问题而开发的软件的总称，它涉及计算机应用的所有领域，各种科学和计算的软件和软件包、各种管理软件、各种辅助设计软件和过程控制软件都属于应用软件范畴。

13．B

评析：世界上第一台电子计算机采用电子管作为基本元件，主要应用于数值计算领域。

14．A

评析：略

15．C

评析：计算机网络系统具有丰富的功能，其中最主要的是资源共享和快速通信。

16．B

评析：所谓解释程序是高级语言翻译程序的一种，它将源语言（如 BASIC）书写的源程序作为输入，解释一句后就提交计算机执行一句，并不形成目标程序。

17．C

评析：Pentium 微机的字长是 32 位。

18．D

评析：汉字字库是由所有汉字的字模信息构成的。一个汉字字模信息占若干字节，究竟占多少个字节由汉字的字形决定。例如，48×48 点阵字一个字占（48×48）个点，一个字节占 8 个点，所以 48×48 点阵字一个字就占（6×48）=288 字节。

19．B

评析：Internet 最早来源于美国国防部高级研究计划局（DARPA）的前身 ARPA 建立的 ARPAnet，该网于 1969 年投入使用。最初，ARPAnet 主要用于军事研究目的。

20．C

评析：面向对象的程序设计语言属于高级程序设计语言。

第 9 套题

1．D

评析：内置有无线网卡的笔记本电脑、具有上网功能的手机和平板电脑均可以利用无线移动网络进行上网。

2．A

评析：音频信号数字化是把模拟信号转换成数字信号，此过程称为 A/D 转换（模数转换），主要包括：

采样：在时间轴上对信号数字化；

量化：在幅度轴上对信号数字化；

编码：按一定格式记录采样和量化后的数字数据。

实现音频信号数字化最核心的硬件电路是 A/D 转换器。

3．B

评析：24×24 点阵表示在一个 24×24 的网格中用点描出一个汉字，整个网格分为 24 行 24 列，每个小格用 1 位二进制编码表示，从上到下，每一行需要 24 个二进制位，占三个字节，故用 24×24 点阵描述整个汉字的字形需要 24×3=72 个字节的存储空间。存储 1024 个汉字字形需要 72 个千字节的存储空间（1024×72B/1KB=72KB）。

4．C

评析：系统软件和应用软件是组成计算机软件系统的两部分。系统软件主要包括操作系统、语言处理系统、系统性能检测和实用工具软件等，数据库管理系统也属于系统软件。

5．B

评析：计算机软件系统包括系统软件和应用软件，系统软件又包括解释程序、编译程序、监控管理程序、故障检测程序，还有操作系统等。Windows 操作系统是一单用户多任务操作系统。

6．C

评析：CAD：Computer Assistant Design，计算机辅助设计

CAM：Computer Aided Manufacturing，计算机辅助制造

CAI：Computer Aided Instruction，计算机辅助教学

7．C

评析：内存储器按功能分为随机存取存储器（RAM）和只读存储器（ROM）。CPU 对 ROM 只取不存，里面存放的信息一般由计算机制造厂写入并经固化处理，用户是无法修改的。即使断电，ROM 中的信息也不会丢失。

8．B

评析：在计算机内部用来传送、存储、加工处理的数据或指令都是以二进制码形式进行的。

9．B

评析： ROM（Read Only Memory）的中文译名是只读存储器。

10．C

评析：邮件服务器构成了电子邮件系统的核心。每个邮箱用户都有一个位于某个邮件服务器上的邮箱。

11．A

评析： 鼠标和键盘都属于输入设置，打印机、显示器和绘图仪都属于输出设备。

12．C

评析：操作系统以扇区为单位对磁盘进行读/写操作，扇区是磁盘存储信息的最小物理单位。

13．C

评析：计算机能直接识别并执行用机器语言编写的程序，机器语言编写的程序执行效率最高。

14．D

评析：计算机病毒是一种通过自我复制进行传染的、破坏计算机程序和数据的小程序。在计算机运行过程中，它们能把自己精确拷贝或有修改地拷贝到其他程序中或某些硬件中，从而达到破坏其他程序及某些硬件的作用。

15．A

评析：汇编语言是一种把机器语言“符号化”的语言，汇编语言的指令和机器指令基本上一一对应。机器语言直接用二进制代码，而汇编语言指令采用了助记符。高级语言具有严格的语法规则和语义规则，在语言表示和语义描述上，它更接近人类的自然语言（指英语）和数学语言。因此与高级语言相比，汇编语言编写的程序执行效率更高。

16．A

评析： ASCII 码是美国国家信息标准码，用 7 位二进制数来表示一个字符的编码。

17．C

评析： 二进制数中出现的数字字符只有两个：0 和 1。每一位计数的原则为“逢二进一”。所以，当 D>1 时，其相对应的 B 的位数必多于 D 的位数；当 D＝0,1 时，则 B＝D 的位数。

18．A

评析： 域名的格式：主机名.机构名.网络名.最高层域名，顶级域名主要包括：COM 表示商业机构；EDU 表示教育机构；GOV 表示政府机构；MIL 表示军事机构；NET 表示网络支持中心；ORG 表示国际组织。

19．C

评析：在微机的配置中看到“P4 2.4G”字样，其中“2.4G”表示处理器的时钟频率是 2.4GHz。

20．D

评析： TCP/IP 是用来将计算机和通信设备组织成网络的一大类协议的统称。更通俗的说，

Internet 依赖于数以千计的网络和数以百万计的计算机。而 TCP/IP 就是使所有这些连接在一起的“粘合剂”。

第 10 套题

1．D

评析：调制解调器（Modem）的作用是：将计算机数字信号与模拟信号互相转换，以便进行数据传输。

2．B

评析：写邮件时，除了发件人地址之外，另一项必须要填写的是收件人地址。

3．A

评析：RAM 用于存放当前使用的程序、数据、中间结果和与外存交换的数据。

4．D

评析：所谓高级语言是指一种用表达各种意义的“词”和“数学公式”按照一定的“语法规则”编写程序的语言。高级语言的使用，大大提高了编写程序的效率，改善了程序的可读性。

机器语言是计算机唯一能够识别并直接执行的语言。由于机器语言中每条指令都是一串二进制代码，因此可读性差、不易记忆；编写程序既难又繁，容易出错；程序的调试和修改难度也很大。

汇编语言不再使用难以记忆的二进制代码，而是使用比较容易识别、记忆的助记符号。汇编语言和机器语言的性质差不多，只是表示方法上的改进。

5．A

评析：CAD——计算机辅助设计、CAM——计算机辅助制造、CIMS——计算机集成制造系统、CAI——计算机辅助教学。

6．D

评析：磁盘是可读取的，既可以从磁盘读出数据输入计算机，又可以从计算机里取出数据输出到磁盘。

7．C

评析：声音信号的数据量计算公式为：(采样频率 Hz*量化位数 bit*声道数)/8，单位为字节/秒。

按题面的计算即为：(10000Hz*16 位*2 声道)/8*60 秒=2400000B，由于 1KB 约等于 1000B，1MB 约等于 1000KB，则 2400000B 约等于 2.4MB。

8．C

评析：计算机网络系统具有丰富的功能，其中最主要的是资源共享和快速通信。

9．B

评析：硬件系统和软件系统是计算机系统两大组成部分。输入/输出设备、主机和外部设备属于硬件系统。系统软件和应用软件属于软件系统。

10．A

评析：中央处理器（CPU）主要包括运算器和控制器两大部件，它是计算机的核心部件。CPU 是一体积不大而元件集成度非常高、功能强大的芯片。计算机的所有操作都受 CPU 控制，所以它的品质直接影响着整个计算机系统的性能。

11．B

评析：整个互联网是一个庞大的计算机网络。为了实现互联网中计算机的相互通信，网络中的每一台计算机（也称为主机，host）必须有一个唯一的标识，该标识就称为 IP 地址。

12．C

评析：MIPS 是 Million of Instructions Per Second 的缩写，亦即每秒钟所能执行的机器指令的百万条数。

13．A

评析：略

14．A

评析：盘片两面均被划分为 80 个同心圆，每个同心圆称为一个磁道，磁道的编号是：最外面为 0 磁道，最里面为 79 磁道。每个磁道分为等长的 18 段，段又称为扇区，每个扇区可以记录 512 个字节。磁盘上所有信息的读写都以扇区为单位进行。

15．A

评析：程序设计语言通常分为：机器语言、汇编语言和高级语言三类。机器语言是计算机唯一能够识别并直接执行的语言。必须用翻译的方法把高级语言源程序翻译成等价的机器语言程序才能在计算机上执行。目前流行的高级语言有 C、C++、Visual Basic 等。

16．C

评析：计算机软件分为系统软件和应用软件两大类。操作系统、数据库管理系统等属于系统软件。应用软件是用户利用计算机以及它所提供的系统软件、编制解决用户各种实际问题的程序。

17．C

评析：在标准 ASCII 编码表中，数字、大写英文字母、小写英文字母的数值依次增加。

18．C

评析：广域网（Wide Area Network），也叫远程网络；局域网的英文全称是 Local Area Network；城域网的英文全称是 Metropolitan Area Network。

19．B

评析：字长是指计算机运算部件一次能同时处理的二进制数据的位数；运算器主要对二进制数进行算术运算或逻辑运算；SRAM 的集成度低于 DRAM。

20．C

评析：分时操作系统：不同用户通过各自的终端以交互方式共用一台计算机，计算机以“分时”的方法轮流为每个用户服务。分时系统的主要特点是：多个用户同时使用计算机的同时性，人机问答的交互性，每个用户独立使用计算机的独占性，以及系统响应的及时性。

第 11 套题

1．B

评析：数制也称计数制，是指用同一组固定的字符和统一的规则来表示数值的方法。十进制（自然语言中）通常用 0～9 表示，二进制（计算机中）用 0 和 1 表示，八进制用 0～7 表示，十六进制用 0～F 表示。

（1）十进制整数转换成二进制（八进制、十六进制）整数的转换方法：用十进制数除以二（八、十六），第一次得到的余数为最低有效位，最后一次得到的余数为最高有效位。

（2）二（八、十六）进制整数转换成十进制整数的转换方法：将二（八、十六）进制数按权展开，求累加和便可得到相应的十进制数。

（3）二进制数与八进制数之间的转换方法：3 位二进制数可转换为 1 位八进制数，1 位八进制数可以转换为 3 位二进制数。

二进制数与十六进制数之间的转换方法：4 位二进制数可转换为 1 位十六进制数，1 位十六进制数可转换为 4 位二进制数。

因此：59/2=29……1

29/2=14……1

14/2=7……0

7/2=3……1

3/2=1……1

1/2=0……1

所以转换后的二进制数为 111011。

2．D

评析：MS Office 是微软公司开发的办公自动化软件，我们常用的 Word、Excel、PowerPoint、Outlook 等应用软件都是 Office 中的组件，所以它不是操作系统。

3．D

评析：Windows XP、UNIX、Linux 都属于系统软件。管理信息系统、文字处理程序、视频播放系统、军事指挥程序、Office 2003 都属于应用软件。

4．A

评析：超文本传输协议（HTTP）是浏览器与 WWW 服务器之间的传输协议，它建立在 TCP 基础之上，是一种面向对象的协议。

5．B

评析：声音数字化三要素：

采样频率	量化位数	声道数
每秒钟抽取声波幅度样本的次数	每个采样点用多少二进制位表示数据范围	使用声音通道的个数
采样频率越高 声音质量越好 数据量也越大	量化位数越多 音质越好 数据量也越大	立体声比单声道的表现力丰富，但数据量翻倍
11.025kHz 22.05kHz 44.1kHz	8 位=256 16 位=65536	单声道 立体声

6．B

评析：字长是计算机运算部件一次能同时处理的二进制数据的位数。

7．C

评析：用高级程序设计语言编写的程序具有可读性和可移植性，基本上不做修改就能用于各种型号的计算机和各种操作系统，所以选项 A 是错误的。

机器语言可以直接在计算机上运行。汇编语言需要经过汇编程序转换成可执行的机器语言后，才能在计算机上运行，所以选项 B 是错误的。

机器语言中每条指令都是一串二进制代码，因此可读性差，不容易记忆，编写程序复杂，容易出错，所以选项 D 是错误的。

所以选项 C 是正确的。

8．C

评析：ASCII 码是二进制代码，而 ASCII 码表的排列顺序是按十进制数，包括英文小写字母、英文大写字母、各种标点符号及专用符号、功能符等。字符 a 的 ASCII 码是 65+32＝97。

9．B

评析：千兆以太网的传输速率为 1Gbps，1Gbps=1024Mbps=1024*1024Kbps=1024*1024*1024bps≈1000000000 位/秒。

10．A

评析：微机的硬磁盘（硬盘）通常固定安装在微机机箱内。大型机的硬磁盘则常有单独的机柜。硬磁盘是计算机系统中最重要的一种外存储器。外存储器必须通过内存储器才能与 CPU 进行信息交换。

11．B

评析：CPU 是由运算器和控制器两部分组成，可以完成指令的解释与执行。计算机的存储器分为内存储器和外存储器。 内存储器是计算机主机的一个组成部分，它与 CPU 直接进行信息交换，CPU 直接读取内存中的数据。

12．C

评析：与高级语言程序相比，汇编程序执行效率更高。机器语言程序直接在计算机硬件级别上执行。对机器来讲，汇编语言是无法直接执行的，必须经过用汇编语言编写的程序翻译成机器语言程序，机器才能执行。因此汇编语言程序的执行效率比机器语言低。高级语言接近于自然语言，汇编语言的可移植性、可读性不如高级语言，但是相对于机器语言来说，汇编语言的可移植性、可读性要好一些。

13．D

评析：存储器的容量单位从小到大依次为 B、KB、MB、GB。

14．C

评析：根据 Internet 的域名代码规定，域名中的 net 表示网络中心，com 表示商业组织，gov 表示政府部门，org 表示其他组织。

15．B

评析：硬件系统和软件系统是计算机系统两大组成部分。输入/输出设备、主机和外部设备属于硬件系统。系统软件和应用软件属于软件系统。

16．C

评析：CIMS 是英文 Computer Integrated Manufacturing Systems 的缩写，即计算机集成制造系统。

17．A

评析：RAM 用于存放当前使用的程序、数据、中间结果和与外存交换的数据。

18．D

评析：计算机病毒（Computer Viruses）并非可传染疾病给人体的那种病毒，而是一种人为编制的可以制造故障的计算机程序。它隐藏在计算机系统的数据资源或程序中，借助系统运行和共享资源而进行繁殖、传播和生存，扰乱计算机系统的正常运行，篡改或破坏系统和用户的数据资源及程序。计算机病毒不是计算机系统自生的，而是一些别有用心的破坏者利用计算机的某些弱点而设计出来的，并置于计算机存储介质中使之传播的程序。本题的四个选项中，只有 D 有可能感染上病毒。

19．C

评析：所谓计算机网络是指分布在不同地理位置上的具有独立功能的多个计算机系统，通过通信设备和通信线路相互连接起来，在网络软件的管理下实现数据传输和资源共享的系统，是计算机网络技术和通信技术相结合的产物。

20．C

评析：打印机、显示器和绘图仪属于输出设备，只有鼠标属于输入设备。

第 12 套题

1．A

评析：计算机的结构部件为：运算器、控制器、存储器、输入设备和输出设备。运算器、控制器、存储器是构成主机的主要部件，运算器和控制器又称为 CPU。

2．D

评析：运算速度是指计算机每秒中所能执行的指令条数，一般以 MIPS 为单位。字长是 CPU 能够直接处理的二进制数据位数。常见的微机字长有 8 位、16 位和 32 位。内存容量是指内存储器中能够存储信息的总字节数，一般以 KB、MB 为单位。传输速率用 bps 或 kbps 来表示。

3．B

评析：病毒可以通过读写 U 盘感染，所以最好的方法是少用来历不明的 U 盘。

4．C

评析：在计算机中通常使用三个数据单位：位、字节和字。位的概念是：最小的存储单位，英文名称是 bit，常用小写 b 或 bit 表示。用 8 位二进制数作为表示字符和数字的基本单元，英文名称是 byte，称为字节。通常用 B 表示。

1B（字节）=8b（位）

1KB（千字节）=1024B（字节）

1MB（兆字节）=1024KB（千字节）

1GB（吉字节）=1024MB（兆字节）

字长：字长也称为字或计算机字，它是计算机能并行处理的二进制数的位数。

5．A

评析：计算机能直接识别、执行用机器语言编写的程序，所以选项 B 是错误的。机器语言编写的程序执行效率是所有语言中最高的，所以选项 C 是错误的。由于每台计算机的指令系统往往各不相同，因此，在一台计算机上执行的程序，要想在另一台计算机上执行，必须另编程序，不同型号的 CPU 不能使用相同的机器语言，所以选项 D 是错误的。

6．B

评析：CD-RW，是 CD-ReWritable 的缩写，是一种可以重复写入的技术，而将这种技术应用在光盘刻录机上的产品即称为 CD-RW。

7．B

评析：目前微机中所广泛采用的电子元器件是：大规模和超大规模集成电路。电子管是第一代计算机所采用的逻辑元件（1946－1958）。晶体管是第二代计算机所采用的逻辑元件（1959－1964）。小规模集成电路是第三代计算机所采用的逻辑元件（1965－1971）。大规模和超大规模集成电路是第四代计算机所采用的逻辑元件（1971－今）。

8．B

评析：所谓计算机网络是指分布在不同地理位置上的具有独立功能的多个计算机系统，通过通信设备和通信线路相互连接起来，在网络软件的管理下实现数据传输和资源共享的系统，是计算机网络技术和通信技术相结合的产物。

9．C

评析：数制也称计数制，是指用同一组固定的字符和统一的规则来表示数值的方法。十进制（自然语言中）通常用 0～9 表示，二进制（计算机中）用 0 和 1 表示，八进制用 0～7 表示，十六进制用 0～F 表示。

（1）十进制整数转换成二进制（八进制、十六进制）整数的转换方法：用十进制数除以二（八、十六），第一次得到的余数为最低有效位，最后一次得到的余数为最高有效位。

（2）二（八、十六）进制整数转换成十进制整数的转换方法：将二（八、十六）进制数按权展开，求累加和便可得到相应的十进制数。

（3）二进制数与八进制数之间的转换方法：3 位二进制数可转换为 1 位八进制数，1 位八进制数可以转换为 3 位二进制数。

二进制数与十六进制数之间的转换方法：4 位二进制数可转换为 1 位十六进制数，1 位十六进制数可转换为 4 位二进制数。

因此：100/2=50……0

50/2=25……0

25/2=12……1

12/2=6……0

6/2=3……0

3/2=1……1

1/2=0……1

所以转换后的二进制数为 1100100。

10．A

评析：Internet 最早来源于美国国防部高级研究计划局（DARPA）的前身 ARPA 建立的 ARPAnet，该网于 1969 年投入使用。最初，ARPAnet 主要用于军事研究目的。

11．B

评析：硬盘通常用来作为大型机、服务器和微型机的外部存储器。

12．B

评析：一般认为，较典型的面向对象语言有：Simula 67、Smalltalk、EIFFEL、C++、Java、C#。

13．A

评析：100 万像素的数码相机的最高可拍摄分辨率大约是 1024×768；

200 万像素的数码相机的最高可拍摄分辨率大约是 1600×1200；

300 万像素的数码相机的最高可拍摄分辨率大约是 2048×1600；

800 万像素的数码相机的最高可拍摄分辨率大约是 3200×2400。

14．D

评析：系统软件和应用软件是组成计算机软件系统的两部分。系统软件主要包括操作系统、语言处理系统、系统性能检测和实用工具软件等，数据库管理系统也属于系统软件。

15．D

评析：当今社会，计算机广泛用于信息处理，对办公自动化、管理自动化乃至社会信息化都有积极的促进作用。

16．D

评析：电子邮件首先被送到收件人的邮件服务器，存放在属于收件人的 E-mail 邮箱里。所有的邮件服务器都是 24 小时工作，随时可以接收或发送邮件，发件人可以随时上网发送邮件，收件人也可以随时连接因特网，打开自己的邮箱阅读邮件。

17．A

评析：显示器的主要技术指标是像素、分辨率和显示器的尺寸。

18．B

评析：控制器主要是用以控制和协调计算机各部件自动、连续地执行各条指令。

19．A

操作系统是运行在计算机硬件上的、最基本的系统软件，是系统软件的核心；操作系统的五大功能模块即：处理器管理、作业管理、存储器管理、设备管理和文件管理；操作系统的种类繁多，微机型的 DOS、Windows 操作系统均属于这一类。

20．B

评析：ASCII 码是二进制代码，而 ASCII 码表的排列顺序是按十进制数，包括英文小写字母、英文大写字母、各种标点符号及专用符号、功能符等。字母 K 的十六进制码值 4B 转化为二进制 ASCII 码值为 1001011，而 1001000=1001011-011（3），比字母 K 的 ASCII 码值小 3 的是字母 H，因此二进制 ASCII 码 1001000 对应的字符是 H。

第 13 套题

1．A

评析：机器语言编写的程序执行效率最高，高级语言编写的程序可读性最好，高级语言编写的程序（例如 Java）可移植性好。

2．B

评析：位图图像，亦称为点阵图像或绘制图像，是由称作像素（图片元素）的单个点组成的。矢量图是根据几何特性来绘制图形，矢量可以是一个点或一条线，矢量图只能靠软件生成，文件占用内存空间较小。

3．B

评析：二进制位（bit）是构成存储器的最小单位。

4．C

评析：电子邮件是 Internet 最广泛使用的一种服务，任何用户存放在自己计算机上的电子信函可以通过 Internet 的电子邮件服务传递到其他 Internet 用户的信箱中去。反之，也可以收到从其他用户那里发来的电子邮件。发件人和收件人均必须有 E-mail 账号。

5．A

评析：远程登录服务用于在网络环境下实现资源的共享。利用远程登录，用户可以把一台终端变成另一台主机的远程终端，从而使该主机允许外部用户使用任何资源。它采用 Telnet 协议，可以使多台计算机共同完成一个较大的任务。

6．B

评析：操作系统是系统软件的重要组成和核心，是最贴近硬件的系统软件，是用户同计算机的接口，用户通过操作系统操作计算机并使计算机充分实现其功能。

7．D

评析：信息处理是目前计算机应用最广泛的领域之一，信息处理是指用计算机对各种形式的信息（如文字、图像、声音等）收集、存储、加工、分析和传送的过程。

8．C

评析：广域网也称为远程网，它所覆盖的地理范围从几十公里到几千公里。广域网的通信子网主要使用分组交换技术。

9．D

评析：计算机病毒是一种通过自我复制进行传染的、破坏计算机程序和数据的小程序。在计算机运行过程中，它们能把自己精确拷贝或有修改地拷贝到其他程序中或某些硬件中，从而达到破坏其他程序及某些硬件的作用。

病毒可以通过读写 U 盘或 Internet 进行传播。一旦发现电脑染上病毒后，一定要及时清除，以免造成损失。清除病毒的方法有两种，一是手工清除，二是借助反病毒软件清除病毒。

10．C

评析：优盘（也称 U 盘、闪盘）是一种可移动的数据存储工具，具有容量大、读写速度快、体积小、携带方便等特点。插入任何计算机的 USB 接口都可以使用。

11．B

评析：常用的计算机系统技术指标为：运算速度、主频（即 CPU 内核工作的时钟频率）、字长、存储容量和数据传输速率。

12．C

评析：计算机的主要结构部件为：运算器、控制器、存储器、输入设备和输出设备。运算器、控制器、存储器是构成主机的主要部件，运算器和控制器又称为 CPU。

13．D

评析：将高级语言源程序翻译成目标程序的软件称为编译程序。

14．B

评析：ASCII 码是二进制代码，而 ASCII 码表的排列顺序是按十进制数，包括英文小写字母、英文大写字母、各种标点符号及专用符号、功能符等。字符 D 的 ASCII 码是 01000001＋11（3）＝01000100。

15．A

评析：RAM 又可分为静态 RAM（SRAM）和动态 RAM（DRAM）。静态 RAM 是利用其中触发器的两个稳态来表示所存储的“0”和“1”的。这类存储器集成度低、价格高，但存取速度快，常用来作高速缓冲存储器（Cache）。动态 RAM 则是用半导体器件中分布电容上有无电荷来表示“1”和“0”的。因为保存在分布电容上的电荷会随着电容器的漏电而逐渐消失，所以需要周期性地给电容充电，称为刷新。这类存储器集成度高、价格低，但由于要周期性地刷新，所以存取速度慢。

16．D

评析：字长是计算机一次能够处理的二进制数位数。常见的微机字长有 8 位、16 位和 32 位。

17．B

评析：显示器的主要性能指标为：像素与点距、分辨率与显示器的尺寸。

18．C

评析：非十进制数转换成十进制数的方法是，把各个非十进制数按权展开求和即可。本题即把二进制数写成 2 的各次幂之和的形式，然后计算其结果。(111111)B=1*2^5+1*2^4+1*2^3+1*2^2+1*2^1+1*2^0=63(D)。

19．A

评析：计算机软件系统包括系统软件和应用软件，系统软件又包括解释程序、编译程序、监控管理程序、故障检测程序，还有操作系统等；应用软件是用户利用计算机以及它所提供的系统软件编制解决用户各种实际问题的程序。C++编译程序属于系统软件；Excel 2003、学籍管理系统和财务管理系统属于应用软件。

20．B

评析：通信技术具有扩展人的神经系统传递信息的功能。

第 14 套题

1．A

评析：用来度量计算机外部设备传输率的单位是 MB/s。MB/s 的含义是兆字节每秒，是指每秒传输的字节数量。

2．D

评析：电子邮件地址一般由用户名、主机名和域名组成，如 Xiyinliu@publicl.tpt.tj.cn，其中，@前面是用户名，@后面依次是主机名、机构名、机构性质代码和国家代码。

3．C

评析：优盘（也称 U 盘、闪盘）是一种可移动的数据存储工具，具有容量大、读写速度快、体积小、携带方便等特点。优盘有基本型、增强型和加密型三种。插入任何计算机的 USB 接口都可以使用。优盘还具备了防磁、防震、防潮等诸多特性，明显增强了数据的安全性。优盘的性能稳定，数据传输高速高效；较强的抗震性能可使数据传输不受干扰。

4．C

评析：IP 地址由 32 位二进制数组成（占 4 个字节），也可用十进制数表示，每个字节之间用“．”分隔开。每个字节内的数值范围可从 0～255。

5．C

评析：电子商务是基于因特网的一种新的商业模式，其特征是商务活动在因特网上以数字化电子方式完成。

6．B

评析：不间断电源（UPS）总是直接从电池向计算机供电，当停电时，文件服务器可使用 UPS 提供的电源继续工作。UPS 中包含一个变流器，它可以将电池中的直流电转成纯正的正弦交流电供给计算机使用。

7．C

评析：服务器：局域网中，一种运行管理软件以控制对网络或网络资源（磁盘驱动器、打印机等）进行访问的计算机，并能够为在网络上的计算机提供资源使其犹如工作站那样地进行操作。

工作站：一种以个人计算机和分布式网络计算为基础，主要面向专业应用领域，具备强大的数据运算与图形、图像处理能力，为满足工程设计、动画制作、科学研究、软件开发、金融管理、信息服务、模拟仿真等专业领域而设计开发的高性能计算机。

网桥：一种在链路层实现中继，常用于连接两个或更多个局域网的网络互连设备。

网关：在采用不同体系结构或协议的网络之间进行互通时，用于提供协议转换、路由选择、数据交换等网络兼容功能的设施。

8．A

评析：八进制是用 0～7 的字符来表示数值的方法。

9．B

评析：在计算机中，指挥计算机完成某个基本操作的命令称为指令。所有的指令集合称为指令系统，直接用二进制代码表示指令系统的语言称为机器语言。

10．D

评析：USB1.1 标准接口的传输率是 12Mb/s，而 USB2.0 的传输率为 480Mb/s；USB 接口可以即插即用，当前的计算机都配有 USB 接口；在 Windows 操作系统下，无需驱动程序，可以直接热插拔。

11．C

评析：字长是指微处理器能够直接处理二进制数的位数。1 个字节由 8 个二进制数位组成，因此 4 个字节由 32 个二进制数位组成。微机的字长是 4 个字节，即微处理器能够直接处理二进制数的位数为 32。

12．C

评析：数字图像保存在存储器中时，其数据文件的格式繁多，PC 上常用的就有：JPEG 格式、BMP 格式、GIF 格式、TIFF 格式、PNG 格式。以.jpg 为扩展名的文件为 JPEG 格式图像文件。

13．A

评析：注意本题的要求是“完全”属于“外部设备”的一组。一个完整的计算机包括硬件系统和软件系统，其中硬件系统包括中央处理器、存储器、输入输出设备。输入输出设备就是常说的外部设备，主要包括键盘、鼠标、显示器、打印机、扫描仪、数字化仪、光笔、触摸屏、条形码读入器、绘图仪、移动存储设备等。

14. B

评析：PowerPoint 2003 属于应用软件，而 Windows XP、UNIX 和 Linux 属于系统软件。

15. C

评析：计算机病毒是一种特殊的具有破坏性的恶意计算机程序，它具有自我复制能力，可通过非授权入侵而隐藏在可执行程序或数据文件中。当计算机运行时源病毒能把自身精确拷贝或者有修改地拷贝到其他程序体内，影响和破坏正常程序的执行和数据的正确性。

16. C

评析：a 的 ASCII 码值是 97，A 的 ASCII 码值是 65，空格的 ASCII 码值是 32，故 a>A>空格。

17. B

评析：在计算机中通常使用三个数据单位：位、字节和字。位的概念是：最小的存储单位，英文名称是 bit，常用小写 b 或 bit 表示。用 8 位二进制数作为表示字符和数字的基本单元，英文名称是 byte，称为字节。通常用大写 B 表示。

1B（字节）=8b（位）

1KB（千字节）=1024B（字节）

字长：字长也称为字或计算机字，它是计算机能并行处理的二进制数的位数。

18. C

评析：光纤的传输优点为：频带宽、损耗低、重量轻、抗干扰能力强、保真度高、工作性能可靠、成本不断下降。1000BASE-LX 标准使用的是波长为 1300 米的单模光纤，光纤长度可以达到 3000m。1000BASE-SX 标准使用的是波长为 850 米的多模光纤，光纤长度可以达到 300～550m。

19. D

评析：计算机操作系统的作用是统一管理计算机系统的全部资源，合理组织计算机的工作流程，以达到充分发挥计算机资源的效率；为用户提供使用计算机的友好界面。

20. B

评析：汇编语言中由于使用了助记符号，当把汇编语言编制的程序输入计算机时，计算机不能像用机器语言编写的程序那样直接识别和执行，必须通过预先放入计算机的“汇编程序”进行加工和翻译，才能变成能够被计算机直接识别和处理的二进制代码程序。对于不同型号的计算机，有着不同结构的汇编语言。因此汇编语言与 CPU 型号相关，但高级语言与 CPU 型号无关。汇编语言编写复杂程序时，相对高级语言代码量较大，而且汇编语言依赖于具体的处理器体系结构，不能通用，因此不能直接在不同处理器体系结构之间移植。

第 15 套题

1. B

评析：主频是指在计算机系统中控制微处理器运算速度的时钟频率，它在很大程度上决定了微处理器的运算速度。一般来说，主频越高，运算速度就越快。

2. A

评析：计算机病毒是一个程序、一段可执行代码。它对计算机的正常使用进行破坏，使得计算机无法正常使用，甚至整个操作系统或者硬盘损坏。

3．B

评析：主频指 CPU 的时钟频率，它的高低在一定程度上决定了计算机速度的高低。

4．B

评析：wav 为微软公司开发的一种声音文件格式，它符合 RIFF 文件规范，用于保存 Windows 平台的音频信息资源，被 Windows 平台及其应用程序所广泛支持。

5．A

评析：数制也称计数制，是指用同一组固定的字符和统一的规则来表示数值的方法。十进制（自然语言中）通常用 0～9 表示，二进制（计算机中）用 0 和 1 表示，八进制用 0～7 表示，十六进制用 0～F 表示。

（1）十进制整数转换成二进制（八进制、十六进制）整数的转换方法：用十进制数除以二（八、十六），第一次得到的余数为最低有效位，最后一次得到的余数为最高有效位。

（2）二（八、十六）进制整数转换成十进制整数的转换方法：将二（八、十六）进制数按权展开，求累加和便可得到相应的十进制数。

（3）二进制数与八进制数之间的转换方法：3 位二进制数可转换为 1 位八进制数，1 位八进制数可以转换为 3 位二进制数。

二进制数与十六进制数之间的转换方法：4 位二进制数可转换为 1 位十六进制数，1 位十六进制数可转换为 4 位二进制数。

因此：121/2=60……1

60/2=30……0

30/2=15……0

15/2=7……1

7/2=3……1

3/2=1……1

1/2=0……1

所以转换后的无符号二进制整数是 1111001。

6．C

评析：做此种类型的题可以把不同进制数转换为同一进制数来进行比较，由于十进制数是自然语言的表示方法，大多把不同的进制转换为十进制，就本题而言，选项 A 可以根据二进制转换十进制的方法进行转换，即 1*2^7+1*2^6+0*2^5+1*2^4+1*2^3+0*2^2+0*2^1+1*2^0=217；选项 C 可以根据八进制转换成二进制，再由二进制转换成十进制，也可以由八进制直接转换成十进制，即 3*8^1+7*8^0=31；同理十六进制也可用前述的两种方法进行转换，即 2*16^1+A*16^0=42，从而比较 217>75>42>31，最小的一个数为 37（八进制）。

7．C

评析：为了适应汉字信息交换的需要，我国于 1980 年制定了国家标准 GB2312-80，即国标码。国标码中包含 6763 个汉字和 682 个非汉字的图形符号，其中包括常用的一级汉字 3755 个和二级汉字 3008 个，一级汉字按字母顺序排列，二级汉字按部首顺序排列。

8．D

评析：软件是指运行在计算机硬件上的程序、运行程序所需的数据和相关文档的总称。

9．A

评析：总线型拓扑的网络中各个结点由一根总线相连，数据在总线上由一个结点传向另一个结点。

10．D

评析：一台计算机可以安装多个操作系统，安装的时候需要先安装低版本，再安装高版本。

11．C

评析：计算机系统由运算器、存储器、控制器、输入设备、输出设备五大部件组成。通常将运算器和控制器合称为中央处理器。

12．B

评析：根据 Internet 的域名代码规定，域名中的 net 表示网络中心，com 表示商业组织，gov 表示政府部门，org 表示其他组织。

13．A

评析：RAM 分为静态 RAM（SRAM）和动态 RAM（DRAM）两大类，静态 RAM 集成度低、价格高，但存取速度快；动态 RAM 集成度高、价格低，但由于要周期性地刷新，所以存取速度较 SRAM 慢。

14．A

评析：硬盘、软盘和光盘存储器等都属于外部存储器，它们不是主机的组成部分。主机由 CPU 和内存组成。

15．C

评析：将目标程序（.OBJ）转换成可执行文件（.EXE）的程序称为链接程序。

16．D

评析：a 的 ASCII 码值为 97，Z 的码值为 90，8 的码值为 56。

17．C

评析：嵌入式系统是将先进的计算机技术、半导体技术、电子技术和各个行业的具体应用相结合后的产物，这一点就决定了它必然是一个技术密集、资金密集、高度分散、不断创新的知识集成系统。

18．A

评析：显示器的参数：1024×768，它表示显示器的分辨率。

19．C

评析：一个高级语言源程序必须经过“编译”和“链接装配”两步后才能成为可执行的机器语言程序。

20．C

评析：调制解调器是实现数字信号和模拟信号转换的设备。例如，当个人计算机通过电话线路连入 Internet 时，发送方的计算机发出的数字信号，要通过调制解调器转换成模拟信号在电话网上传输，接收方的计算机则要通过调制解调器，将传输过来的模拟信号转换成数字信号。

第 16 套题

1．C

评析：二进制是计算机使用的语言，十进制是自然语言。为了书写的方便和检查的方便常使用八进制或十六进制来表示，一个字长为 7 位的无符号二进制整数能表示的十进制数值范围是 0～127。

2．C

评析：中央处理器（CPU）主要包括运算器（ALU）和控制器（CU）两大部件，它是计算机的核心部件。

3．C

评析：VGA 是 IBM 在 1987 年随 PS/2 机一起推出的一种视频传输标准，具有分辨率高、显示速率快、颜色丰富等优点，在彩色显示器领域得到了广泛的应用。

4．D

评析：硬盘常见的技术指标：①每分钟转速；②平均寻道时间；③平均潜伏期；④平均访问时间；⑤数据传输率；⑥缓冲区容量；⑦噪音与温度。

5．C

评析：Cache 是高速缓冲存储器。高速缓存的特点是存取速度快、容量小，它存储的内容是主存中经常被访问的程序和数据的副本，使用它的目的是提高计算机运行速度。

6．B

评析：操作系统管理用户数据的单位是文件，主要负责文件的存储、检索、共享和保护，为用户提供文件操作的方便。

7．A

评析：ASCII 码是美国标准信息交换码，被国际标准化组织指定为国际标准。国际通用的 7 位 ASCII 码是用 7 位二进制数表示一个字符的编码，其编码范围从 0000000B～1111111B，共有 2^7=128 个不同的编码值，相应可以表示 128 个不同字符的编码。计算机内部用一个字节（8 位二进制位）存放一个 7 位 ASCII 码，最高位置 0。

7 位 ASCII 码表中对大、小写英文字母，阿拉伯数字，标点符号及控制符等特殊符号规定了编码。其中小写字母的 ASCII 码值大于大写字母。

一个英文字符的 ASCII 码即为它的内码，而对于汉字系统，ASCII 码与内码并不是同一个值。

8．A

评析：任何一个数据通信系统都包括发送部分、接收部分和通信线路，其传输质量不但与传送的数据信号和收发特性有关，而且与传输介质有关。同时，通信线路沿途不可避免地会有噪声干扰，它们也会影响到通信和通信质量。双绞线是把两根绝缘铜线拧成有规则的螺旋形。双绞线抗干扰性能较差，易受各种电信号的干扰，可靠性差。同轴电缆是由一根空心的外圆柱形的导体围绕单根内导体构成的。对于较高的频率，在抗干扰性方面同轴电缆优于双绞线。光缆是发展最为迅速的传输介质，不受外界电磁波的干扰，因而电磁绝缘性好，适宜在电气干扰严重的环境中应用；无串音干扰，不易窃听或截取数据，因而安全保密性好。

9．A

评析：CAI 是计算机辅助教学（Computer Aided Instruction）的缩写，是指利用计算机媒体帮助教师进行教学或利用计算机进行教学的广泛应用领域。

10．C

评析：反病毒软件只能检测出已知的病毒并消除它们，并不能检测出新的病毒或病毒的变种，因此要随着各种新病毒的出现而不断升级；计算机病毒发作后，会使计算机出现异常现象，造成一定的伤害，但并不是永久性的物理损坏，清除过病毒的计算机如果不好好保护还是会有再次感染上病毒的可能。

11．C

评析：软件系统分为系统软件和应用软件，系统软件如操作系统、多种语言处理程序（汇编和编译程序等）、连接装配程序、系统实用程序、多种工具软件等；应用软件是为多种应用目的而编制的程序。

UNIX、DOS 属于系统软件。MIS、WPS 属于应用软件。

12．B

评析：ROM 是只能读出而不能随意写入信息的存储器，所以 CD-ROM 光盘就是只读光盘。

目前使用的光盘分为 3 类：只读光盘（CD-ROM）、一次写入光盘（WORM）和可擦写型光盘（MO）。

13．B

评析：调制解调器的主要技术指标是它的数据传输速率。现有 14.4kbps、28.8kbps、33.6kbps、56kbps 几种，数值越高，传输速度越快。

14．A

评析：汉字机内码是计算机系统内部处理和存储汉字的代码，国标码是汉字信息交换的标准编码，但因其前后字节的最高位均为 0，易与 ASCII 码混淆。因此汉字的机内码采用变形国标码，以解决与 ASCII 码冲突的问题。将国标码的两个字节中的最高位改为 1 即为汉字输入机内码。

15．C

评析：由于机器语言程序可直接在计算机硬件级别上执行，所以效率比较高，能充分发挥计算机的高速计算能力。

用汇编语言编写的程序与机器语言相比，除较直观和易记忆外，仍然存在工作量大、面向机器、无通用性等缺点，所以一般称汇编语言为“低级语言”，它仍然依赖于具体的机器。

用高级语言编写程序，可简化程序编制和测试，其通用性和可移植性好。

16．C

评析：中央处理器（CPU）主要包括运算器和控制器两大部件，它是计算机的核心部件。

17．D

评析：将汇编语言源程序翻译成目标程序的软件称为汇编程序。

18．D

评析：域名（Domain Name）的实质就是用一组由字符组成的名字代替 IP 地址，为了避免重名，域名采用层次结构，各层次的子域名之间用圆点“.”隔开，从右至左分别是第一级域名（或称顶级域名），第二级域名，……，直至主机名。其结构如下：

主机名.…….第二级域名.第一级域名

国际上第一级域名采用通用的标准代码，分组织机构和地理模式两类。由于因特网诞生在美国，所以其第一级域名，采用组织结构域名，美国以外的其他国家都采用主机所在地名称为第一级域名，例如 CN 代表中国，JP 代表日本、KR 代表韩国、UK 代表英国等。

19．A

评析：txt 是微软在操作系统上附带的一种文本格式，主要存储文本信息，即文字信息。

以.txt 为扩展名的文件通常是文本文件。

20．A

评析：文件传输（FTP）为因特网用户提供在网上传输各种类型的文件的功能，是因特网的基本服务之一。

第 17 套题

1．A

评析：计算机软件系统包括系统软件和应用软件，系统软件又包括解释程序、编译程序、监控管理程序、故障检测程序，还有操作系统等；应用软件是用户利用计算机以及它所提供的系统软件编制解决用户各种实际问题的程序。操作系统是紧靠硬件的一层系统软件，由一整套分层次的控制程序组成，统一管理计算机的所有资源。

2．D

评析：在数字信道中，以数据传输速率（比特率）表示信道的传输能力，即每秒传输的二进制位数（bps），单位为：bps、Kbps、Mbps 和 Gbps。

3．D

评析：AVI 英文全称为 Audio Video Interleaved，即音频视频交错格式，是将语音和影像同步组合在一起的文件格式，它对视频文件采用了一种有损压缩方式，但压缩比较高，因此尽管画面质量不是太好，但其应用范围仍然非常广泛。AVI 支持 256 色和 RLE 压缩。AVI 信息主要应用在多媒体光盘上，用来保存电视、电影等各种影像信息。这种视频格式的文件扩展名一般是.avi，所以也叫 DV-AVI 格式。

4．C

评析：CPU 的“字长”，是 CPU 一次能处理的二进制数据的位数，它决定着 CPU 内部寄存器、ALU 和数据总线的位数，字长是 CPU 断代的重要特征。

如果 CPU 的字长为 8 位，则它每执行一条指令可以处理 8 位二进制数据，如果要处理更多位数的数据，就需要执行多条指令。当前流行的 Pentium 4 CPU 的字长是 32 位，它执行一条指令可以处理 32 位数据。

5．C

评析：机内码是指汉字在计算机中的编码，汉字的机内码占两个字节，分别称为机内码的高位与低位。

6．A

评析：移动硬盘是以硬盘为存储介质，多采用 USB、IEEE1394 等传输速度较快的接口，可以较高的速度与系统进行数据传输。移动硬盘可以提供相当大的存储容量，是一种较具性价比的移动存储产品，可以说是 U 盘、磁盘等闪存产品的升级版。

7．C

评析：总线型拓扑结构中，各个结点由一根总线相连，数据在总线上由一个结点传向另一个结点。

环型拓扑结构中，各个结点通过中继器连接到一个闭合的环路上，环中的数据沿着一个方向传输，由目的结点接收。

星型拓扑结构中，每个结点与中心结点连接，中心结点控制全网的通信，任何两个结点之间的通信都要通过中心结点。

网状拓扑结构中，结点的连接是任意的，没有规律。

8．B

评析：计算机的硬件系统由主机和外部设备组成。主机的结构部件为：中央处理器、内存储器。外部设备的结构部件为：外部存储器、输入设备、输出设备和其他设备。

9．B

评析：二进制是计算机使用的语言，十进制是自然语言。为了书写的方便和检查的方便常使用八进制或十六进制来表示，一个字长为 8 位的二进制整数可以表示的十进制数值范围是 0～255。

10．B

评析：计算机病毒实质上是一个特殊的计算机程序，这种程序具有自我复制能力，可非法入侵而隐藏在存储介质中的引导部分、可执行程序或数据文件的可执行代码中。

一旦发现电脑染上病毒后，一定要及时清除，以免造成损失。清除病毒的方法有两种，一是手工清除，二是借助反病毒软件清除病毒。

11．A

评析：所谓高级语言是一种用表达各种意义的“词”和“数学公式”按照一定的“语法规则”编写程序的语言。高级语言的使用，大大提高了编写程序的效率，改善了程序的可读性。高级语言主要是相对于汇编语言而言的，它是较接近自然语言和数学公式的编程，基本脱离了机器的硬件系统，用人们更易理解的方式编写程序。用高级语言编写的源程序在计算机中是不能直接执行的，必须翻译成机器语言后程序才能执行。

12．A

评析：FTP（File Transfer Protocol），即文件传输协议，主要用于 Internet 上文件的双向传输。

13．A

评析：汇编语言是面向机器的程序设计语言。在汇编语言中，用助记符（Memoni）代替操作码，用地址符号（Symbol）或标号（Label）代替地址码。

14．D

评析：内存：随机存储器（RAM），主要存储正在运行的程序和要处理的数据。

15．D

评析：略

16．B

评析：输入/输出设备又称 I/O 设备、外围设备、外部设备等，也简称为外设。

17．C

评析：防火墙的缺陷包括：

（1）防火墙无法阻止绕过防火墙的攻击。

（2）防火墙无法阻止来自内部的威胁。

（3）防火墙无法防止病毒感染程序或文件的传输。

18．A

评析：所谓数字图像处理就是利用计算机对图像信息进行加工以满足人的视觉心理或者应用需求的行为。

19．B

评析：ASCII 码是美国标准信息交换码，用 7 位二进制数来表示一个字符的编码，所以总共可以表示 128 个不同的字符。

20．B

评析：字长是计算机一次能够处理的二进制数位数。常见的微机字长有 8 位、16 位和 32 位。

第 18 套题

1．C

评析：Internet 始于 1968 年美国国防部高级研究计划局（ARPA）提出并资助的 ARPANET 网络计划，其目的是将各地不同的主机以一种对等的通信方式连接起来，最初只有 4 台主机。此后，大量的网络、主机与用户接入 ARPANET，很多地方性网络也接入进来，并逐步扩展到其他国家和地区。

2．A

评析：常用的计算机系统技术指标为：运算速度、主频、字长、存储容量和数据传输速率。

3．B

评析：从域名到 IP 地址或者从 IP 地址到域名的转换由域名服务器 DNS（Domain Name Server）完成。

4．D

评析：中央处理器（CPU）主要包括运算器和控制器两大部件。它是计算机的核心部件。CPU 是一体积不大而元件集成度非常高、功能强大的芯片。计算机的所有操作都受 CPU 控制，所以它的品质直接影响着整个计算机系统的性能。

5．C

评析：系统软件主要包括操作系统、语言处理系统、系统性能检测和实用工具软件等。其中最主要的是操作系统，它提供了一个软件运行的环境。

6．B

评析：16×16 点阵表示在一个 16×16 的网格中用点描出一个汉字，整个网格分为 16 行 16 列，每个小格用 1 位二进制编码表示，从上到下，每一行需要 16 个二进制位，占两个字节，故用 16×16 点阵描述整个汉字的字形需要 32 个字节的存储空间。

7．B

评析：存储器有内存储器和外存储器两种。内存储器按功能又可分为随机存取存储器（RAM）和只读存储器（ROM）。

8．C

评析：UNIX 是一个多用户、多任务、交互式的分时操作系统，它为用户提供了一个简洁、高效、灵活的运行环境。

9．A

评析：常见的网页开发语言有：HTML、ASP、ASP.NET、PHP、JSP。

10．C

评析：科学计算主要是使用计算机进行数学方法的实现和应用。今天计算机“计算”能力的提升，推进了许多科学研究的进展。如著名的人类基因序列分析计划、人造卫星的轨道测算等。

11．A

评析：用 8 个二进制位表示无符号数最大为 11111111 即 2^8-1=255。

12．D

评析：编译方式是将源程序经编译、链接得到可执行文件后，就可脱离源程序和编译程序而单独执行，所以编译方式的效率高，执行速度快；而解释方式在执行时，源程序和解释程序必须同时参与才能运行，由于不产生目标文件和可执行程序文件，解释方式的效率相对较低，执行速度较慢。

与高级语言程序相比，汇编语言程序执行效率更高。

相对机器语言来说，汇编语言更容易理解、便于记忆。

13．C

评析：实际上，区位码也是一种输入法，其最大优点是一字一码，无重码，最大的缺点是难以记忆。

14．C

评析：JPEG 标准是第一个针对静止图像压缩的国际标准。

15．C

评析：时钟主频指 CPU 的时钟频率。它的高低在一定程度上决定了计算机速度的高低。频率的单位有：Hz（赫兹）、kHz（千赫兹）、MHz（兆赫兹）、GHz（吉赫兹）。

16．B

评析：在计算机中，操作系统的功能是管理、控制和监督计算机软件、硬件资源协调运行，它是直接运行在计算机硬件上的最基本的系统软件，是系统软件的核心。Android 是一种以 Linux 为基础的开放源代码操作系统，主要使用于便携设备。因此，对于便携设备来说，Android 属于系统软件。

17．A

评析：反病毒软件是因病毒的产生而产生的，所以反病毒软件必须随着新病毒的出现而升级，提高查、杀病毒的功能。反病毒软件是针对已知病毒而言的，并不是可以查、杀任何种类的病毒，所以选项 A 是错误的。

18．C

评析：ASCII 码是二进制代码，而 ASCII 码表的排列顺序是按十进制数，包括英文小写字母、英文大写字母、各种标点符号及专用符号、功能符等。字符 E 的 ASCII 码是 01000001＋100（4）＝01000101。

19．D

评析：摄像头是视频输入设备。

20．C

评析：当硬磁盘运行时，主轴底部的电机带动主轴，主轴带动磁盘高速旋转。盘片高速旋转时带动的气流将磁盘上的磁头托起，磁头是一个质量很轻的薄膜组件，它负责盘片上数据的写入或读出。移动臂用来固定磁头，使磁头可以沿着盘片的径向高速移动，以便定位到指定的磁道。

第 19 套题

1．D

评析： 一个字长为 6 位的无符号二进制数能表示的十进制数值范围是 0～63。

2．B

评析： Windows 操作系统是一单用户多任务操作系统，经过十几年的发展，从 Windows 3.1 发展到 Windows NT，Windows 2000 和 Windows XP，目前最新版为 Windows 10。

3．D

评析： 汉字机内码是在计算机内部对汉字进行存储、处理和传输的汉字代码，它应能满足存储、处理和传输的要求。

4．A

评析： 字长是指计算机部件一次能同时处理的二进制数据的位数。目前普遍使用的 Intel 和 AMD 微处理器的微机大多支持 32 位字长，也有支持 64 位的，这意味着该类型的机器可以并行处理 32 位或 64 位二进制数的算术运算和逻辑运算。

5．C

评析： 内存是解决主机与外设之间速度不匹配问题；高速缓冲存储器是为了解决 CPU 与内存储器之间速度不匹配问题。

6．B

评析： 运算器的功能是对数据进行算术运算或逻辑运算。

7．C

评析： 路由器是实现局域网和广域网互联的主要设备。

8．C

评析： 要在 Web 浏览器中查看某一电子商务公司的主页，需要先在 Web 浏览器的地址栏中输入该公司的 WWW 地址，按回车键即可打开该公司网页。

9．B

评析： 进程是操作系统中的一个核心概念。进程的定义：进程是程序的一次执行过程，是系统进行调度和资源分配的一个独立单位。

线程是可以独立、并发执行的程序单元。

10．D

评析： 存储容量的换算：

1TB=1024GB

1GB=1024MB

1MB=1024KB

1KB=1024B

B 是英文 Byte（字节），K 是英文千，M 是英文百万，G 是英文亿，T 是英文千亿。所以 10GB 的硬盘表示其存储容量为一百亿个字节。

11．B

评析： 程序设计语言是人们用来与计算机交往的语言，分为机器语言、汇编语言与高级语言三类。计算机高级语言的种类很多，目前常见的有 Pascal、C、C++、Visual Basic、Visual C、

Java 等。

12．D

评析： Z 的 ASCII 码值是 90，9 的 ASCII 码值是 57，空格的 ASCII 码值是 32，a 的 ASCII 码值是 97，故 D 选项的 ASCII 码值最大。

13．D

评析： 计算机的硬件系统通常由五大部分组成：输入设备、输出设备、存储器、中央处理器（CPU）（包括运算器和控制器）。

14．B

评析： 计算机病毒是人为编制的一组具有自我复制能力的特殊的计算机程序，它主要感染扩展名为 COM、EXE、DRV、BIN、OVL、SYS 等可执行文件，它能通过移动介质盘文档的复制、E-mail 下载 Word 文档附件等途径蔓延。

15．C

评析： CAD：计算机辅助设计（Computer Aided Design）。

CAM：计算机辅助制造（Computer Aided Manufacturing）。

CIMS：计算机集成制造系统（Computer Integrated Manufacturing Systems）。

ERP：企业资源计划（Enterprise Resource Planning）。

16．A

评析： 以太网是最常用的一种局域网，网络中所有结点都通过以太网卡和双绞线（或光纤）连接到网络中，实现相互间的通信。其拓扑结构为总线结构。

17．C

评析： 计算机中显示器灰度和颜色的类型是用二进制编码来表示的。例如，4 位二进制编码可表示 $2^4=16$ 种颜色，8 位二进制编码可表示 $2^8=256$ 种颜色，所以显示器的容量至少应等于分辨率乘以颜色编码位数，然后除以 8 转换成字节数，再除以 1024 以 KB 形式来表示，即：$1024\times768\times8/8/1024=768$。

18．B

评析： GIF 文件是供联机图形交换使用的一种图像文件格式，目前在网络通信中被广泛采用。

19．C

评析： 由于机器语言程序直接在计算机硬件级别上执行，所以效率比较高，能充分发挥计算机的高速计算能力。

对机器来讲，汇编语言程序是无法直接执行的，必须经过把汇编语言编写的程序翻译成机器语言程序，机器才能执行。

用高级语言编写的源程序在计算机中是不能直接执行的，必须翻译成机器语言后程序才能执行。

因此，执行效率最高的是机器语言编写的程序。

20．D

评析： 硬盘虽然安装在机箱内，但是它跟光盘驱动器、软盘等都属于外部存储设备，不是主机的组成部分。主机由 CPU 和内存组成。

第 20 套题

1．A

评析：写盘就是通过磁头往介质写入信息数据的过程。

读盘就是磁头读取存储在介质上的数据的过程，比如硬盘磁头读取硬盘中的信息数据、光盘磁头读取光盘信息等。

2．B

评析：Wi-Fi 是一种可以将个人电脑、手持设备（如 PDA、手机）等终端以无线方式互相连接的技术。

电话拨号接入即 Modem 拨号接入，是指将已有的电话线路，通过安装在计算机上的 Modem（调制解调器），拨号连接到互联网服务提供商（ISP）从而享受互联网服务的一种上网接入方式。

目前用电话线接入因特网的主流技术是 ADSL（非对称数字用户线路）。采用 ADSL 接入因特网，除了一台带有网卡的计算机和一条直拨电话线外，还需要向电信部门申请 ADSL 业务。由相关服务部门负责安装话音分离器、ADSL 调制调解器和拨号软件。完成安装后，就可以根据用户名和口令拨号上网了。

3．A

评析：进程是一个程序与其数据一起在计算机上顺利执行时所发生的活动。简单地说，就是一个正在执行的程序。一个程序被加载到内存，系统就创建了一个进程，程序执行结束后，该进程也就消亡了。

4．C

评析：电子邮件（E-mail）是 Internet 所有信息服务中用户最多和接触面最广泛的一类服务。电子邮件不仅可以到达那些直接与 Internet 连接的用户以及通过电话拨号可以进入 Internet 结点的用户，还可以用来同一些商业网（如 CompuServe、America Online）以及世界范围的其他计算机网络（如 BITNET）上的用户通信联系。

5．B

评析：宏病毒不感染程序，只感染 Microsoft Word 文档文件（DOC）和模板文件（DOT），与操作系统没有特别的关联。

6．B

评析：无线移动网络相对于一般的无线网络和有线网络来说，可以提供随时随地的网络服务。

7．D

评析：微型计算机内存储器按字节编址，这是由存储器的结构决定的。

8．A

评析：中央处理器（CPU）主要包括运算器和控制器两大部件，它是计算机的核心部件。CPU 是一体积不大而元件集成度非常高、功能强大的芯片。计算机的所有操作都受 CPU 控制，所以它的品质直接影响着整个计算机系统的性能。

9．A

评析：操作系统具有并发、共享、虚拟和异步性四大特征，其中最基本的特征是并发和共享。

10．D

评析：IPv4 中规定 IP 地址长度为 32 位，IPv6 则采用 128 位 IP 地址长度。

11．C

评析：科学计算主要是使用计算机进行数学方法的实现和应用。今天计算机“计算”能力的提升，推动了许多科学研究的进展。如著名的人类基因序列分析计划、人造卫星的轨道测算、天气预报等。

12．A

评析：任何形式的数据，无论是数字、文字、图形、声音或视频，进入计算机都必须进行二进制编码转换。

13．B

评析：用高级程序设计语言编写的程序称为源程序，源程序不可直接运行。要在计算机上使用高级语言，必须先经过编译，把用高级语言编制的程序翻译成机器指令程序，再经过连接装配，把经编译程序产生的目标程序变成可执行的机器语言程序，这样才能使用该高级语言程序。

目前流行的高级程序设计语言有 C、C++、Visual Basic 等。

14．D

评析：本题的考查知识点是液晶显示器的技术指标。

LCD 的主要技术指标有分辨率、点距、波纹、响应时间、可视角度、刷新率、亮度和对比度、信号输入接口、坏点等。其中分辨率是指单位面积显示像素的数量，液晶显示器的标准分辨率是固定不变的，非标准分辨率由 LCD 内部的芯片通过插值算法计算而得。存储容量是存储设备的主要技术指标，不是液晶显示器的主要技术指标。

15．A

评析：本题的考查知识点是计算机语言。

编译程序把高级语言写的源程序转换为机器语言的程序，即目标程序。源程序经过编译生成目标文件，然后经过链接程序产生可执行程序。汇编语言是编译型语言，Intel 架构的 PC 机指令向下兼容，不同的高级语言在运行机制上有所不同，效率不能一概而论。

16．A

评析：本题考查的知识点是汉字的编码。

为避开 ASCII 码表中的控制码，将 GB2312-80 中的 6763 个汉字分为 94 行、94 列，代码表分为 94 个区（行）和 94 个位（列）。由区号（行号）和位号（列号）构成了区位码。区位码最多可表示 94*94=8836 个汉字。区位码由 4 位十进制数字组成，前两位为区号，后两位为位号。在区位码中，01～09 区为特殊字符，10～55 区为一级汉字，56～87 为二级汉字。选项 A（即 5601）位于第 56 行、第 01 列，属于汉字区位码的范围内，其他选项不在其中。

17．B

评析：在标准 ASCII 码表中，英文字母 a 的码值是 97，A 的码值是 65。两者的差值为 32。

18．B

评析：输入设备是用来向计算机输入命令、程序、数据、文本、图形、图像、音频和视频等信息的，所以摄像头属于输入设备。输出设备的主要功能是将计算机处理后的各种内部格式的信息转换为人们能识别的形式（如文字、图形、图像和声音等）表达出来，所以投影仪属于输出设备。

19．B

评析：5 位无符号二进制数可以表示从最小的 00000 至最大的 11111，即最大为 2^5-1=31。

20．D

评析：计算机的硬件主要包括：中央处理器（CPU）、存储器、输出设备和输入设备。键盘和鼠标属于输入设备，显示器属于输出设备。

第 21 套题

1．C

评析：计算机病毒是可破坏他人资源的、人为编制的一段程序；计算机病毒具有以下几个特点：破坏性、传染性、隐藏性和潜伏性。

2．B

评析：一条指令必须包括操作码和地址码（或称操作数）两部分，操作码指出指令完成操作的类型，地址码指出参与操作的数据和操作结果存放的位置。

3．B

评析：中央处理器（CPU）是由运算器和控制器两部分组成。运算器主要完成算术运算和逻辑运算；控制器主要用以控制和协调计算机各部件自动、连续地执行各条指令。

4．C

评析：中央处理器（CPU）主要包括运算器和控制器两大部件，它是计算机的核心部件。CPU 是一体积不大而元件集成度非常高、功能强大的芯片。计算机的所有操作都受 CPU 控制，所以它的品质直接影响着整个计算机系统的性能。

5．A

评析：在微机的配置中看到“P4 2.4G”字样，其中“2.4G”表示处理器的时钟频率是 2.4GHz。

6．D

评析：调制解调器是实现数字信号和模拟信号转换的设备。例如，当个人计算机通过电话线路连入 Internet 时，发送方的计算机发出的数字信号，要通过调制解调器转换成模拟信号在电话网上传输，接收方的计算机则要通过调制解调器，将传输过来的模拟信号转换成数字信号。

7．C

评析：CPU 是由运算器和控制器两部分组成，可以完成指令的解释与执行。计算机的存储器分为内存储器和外存储器。

内存储器是计算机主机的一个组成部分，它与 CPU 直接进行信息交换，CPU 直接读取内存中的数据。

8．C

评析：本题的考查知识点是软件分类。

软件可以分为系统软件和应用软件，系统软件主要有操作系统、驱动程序、程序开发语言、数据库管理系统等，应用软件则实现了计算机的一些具体应用功能。

9．B

评析：西文字符所用的编码是 ASCII 码。它是以 7 位二进制位来表示一个字符的。

10．B

评析：1946 年 2 月 15 日，第一台电子计算机 ENIAC 在美国宾夕法尼亚大学诞生了。

11．D

评析：一个完整的计算机系统包括硬件系统和软件系统。

12．D

评析：一般说来，安全的系统会利用一些专门的安全特性来控制对信息的访问，只有经过适当授权的人，或者以这些人的名义进行的进程可以读、写、创建和删除这些信息。中国公安部计算机管理监察司的定义是：计算机安全是指计算机资产安全，即计算机信息系统资源和信息资源不受自然和人为有害因素的威胁和危害。

13．C

评析：编译方式是把高级语言程序全部转换成机器指令并产生目标程序，再由计算机执行。

14．C

评析：电子邮件（E-mail）是因特网上使用最广泛的一种服务。类似于普通邮件的传递方式，电子邮件采用存储转发方式传递，根据电子邮件地址由网上多个主机合作实现存储转发，从发信源结点出发，经过路径上若干个网络结点的存储和转发，最终使电子邮件传送到目的信箱。只要电子信箱地址正确，则可通过任何一台联网的计算机收发电子邮件。

15．B

评析：软件系统分为系统软件和应用软件。

Windows 是广泛使用的系统软件之一，所以选项 B 是错误的。

16．B

评析：标准的汉字编码表有 94 行、94 列，其行号称为区号，列号称为位号。双字节中，用高字节表示区号，低字节表示位号。非汉字图形符号置于第 1～11 区，一级汉字 3755 个置于第 16～55 区，二级汉字 3008 个置于第 56～87 区。

17．C

评析：一个高级语言源程序必须经过“编译”和“链接装配”两步后才能成为可执行的机器语言程序。

18．C

评析：20GB=20*1024MB=20*1024*1024KB=20*1024*1024*1024B=21474836480B，所以 20GB 的硬盘表示容量约为 200 亿个字节。

19．B

评析：计算机网络按地理范围进行分类可分为：局域网、城域网、广域网。ChinaDDN 网、ChinaNET 网属于城域网，Internet 属于广域网，Novell 网属于局域网。

20．A

评析：域名的格式：主机名.机构名.网络名.最高层域名。

第 22 套题

1．C

评析：反病毒软件是因病毒的产生而产生的，所以反病毒软件必须随着新病毒的出现而升级，提高查、杀病毒的功能。反病毒软件是针对已知病毒而言的，并不是可以查、杀任何种类的病毒。计算机病毒是一种人为编制的可以制造故障的计算机程序，具有一定的破坏性。

2．B

评析：蠕虫病毒是网络病毒的典型代表，它不占用除内存以外的任何资源，不修改磁盘文件，只利用网络功能搜索网络地址，将自身向下一地址进行传播。

3．D

评析：目前流行的汉字输入码的编码方案有很多，如全拼输入法、双拼输入法、自然码输入法、五笔型输入法等。全拼输入法和双拼输入法是根据汉字的发音进行编码的，称为音码；五笔型输入法是根据汉字的字形结构进行编码的，称为形码；自然码输入法是以拼音为主，辅以字形字义进行编码的，称为音形码。

4．A

评析：空格的 ASCII 码值是 32，0 的 ASCII 码值是 48，A 的 ASCII 码值是 65，a 的 ASCII 码值是 97，故 A 选项的 ASCII 码值最小。

5．A

评析：计算机操作系统的作用是控制和管理计算机的硬件资源和软件资源，从而提高计算机的利用率，方便用户使用计算机。

6．C

评析：用于查看、浏览和下载网页的软件是 Web 浏览器，例如微软公司的 Internet Explorer。安装了浏览器软件的用户，可以通过单击超链接来浏览网页，在网页之间实现跳转。

7．D

评析：造成计算机中存储数据丢失的原因主要有：病毒侵蚀、人为窃取、计算机电磁辐射、计算机存储器硬件损坏等。

8．B

评析：以太网是最常用的一种局域网，网络中所有结点都通过以太网卡和双绞线（或光纤）连接到网络中，实现相互间的通信。其拓扑结构为总线结构。

9．A

评析：软件是指运行在计算机硬件上的程序、运行程序所需的数据和相关文档的总称。

10．A

评析：计算机网络系统具有丰富的功能，其中最主要的是资源共享和快速通信。

11．D

评析：输出设备的任务是将计算机的处理结果以人或其他设备所能接受的形式送出计算机。常用的输出设备有：打印机、显示器和数据投影设备。

本题中键盘、鼠标和扫描仪都属于输入设备。

12．B

评析：计算机软件分为系统软件和应用软件。

13．A

评析：MHz 是时钟主频的单位；MB/s 的含义是兆字节每秒，指每秒传输的字节数量；Mbps 是数据传输速率的单位。

14．D

评析：通常一条指令包括两方面的内容：操作码和操作数。操作码决定要完成的操作，操作数指参加运算的数据及其所在的单元地址。

15．D

评析：目前微机中所广泛采用的电子元器件是：大规模和超大规模集成电路。电子管是第一代计算机所采用的逻辑元件（1946－1958）。晶体管是第二代计算机所采用的逻辑元件（1959－1964），小规模集成电路是第三代计算机所采用的逻辑元件（1965－1971），大规模和超大规模集成电路是第四代计算机所采用的逻辑元件（1971－今）。

16．C

评析：计算机病毒是一种通过自我复制进行传染的、破坏计算机程序和数据的小程序。在计算机运行过程中，它们能把自己精确拷贝或有修改地拷贝到其他程序中或某些硬件中，从而达到破坏其他程序及某些硬件的作用。

17．A

评析：控制器是计算机的神经中枢，由它指挥全机各个部件自动、协调地工作。

18．A

评析：ROM（Read Only Memory），即只读存储器，其中存储的内容只能供反复读出，而不能重新写入。因此在 ROM 中存放的是固定不变的程序与数据，其优点是切断机器电源后，ROM 中的信息仍然保留不会改变。

19．B

评析：非零无符号二进制整数之后添加一个 0，相当于向左移动了一位，也就是扩大了原来数的 2 倍。向右移动一位相当于缩小为原来数的 1/2。

20．B

评析：用高级程序设计语言编写的程序具有可读性和可移植性，基本上不作修改就能用于各种型号的计算机和各种操作系统。对源程序而言，经过编译、链接成可执行文件，就可以直接在本机运行该程序。

第 23 套题

1．C

评析：一条指令必须包括操作码和地址码（或称操作数）两部分。

2．B

评析：在计算机软件中最重要且最基本的就是操作系统（OS）。它是最底层的软件，控制计算机运行的所有程序并管理整个计算机的资源，是计算机裸机与应用程序及用户之间的桥梁。没有它，用户也就无法使用某种软件或程序。

3．B

评析：存储在计算机内的汉字要在屏幕或打印机上显示、输出时，汉字机内码并不能作为每个汉字的字形信息输出。显示汉字时，需要根据汉字机内码向字模库检索出该汉字的字形信息输出。

4．D

评析：调制解调器（Modem）的作用是：将计算机数字信号与模拟信号互相转换，以便数据传输。

5．D

评析：非零无符号二进制整数之后添加一个 0，相当于向左移动了一位，也就是扩大了原来数的 2 倍。在一个非零无符号二进制整数之后去掉一个 0，相当于向右移动一位，也就是变为原数的 1/2。

6．D

评析：目前微型计算机的 CPU 可以处理的二进制位至少为 8 位。

7．C

评析：反病毒软件是因病毒的产生而产生的，所以反病毒软件必须随着新病毒的出现而升级，提高查、杀病毒的功能。反病毒软件是针对已知病毒而言的，并不是可以查、杀任何种类的病毒。计算机病毒是一种人为编制的可以制造故障的计算机程序，具有一定的破坏性。

8．B

评析：注意本题的要求是“完全”属于“外部设备”的一组。一个完整的计算机包括硬件系统和软件系统，其中硬件系统包括中央处理器、存储器、输入输出设备。输入输出设备就是所说的外部设备，主要包括键盘、鼠标、显示器、打印机、扫描仪、数字化仪、光笔、触摸屏、条形码读入器、绘图仪、移动存储设备等。

9．C

评析：网络传输介质是指在网络中传输信息的载体，常用的传输介质分为有线传输介质和无线传输介质两大类。

（1）有线传输介质是指在两个通信设备之间实现的物理连接部分，它能将信号从一方传输到另一方，有线传输介质主要有双绞线、同轴电缆和光纤。双绞线和同轴电缆传输电信号，光纤传输光信号。

（2）无线传输介质指我们周围的自由空间。我们利用无线电波在自由空间的传播可以实现多种无线通信。在自由空间传输的电磁波根据频谱可将其分为无线电波、微波、红外线、激光等，信息被加载在电磁波上进行传输。

10．C

评析：总线就是系统部件之间传送信息的公共通道，各部件由总线连接并通过它传递数据和控制信号。总线分为内部总线和系统总线，系统总线又分为数据总线、地址总线和控制总线。

11．B

评析：世界上第一台电子计算机 ENIAC 是 1946 年在美国诞生的，它主要采用电子管和继电器，主要用于弹道计算。

12．D

计算机的主要技术性能指标有：字长、时钟频率、运算速度、存储容量和存取周期。

13．C

评析：计算机安全设置包括：

（1）物理安全。

（2）停掉 Guest 账号。

（3）限制不必要的用户数量；

（4）创建 2 个管理员用账号；

（5）把系统 administrator 账号改名；
（6）修改共享文件的权限；
（7）使用安全密码；
（8）设置屏幕保护密码；
（9）使用 NTFS 格式分区；
（10）运行防毒软件；
（11）保障备份盘的安全；
（12）查看本地共享资源；
（13）删除共享；
（14）删除 ipc$空连接；
（15）关闭 139 端口；
（16）防止 rpc 漏洞；
（17）445 端口的关闭；
（18）3389 端口的关闭；
（19）4899 端口的防范；
（20）禁用服务。

14．B

评析：存储器分内存和外存，内存就是 CPU 能由地址线直接寻址的存储器。内存又分 RAM、ROM 两种，RAM 是可读可写的存储器，它用于存放经常变化的程序和数据。只要一断电，RAM 中的程序和数据就丢失。ROM 是只读存储器，ROM 中的程序和数据即使断电也不会丢失。

15．B

评析：ASCII 码是美国标准信息交换码，被国际标准化组织指定为国际标准。国际通用的 7 位 ASCII 码是用 7 位二进制数表示一个字符的编码，其编码范围从 0000000B～1111111B，共有 2^7=128 个不同的编码值，相应可以表示 128 个不同字符的编码。计算机内部用一个字节（8 位二进制位）存放一个 7 位 ASCII 码，最高位置 0。

7 位 ASCII 码表中对大、小写英文字母，阿拉伯数字，标点符号及控制符等特殊符号规定了编码。其中小写字母的 ASCII 码值大于大写字母的 ASCII 码值。

16．A

评析：IP 地址由 32 位二进制数组成（占 4 个字节），也可以用十进制数表示，每个字节之间用“.”隔开，每个字节内的数表示范围可从 0～255。

17．C

评析：计算机网络系统具有丰富的功能，其中最主要的是资源共享和快速通信。

18．B

评析：软件系统可以分为系统软件和应用软件两大类。

系统软件由一组控制计算机系统并管理其资源的程序组成，其主要功能包括：启动计算机，存储、加载和执行应用程序，对文件进行排序、检索，将高级程序语言翻译成机器语言等。

操作系统是直接运行在“裸机”上的最基本的系统软件。

本题中 Windows XP 属于操作系统，其他均属于应用软件。

19．B

评析：在计算机中，操作系统的功能是管理、控制和监督计算机软件、硬件资源协调运行。它是直接运行在计算机硬件上的最基本的系统软件，是系统软件的核心。Android 是一种以 Linux 为基础的开放源代码操作系统，主要使用于便携设备。因此，对于便携设备来说，Android 属于系统软件。

20．A

评析：ROM（Read Only Memory），即只读存储器，其中存储的内容只能供反复读出，而不能重新写入。因此在 ROM 中存放的是固定不变的程序与数据，其优点是切断机器电源后，ROM 中的信息仍然保留不会改变。

第 24 套题

1．B

评析：RAM 用于存放当前使用的程序、数据、中间结果和与外存交换的数据。

2．C

评析：内存中存放的是当前运行的程序和程序所用的数据，属于临时存储器；外存属于永久性存储器，存放着暂时不用的数据和程序。

3．A

评析：CPU 的性能指标直接决定了由它构成的微型计算机系统的性能指标。CPU 的性能指标主要包括字长和时钟主频。字长表示 CPU 每次处理数据的能力；时钟主频以 MHz（兆赫兹）为单位来度量。时钟主频越高，其处理数据的速度相对也就越快。

4．B

评析：计算机硬件只能直接识别机器语言。

5．D

析：IE 的收藏夹提供保存 Web 页面地址的功能。它有两个优点：一、收入收藏夹的网页地址可由浏览者给定一个简明的名字以便记忆，当鼠标指针指向此名字时，会同时显示对应的 Web 页地址。单击该名字便可转到相应的 Web 页，省去了键入地址的麻烦。二、收藏夹的机理很像资源管理器，其管理、操作都很方便。

6．C

评析：系统软件主要包括操作系统、语言处理系统、系统性能检测和实用工具软件等。其中最主要的是操作系统，它提供了一个软件运行的环境，如在微机中使用最为广泛的微软公司的 Windows 系统。Windows Vista 为微软 Windows 系列操作系统的一个版本。

7．C

评析：常用的存储容量单位有：字节（Byte）、KB（千字节）、MB（兆字节）、GB（千兆字节）。它们之间的关系为：

1 字节（Byte）=8 个二进制位（bit）；

1KB=1024B；

1MB=1024KB；

1GB=1024MB。

8．B

评析：1946 年 2 月 15 日，第一台电子计算机 ENIAC 在美国宾夕法尼亚大学诞生了。

9．B

评析：ADSL 是非对称数字用户线的缩写；ISP 是因特网服务提供商；TCP 是协议。

10．A

评析：汉字的机内码是将国标码的两个字节的最高位分别置 1 得到的。机内码和其国标码之差总是 8080H。

11．D

评析：计算机网络系统具有丰富的功能，其中最主要的是资源共享和快速通信。

12．C

评析：防火墙是指为了增强机构内部网络的安全性而设置在不同网络或网络安全域之间的一系列部件的组合。它可以通过监测、限制、更改跨越防火墙的数据流，尽可能地对外部屏蔽网络内部的信息、结构和运行状况，以此来实现网络的安全防护。

13．C

评析：鼠标、键盘、扫描仪、条码阅读器都属于输入设备。打印机、显示器、绘图仪属于输出设备。CD-ROM 驱动器、硬盘属于存储设备。

14．A

评析：冯·诺伊曼（Von Neumann）在研制 EDVAC 计算机时，提出把指令和数据一同存储起来，让计算机自动地执行程序。

15．A

评析：域名的格式：主机名.机构名.网络名.最高层域名，顶级域名主要包括：COM 表示商业机构；EDU 表示教育机构；GOV 表示政府机构；MIL 表示军事机构；NET 表示网络支持中心；ORG 表示国际组织。

16．B

评析：计算机病毒是一种人为编制的制造故障的计算机程序。预防计算机病毒的主要方法是：

（1）不随便使用外来软件，对外来软盘必须先检查、后使用。

（2）严禁在微型计算机上玩游戏。

（3）不用非原始软盘引导机器。

（4）不要在系统引导盘上存放用户数据和程序。

（5）保存重要软件的复制件。

（6）给系统盘和文件加以写保护。

（7）定期对硬盘作检查，及时发现病毒、消除病毒。

17．A

评析：数制也称计数制，是指用同一组固定的字符和统一的规则来表示数值的方法。十进制（自然语言中）通常用 0～9 表示，二进制（计算机中）用 0 和 1 表示，八进制用 0～7 表示，十六进制用 0～F 表示。

（1）十进制整数转换成二进制（八进制、十六进制）整数的转换方法：用十进制数除以二（八、十六），第一次得到的余数为最低有效位，最后一次得到的余数为最高有效位。

（2）二（八、十六）进制整数转换成十进制整数的转换方法：将二（八、十六）进制数按权展开，求累加和便可得到相应的十进制数。

（3）二进制数与八进制数之间的转换方法：3 位二进制数可转换为 1 位八进制数，1 位八进制数可以转换为 3 位二进制数。

二进制数与十六进制数之间的转换方法：4 位二进制数可转换为 1 位十六进制数，1 位十六进制数可转换为 4 位二进制数。

18．D

评析：m 的 ASCII 码值为 6DH，6DH 为十六进制数（在进制中的最后一位，B 代表的是二进制数，同理 D 表示的是十进制数，O 表示的是八进制数，H 表示的是十六进制数），用十进制表示为 6*16+13=109（D 对应十进制数为 13），q 的 ASCII 码值在 m 后面 4 位，即 113，对应转换为十六进制数 71H。

19．C

评析：把一个十进制数转换成等值的二进制数，需要对整数部分和小数部分别进行转换。十进制整数转换为二进制整数，十进制小数转换为二进制小数。

（1）整数部分的转换

十进制整数转换成二进制整数，通常采用除 2 取余法。就是将已知十进制数反复除以 2，在每次相除之后，若余数为 1，则对应于二进制数的相应位为 1，否则为 0。首次除法得到的余数是二进制数的最低位，最末一次除法得到的余数是二进制数的最高位。

（2）小数部分的转换

十进制纯小数转换成二进制纯小数，通常采用乘 2 取整法。所谓乘 2 取整法，就是将已知的十进制纯小数反复乘以 2，每次乘 2 以后，所得新数的整数部分若为 1，则二进制纯小数的相应位为 1；若整数部分为 0，则相应位为 0。从高位到低位逐次进行，直到满足精度要求或乘 2 后的小数部分是 0 为止。第一次乘 2 所得的整数记为 R_1，最后一次记为 R_M，转换后的纯二进制小数为：$R_1R_2R_3 \cdots\cdots R_M$。

因此：127/2=63……1

63/2=31……1

31/2=15……1

15/2=7……1

7/2=3……1

3/2=1……1

1/2=0……1

20．A

评析：在计算机软件中最重要且最基本的就是操作系统（OS），它是最底层的软件，控制计算机运行的所有程序并管理整个计算机的资源，是计算机裸机与应用程序及用户之间的桥梁。没有它，用户也就无法使用某种软件或程序。

第 25 套题

1．C

评析：第一代计算机的主要特点是采用电子管作为基本元件。

第二代计算机主要采用晶体管作为基本元件，体积缩小、功耗降低，提高了速度和可靠性。

第三代计算机采用集成电路作为基本元件，体积减小，功耗、价格等进一步降低，速度及可靠性则有更大的提高。

第四代是大规模和超大规模集成电路计算机。

2．A

评析：在 ASCII 码表中，ASCII 码值从小到大的排列顺序是：空格字符、数字、大写英文字母、小写英文字母。

3．B

评析：软件系统可以分为系统软件和应用软件两大类。

系统软件由一组控制计算机系统并管理其资源的程序组成，其主要功能包括：启动计算机，存储、加载和执行应用程序，对文件进行排序、检索，将程序语言翻译成机器语言等。

操作系统是直接运行在“裸机”上的最基本的系统软件。

本题中 Linux、UNIX 和 Windows XP 都属于操作系统。而其余选项都属于计算机的应用软件。

4．A

评析：CPU 的性能指标直接决定了由它构成的微型计算机系统的性能指标。CPU 的性能指标主要包括字长和时钟主频。字长是指计算机运算部件一次能同时处理的二进制数据的位数。

5．C

评析：计算机操作系统的五大功能包括：处理器管理、存储管理、文件管理、设备管理和作业管理。

6．B

评析：常用的存储容量单位有：字节（Byte）、KB（千字节）、MB（兆字节）、GB（千兆字节）。它们之间的关系为：

1 字节（Byte）=8 个二进制位（bit）；

1KB=1024B；

1MB=1024KB；

1GB=1024MB。

7．C

评析：数制也称计数制，是指用同一组固定的字符和统一的规则来表示数值的方法。十进制（自然语言中）通常用 0～9 来表示，二进制（计算机中）用 0 和 1 表示，八进制用 0～7 表示，十六进制用 0～F 表示。

（1）十进制整数转换成二进制（八进制、十六进制）整数的转换方法：用十进制数除以二（八、十六），第一次得到的余数为最低有效位，最后一次得到的余数为最高有效位。

（2）二（八、十六）进制整数转换成十进制整数的转换方法：将二（八、十六）进制数按权展开，求累加和便可得到相应的十进制数。

（3）二进制数与八进制数之间的转换方法：3 位二进制数可转换为 1 位八进制数，1 位八进制数可以转换为 3 位二进制数。

二进制数与十六进制数之间的转换方法：4 位二进制数可转换为 1 位十六进制数，1 位十六进制数可转换为 4 位二进制数。

因此：18/2=9……0

9/2=4……1

4/2=2……0

2/2=1……0

1/2=0……1

所以转换后的二进制数为 010010。

8．D

评析：环型拓扑结构是共享介质局域网的主要拓扑结构之一。在环型拓扑结构中，多个结点共享一条环通路。

9．B

评析：计算机病毒是人为编写的特殊小程序，能够侵入计算机系统并在计算机系统中潜伏、传播，破坏系统正常工作并具有繁殖能力。它可以通过读/写移动存储器或 Internet 进行传播。

10．B

评析：硬件系统和软件系统是计算机系统两大组成部分。输入/输出设备、主机和外部设备属于硬件系统。系统软件和应用软件属于软件系统。

11．C

评析：本题的考查知识点是计算机语言。

机器语言和汇编语言称为计算机低级语言，C 语言等在表示上接近自然语言和数学语言，称为高级语言。编译程序把高级语言写的源程序转换为机器指令的程序，即目标程序。源程序经过编译生成目标文件，然后经过链接程序产生可执行程序。

12．C

评析：所谓防火墙指的是一个由软件和硬件设备组合而成、在内部网和外部网之间、专用网与公共网之间的界面上构造的保护屏障，是一种获取安全性方法的形象说法，它是一种计算机硬件和软件的结合，使 Internet 与 Intranet 之间建立起一个安全网关（Security Gateway），从而保护内部网免受非法用户的侵入。防火墙主要由服务访问规则、验证工具、包过滤和应用网关四部分组成。防火墙就是一个位于计算机和它所连接的网络之间的软件或硬件，该计算机流入流出的所有网络通信和数据包均要经过此防火墙。

13．B

评析：CPU 包括运算器和控制器两大部件，可以直接访问内存储器，而硬盘属于外存，故不能直接读取；存储程序和数据的部件是存储器。

14．A

评析：计算机的内存是按字节来进行编址的，每一个字节的存储单元对应一个地址编码。

15．B

评析：机器指令是一个按照一定的格式构成的二进制代码串，一条机器指令包括两个部分：操作性质部分、操作对象部分。基本格式为：

操作码	源操作数（或地址）	目的操作数地址

操作码指示指令所要完成的操作，如加法、减法、数据传送等；操作数指示指令执行过程中所需要的数据，如加法指令中的加数、被加数等，这些数据可以是操作数本身，也可以来自某寄存器或存储单元。

16．C

评析：网络接口卡（简称网卡）是构成网络必需的基本设备，用于将计算机和通信电缆连接在一起，以便经电缆在计算机之间进行高速数据传输。因此，每台连接到局域网的计算机（工作站或服务器）都需要安装一块网卡。

17．D

评析：机器语言和汇编语言都是“低级”的语言，而高级语言则是一种用表达各种意义的“词”和“数学公式”按照一定的语法规则编写程序的语言，如 C、C++、Visual C++、Visual Basic、FORTRAN 等，其中 FORTRAN 语言是世界上最早出现的计算机高级程序设计语言。

18．C

评析：计算机网络是由多个互连的结点组成的，结点之间要做到有条不紊地交换数据，每个结点都必须遵守一些事先约定好的原则。这些规则、约定与标准被称为网络协议（Protocol）。

19．D

评析：绘图仪是输出设备，网络摄像头和手写笔是输入设备，磁盘驱动器既可以做输入设备，也可以做输出设备。

20．D

评析：数据传输速率是描述数据传输系统的重要技术指标之一。数据传输速率在数值上，等于每秒钟传输构成数据代码的二进制比特数，它的单位为比特/秒（bit/second），通常记作 bps，其含义是二进制位/秒。

第 26 套题

1．D

评析：信息处理是目前计算机应用最广泛的领域之一，信息处理是指用计算机对各种形式的信息（如文字、图像、声音等）收集、存储、加工、分析和传送的过程。

2．A

评析：ISP（Internet Service Provider）是指因特网服务提供商。

3．A

评析：数字的 ASCII 码值从 0～9 依次增大，其后是大写字母，其 ASCII 码值从 A～Z 依次增大，再后面是小写字母，其 ASCII 码值从 a～z 依次增大。

4．B

评析：一个完整的电子邮箱地址应包括用户名和主机名两部分，用户名和主机名之间用@相分隔。

5．C

评析：用高级程序设计语言编写的程序称为源程序，源程序不可直接运行。要在计算机上使用高级语言，必须先经过编译，把用高级语言编制的程序翻译成机器指令程序，再经过链接装配，把经编译程序产生的目标程序变成可执行的机器语言程序，这样才能使用该高级语言程序。

6．B

评析：把一个十进制数转换成等值的二进制数，需要对整数部分和小数部分别进行转换。十进制整数转换为二进制整数，十进制小数转换为二进制小数。

（1）整数部分的转换

十进制整数转换成二进制整数，通常采用除 2 取余法。就是将已知十进制数反复除以 2，在每次相除之后，若余数为 1，则对应于二进制数的相应位为 1，否则为 0。首次除法得到的余数是二进制数的最低位，最末一次除法得到的余数是二进制数的最高位。

（2）小数部分的转换

十进制纯小数转换成二进制纯小数，通常采用乘 2 取整法。所谓乘 2 取整法，就是将已知的十进制纯小数反复乘以 2，每次乘 2 以后，所得新数的整数部分若为 1，则二进制纯小数的相应位为 1；若整数部分为 0，则相应位为 0。从高位到低位逐次进行，直到满足精度要求或乘 2 后的小数部分是 0 为止。第一次乘 2 所得的整数记为 R_1，最后一次记为 R_M，转换后的纯二进制小数为：$R_1R_2R_3$……R_M。

因此：64/2=32……0

32/2=16……0

16/2=8……0

8/2=4……0

4/2=2……0

2/2=1……0

1/2=0……1

7．C

评析：常用的存储容量单位有：字节（Byte）、KB（千字节）、MB（兆字节）、GB（千兆字节）。它们之间的关系为：

1 字节（Byte）=8 个二进制位（bit）；

1KB=1024B；

1MB=1024KB；

1GB=1024MB。

8．B

评析：操作系统的主要功能是对计算机的所有资源进行控制和管理，为用户使用计算机提供方便。

9．B

评析：计算机病毒是指编制或者在计算机程序中插入的破坏计算机功能或者破坏数据，影响计算机使用并且能够自我复制的一组计算机指令或者程序代码。

10．D

评析：硬件系统和软件系统是计算机系统两大组成部分。输入/输出设备、主机和外部设备属于硬件系统。系统软件和应用软件属于软件系统。

11．B

评析：计算机网络中常用的传输介质有双绞线、同轴电缆和光纤。在三种传输介质中，双绞线的地理范围最小、抗干扰性最低；同轴电缆的地理范围中等、抗干扰性中等；光纤的性能最好、不受电磁干扰或噪声影响、传输速率最高。

12．D

评析：用汇编语言编写程序与机器语言相比，除较直观和易记忆外，仍然存在工作量大、面向机器，无通用性等缺点，所以一般称汇编语言为“低级语言”，它仍然依赖于具体的机器。

13．C

评析：RAM，也称为临时存储器。RAM 中存储当前使用的程序、数据、中间结果和与外存交换的数据，CPU 根据需要可以直接读/写 RAM 中的内容。RAM 有两个主要的特点：一是其中的信息随时可以读出或写入，当写入时，原来存储的数据将被冲掉；二是加电使用时其中的信息会完好无缺，但是一旦断电（关机或意外掉电），RAM 中存储的数据就会消失，而且无法恢复。

14．D

评析：防火墙被嵌入到驻地网和 Internet 之间，从而建立受控制的连接并形成外部安全墙或者说是边界。这个边界的目的在于防止驻地网收到来自 Internet 的攻击，并在安全性将受到影响的地方形成阻塞点。防火墙可以是一台计算机系统，也可以是由两台或更多的系统协同工作起到防火墙的作用。

15．C

评析：世界上第一台电子计算机 ENIAC 是 1946 年在美国诞生的，它主要采用电子管和继电器，主要用于弹道计算。

16．D

评析：本题的考查知识点是宽带接入技术。

ADSL（Asymmetric Digital Subscriber Line）是非对称数字用户线，下行带宽要高于上行带宽，使用该方式接入国际互联网，需要安装 ADSL 调制解调器，利用用户现有电话网中的用户线进行上网。

17．C

评析：控制器主要是用以控制和协调计算机各部件自动、连续地执行各条指令。

18．B

评析：指令系统也称机器语言。每条指令都对应一串二进制代码。

19．D

评析：建立计算机网络的主要目的是为了实现数据通信和资源共享。计算机网络最突出的优点是共享资源。

20．D

评析：在 ASCII 码表中，ASCII 码值从小到大的排列顺序是：数字、大写英文字母、小写英文字母。

第 27 套题

1．C

评析：外部设备包括输入设备和输出设备。其中扫描仪是输入设备，常有的输入设备还有：鼠标、键盘、手写板等。

2．D

评析：超文本传输协议（HTTP）是一种通信协议，它允许将超文本标记语言（HTML）文档从 Web 服务器传送到 Web 浏览器。

3．A

评析：计算机存储器分为两大类：内存储器和外存储器。内存储器是主机的一个组成部分，它与 CPU 直接进行数据的交换，而外存储器不能直接与 CPU 进行数据信息交换，必须通过内存储器才能与 CPU 进行信息交换。相对来说外存储器的存取速度没有内存储器的存取速度快。U 盘、光盘和固定硬盘都是外存储器。

4．B

评析：计算机病毒是一种通过自我复制进行传染的、破坏计算机程序和数据的小程序。在计算机运行过程中，它们能把自己精确拷贝或有修改地拷贝到其他程序中或某些硬件中，从而达到破坏其他程序及某些硬件的目的。

5．B

评析：因特网是通过路由器或网关将不同类型的物理网互联在一起的虚拟网络。它采用 TCP/IP 协议控制各网络之间的数据传输，采用分组交换技术传输数据。

TCP/IP 是用于计算机通信的一组协议。TCP/IP 由网络接口层、网际层、传输层、应用层四个层次组成。其中，网络接口层是最底层，包括各种硬件协议，面向硬件；应用层面向用户，提供一组常用的应用程序，如电子邮件、文件传送等。

6．D

评析：计算机的主要特点表现在以下几个方面：

（1）运算速度快。

（2）计算精度高。

（3）存储容量大。

（4）具有逻辑判断功能。

（5）自动化程度高，通用性强。

7．C

评析：ASCII 码是世界公认的标准信息交换码，7 位版的 ASCII 码共有 2^7=128 个字符。

其中 0 的 ASCII 码值是 30H；A～Z 的 ASCII 码值是 41H～5AH；a～z 的 ASCII 码值是 61H～7AH；空字符为 0。

8．D

评析：中央处理器（CPU）主要包括运算器和控制器两大部件，它是计算机的核心部件。

9．B

评析：TCP/IP 协议是指传输控制协议/网际协议，它的主要功能是保证可靠的数据传输。

10．A

评析：汇编语言需要经过汇编程序转换成可执行的机器语言，才能在计算机上运行。汇编不同于机器语言，不能直接在计算机上执行。

11．C

评析：Hz 是度量所有物体频率的基本单位，由于 CPU 的时钟频率很高，所以 CPU 时钟频率的单位用 GHz 表示。

12．A

评析：一个完整的电子邮箱地址应包括用户名和主机名两部分，用户名和主机名之间用@相分隔。

13. B

评析：数制也称计数制，是指用同一组固定的字符和统一的规则来表示数值的方法。十进制（自然语言中）通常用 0～9 表示，二进制（计算机中）用 0 和 1 表示，八进制用 0～7 表示，十六进制用 0～F 表示。

（1）十进制整数转换成二进制（八进制、十六进制）整数的转换方法：用十进制数除以二（八、十六），第一次得到的余数为最低有效位，最后一次得到的余数为最高有效位。

（2）二（八、十六）进制整数转换成十进制整数的转换方法：将二（八、十六）进制数按权展开，求累加和便可得到相应的十进制数。

（3）二进制数与八进制数之间的转换方法：3 位二进制数可转换为 1 位八进制数，1 位八进制数可以转换为 3 位二进制数。

二进制数与十六进制数之间的转换方法：4 位二进制数可转换为 1 位十六进制数，1 位十六进制数可转换为 4 位二进制数。

因此：29/2=14……1

14/2=7……0

7/2=3……1

3/2=1……1

1/2=0……1

所以转换后的二进制数为 11101。

14. B

评析：操作系统是运行在计算机硬件上的、最基本的系统软件，是系统软件的核心。

15. D

评析：计算机之所以能按人们的意志自动进行工作，从计算机的组成来看，一个完整计算机系统由硬件系统和软件系统两部分组成，在计算机硬件中 CPU 用来完成指令的解释与执行。存储器主要用来完成存储功能，正是由于计算机的存储、自动解释和执行功能使得计算机能按人们的意志快速自动地完成工作。

16. C

评析：计算机语言具有高级程序设计语言和低级程序设计语言之分。而高级程序设计语言又主要是相对于汇编语言而言的，它是较接近自然语言和数学公式的语言，基本脱离了机器的硬件系统，用人们更易理解的方式编写程序。

用高级程序设计语言编写的源程序在计算机中是不能直接执行的，必须翻译成机器语言后程序才能执行，所以执行效率不高。

面向对象程序设计语言属于高级程序设计语言，可移植性较好。

17. B

评析：文件管理系统负责文件的存储、检索、共享和保护，并按文件名管理的方式为用户提供操作文件的方便。

18. A

评析：常用的存储容量单位有：字节（Byte）、KB（千字节）、MB（兆字节）、GB（吉字节）。它们之间的关系为：

1 字节（Byte）=8 个二进制位（bit）；

1KB=1024B；

1MB=1024KB；

1GB=1024MB。

19．B

评析：DVD 光盘存储密度高，一面光盘可以分单层或双层存储信息，一张光盘有两面，最多可以有 4 层存储空间，所以，存储容量极大。

20．B

评析：密码强度是对密码安全性给出的评级。一般来说，密码强度越高，密码就越安全。高强度的密码应该包括大小写字母、数字和符号，且长度不宜过短。在本题中，“nd@YZ@g1”采取大小写字母、数字和字符相结合的方式，相对其他选项来说密码强度要高，因此密码设置最安全。

第 28 套题

1．B

评析：局域网硬件中主要包括工作站、网络适配器、传输介质和交换机。

2．B

评析：Internet 最早来源于美国国防部高级研究计划局（DARPA）的前身 ARPA 建立的 ARPAnet，该网于 1969 年投入使用。最初，ARPAnet 主要用于军事研究目的。

3．C

评析：Pentium 微机的字长是 32 位。

4．D

评析：汉字字库是由所有汉字的字模信息构成的。一个汉字字模信息占若干字节，究竟占多少个字节由汉字的字形决定。例如，48×48 点阵字一个字占（48×48）个点，一个字节占 8 个点，所以 48×48 点阵字一个字就占（6×48）=288 字节。

5．B

评析：所谓解释程序是高级语言翻译程序的一种，它将源语言（如 BASIC）书写的源程序作为输入，解释一句后就提交计算机执行一句，并不形成目标程序。

6．A

评析：数制也称计数制，是指用同一组固定的字符和统一的规则来表示数值的方法。十进制（自然语言中）通常用 0～9 表示，二进制（计算机中）用 0 和 1 表示，八进制用 0～7 表示，十六进制用 0～F 表示。

（1）十进制整数转换成二进制（八进制、十六进制）整数的转换方法：用十进制数除以二（八、十六），第一次得到的余数为最低有效位，最后一次得到的余数为最高有效位。

（2）二（八、十六）进制整数转换成十进制整数的转换方法：将二（八、十六）进制数按权展开，求累加和便可得到相应的十进制数。

（3）二进制数与八进制数之间的转换方法：3 位二进制数可转换为 1 位八进制数，1 位八进制数可以转换为 3 位二进制数。

二进制数与十六进制数之间的转换方法：4 位二进制数可转换为 1 位十六进制数，1 位十六进制数可转换为 4 位二进制数。

因此：32/2=16……0

16/2=8……0

8/2=4……0

4/2=2……0

2/2=1……0

1/2=0……1

所以转换后的二进制数为 100000。

7．D

评析：激光打印机属非击打式打印机，优点是无噪声、打印速度快、打印质量最好，缺点是设备价格高、耗材贵，打印成本在打印机中最高。

8．C

评析：所谓 IP 地址就是给每个连接在 Internet 上的主机分配的一个地址。IP 地址的长度为 32 位，分为 4 段，每段 8 位，若用十进制数字表示，每段数字范围为 0～255，段与段之间用句点隔开。

9．C

评析：计算机网络系统具有丰富的功能，其中最主要的是资源共享和快速通信。

10．D

评析：计算机病毒可以通过有病毒的软盘传染，还可以通过网络进行传染。

11．C

评析：计算机软件可以划分为系统软件和应用软件两大类。系统软件包含程序设计语言处理程序、操作系统、数据库管理系统以及各种通用服务程序等。应用软件是为解决实际应用问题而开发的软件的总称。它涉及计算机应用的所有领域，各种科学计算的软件和软件包、各种管理软件、各种辅助设计软件和过程控制软件都属于应用软件范畴。

12．B

评析：写盘就是通过磁头往介质写入信息数据的过程。

读盘就是磁头读取存储在介质上的数据的过程，比如硬盘磁头读取硬盘中的信息数据、光盘磁头读取光盘信息等。

13．C

评析：中央处理器（CPU）主要包括运算器和控制器两大部件，它是计算机的核心部件。CPU 是一体积不大而元件集成度非常高、功能强大的芯片。计算机的所有操作都受 CPU 控制，所以它的品质直接影响着整个计算机系统的性能。

14．B

评析：ASCII 码是二进制代码，而 ASCII 码表的排列顺序是按十进制数排列，包括英文小写字母、英文大写字母、各种标点符号及专用符号、功能符等。字符 A 的 ASCII 码值是 68-3=65。

15．B

评析：计算机存储器可分为两大类：内存储器和外存储器。内存储器是主机的一个组成部分，它与 CPU 直接进行数据的交换，而外存储器不能直接与 CPU 进行数据信息交换，必须通过内存储器才能与 CPU 进行信息交换，相对来说外存储器的存取速度没有内存储器的存取速度快。U 盘、光盘和固定硬盘都是外存储器。

16．B

评析： 世界上第一台电子计算机采用电子管作为基本元件，主要应用于数值计算领域。

17．A

评析： Windows 操作系统是一单用户多任务操作系统，经过十几年的发展，从 Windows 3.1 发展到 Windows NT，Windows 2000 和 Windows XP，目前最新版本为 Windows 10。

18．B

评析： 采样频率，也称为采样速度或者采样率，定义了每秒从连续信号中提取并组成离散信号的采样个数，它用赫兹（Hz）来表示。采样频率越高，即采样的间隔时间越短，则在单位时间内计算机得到的声音样本数据就越多，对声音波形的表示也越精确。

19．A

评析： 硬件系统和软件系统是计算机系统两大组成部分。输入设备和输出设备、主机和外部设备属于硬件系统。系统软件和应用软件属于软件系统。

20．C

评析： 面向对象程序设计语言属于高级程序设计语言。

第 29 套题

1．A

评析： 域名的格式：主机名.机构名.网络名.最高层域名。顶级域名主要包括：COM 表示商业机构；EDU 表示教育机构；GOV 表示政府机构；MIL 表示军事机构；NET 表示网络支持中心；ORG 表示国际组织。

2．A

评析： 汇编语言是一种把机器语言“符号化”的语言，汇编语言的指令和机器指令基本上一一对应。机器语言直接用二进制代码，而汇编语言指令采用了助记符。高级语言具有严格的语法规则和语义规则，在语言表示和语义描述上，它更接近人类的自然语言（指英语）和数学语言。因此与高级语言相比，汇编语言编写的程序执行效率更高。

3．B

评析： 24×24 点阵表示在一个 24×24 的网格中用点描出一个汉字，整个网格分为 24 行 24 列，每个小格用 1 位二进制编码表示。从上到下，每一行需要 24 个二进制位，占三个字节，故用 24×24 点阵描述整个汉字的字形需要 24×3=72 个字节的存储空间。存储 1024 个汉字字形需要 72 个千字节的存储空间（1024×72B/1KB=72KB）。

4．C

评析： 在微机的配置中看到“P4 2.4G”字样，其中“2.4G”表示处理器的时钟频率是 2.4GHz。

5．B

评析： ROM（Read Only Memory）的中文译名是只读存储器。

6．A

评析： ASCII 码是美国标准信息交换码，用 7 位二进制数来表示一个字符的编码。

7．C

评析： 二进制数中出现的数字字符只有两个：0 和 1。每一位计数的原则为“逢二进一”。所以，当 D>1 时，其相对应的 B 的位数必多于 D 的位数；当 D＝0,1 时，则 B＝D 的位数。

8. C

评析：内存储器按功能分为随机存取存储器（RAM）和只读存储器（ROM）。CPU 对 ROM 只取不存，里面存放的信息一般由计算机制造厂写入并经固化处理，用户是无法修改的。即使断电，ROM 中的信息也不会丢失。

9. C

评析：邮件服务器构成了电子邮件系统的核心。每个电子邮箱用户都有一个位于某个邮件服务器上的邮箱。

10. D

评析：内置有无线网卡的笔记本电脑、具有上网功能的手机和平板电脑均可以利用无线移动网络上网。

11. A

评析：鼠标和键盘都属于输入设置，打印机、显示器和绘图仪都是输出设备。

12. A

评析：音频信号数字化是把模拟信号转换成数字信号，此过程称为 A/D 转换（模数转换），它主要包括：

采样：在时间轴上对信号数字化；

量化：在幅度轴上对信号数字化；

编码：按一定格式记录采样和量化后的数字数据。

实现音频信号数字化最核心的硬件电路是 A/D 转换器。

13. C

评析：计算机能直接识别并执行用机器语言编写的程序，机器语言编写的程序执行效率最高。

14. D

评析：TCP/IP 是用来将计算机和通信设备组织成网络的一大类协议的统称。更通俗的说，Internet 依赖于数以千计的网络和数以百万计的计算机。而 TCP/IP 就是使所有这些连接在一起的“粘合剂”。

15. B

评析：计算机软件系统包括系统软件和应用软件，系统软件又包括解释程序、编译程序、监控管理程序、故障检测程序，还有操作系统等。

Windows 操作系统是一单用户多任务操作系统。

16. C

评析：操作系统以扇区为单位对磁盘进行读/写操作，扇区是磁盘存储信息的最小物理单位。

17. C

评析：系统软件和应用软件是组成计算机软件系统的两部分。系统软件主要包括操作系统、语言处理系统、系统性能检测和实用工具软件等，数据库管理系统也属于系统软件。

18. D

评析：计算机病毒是一种通过自我复制进行传染的、破坏计算机程序和数据的小程序。在计算机运行过程中，它们能把自己精确拷贝或有修改地拷贝到其他程序中或某些硬件中，从而达到破坏其他程序及某些硬件的作用。

19．B

评析：在计算机内部用来传送、存储、加工处理的数据或指令都是以二进制码形式进行的。

20．C

评析：CAD：Computer Aided Design，计算机辅助设计。

CAM：Computer Aided Manufacturing，计算机辅助制造。

CAI：Computer Aided Instruction，计算机辅助教学。

第 30 套题

1．A

评析：数制也称计数制，是指用同一组固定的字符和统一的规则来表示数值的方法。十进制（自然语言中）通常用 0～9 表示，二进制（计算机中）用 0 和 1 表示，八进制用 0～7 表示，十六进制用 0～F 表示。

（1）十进制整数转换成二进制（八进制、十六进制）整数的转换方法：用十进制数除以二（八、十六），第一次得到的余数为最低有效位，最后一次得到的余数为最高有效位。

（2）二（八、十六）进制整数转换成十进制整数的转换方法：将二（八、十六）进制数按权展开，求累加和便可得到相应的十进制数。

（3）二进制数与八进制数之间的转换方法：3 位二进制数可转换为 1 位八进制数，1 位八进制数可以转换为 3 位二进制数。

二进制数与十六进制数之间的转换方法：4 位二进制数可转换为 1 位十六进制数，1 位十六进制数可转换为 4 位二进制数。

因此：60/2=30……0

30/2=15……0

15/2=7……1

7/2=3……1

3/2=1……1

1/2=0……1

所以转换后的二进制数为 111100。

2．C

评析：在标准 ASCII 编码表中，数字、大写英文字母、小写英文字母数值依次增加。

3．A

评析：程序设计语言通常分为：机器语言、汇编语言和高级语言三类。机器语言是计算机唯一能够识别并直接执行的语言。必须用翻译的方法把高级语言源程序翻译成等价的机器语言程序才能在计算机上执行。目前流行的高级语言有 C、C++、Visual Basic 等。

4．A

评析：RAM 用于存放当前使用的程序、数据、中间结果和与外存交换的数据。

5．C

评析：MIPS 是 Million of Instructions Per Second 的缩写，亦即每秒钟所能执行的机器指令的百万条数。

6．A

评析：CAD——计算机辅助设计、CAM——计算机辅助制造、CIMS——计算机集成制造系统、CAI——计算机辅助教学。

7．D

评析：磁盘是可读取的，既可以从磁盘读出数据输入计算机，又可以从计算机里取出数据输出到磁盘。

8．B

评析：字长是指计算机运算部件一次能同时处理的二进制数据的位数；运算器主要对二进制数进行算术运算或逻辑运算；SRAM 的集成度低于 DRAM。

9．A

评析：盘片两面均被划分为 80 个同心圆，每个同心圆称为一个磁道，磁道的编号是：最外面为 0 磁道，最里面为 79 磁道。每个磁道分为等长的 18 段，段又称为扇区，每个扇区可以记录 512 个字节。磁盘上所有信息的读写都以扇区为单位进行。

10．D

评析：调制解调器（Modem）的作用是：将计算机数字信号与模拟信号互相转换，以便数据传输。

11．C

评析：分时操作系统：不同用户通过各自的终端以交互方式共用一台计算机，计算机以“分时”的方法轮流为每个用户服务。分时系统的主要特点是：多个用户同时使用计算机的同时性，人机问答的交互性，每个用户独立使用计算机的独占性，以及系统响应的及时性。

12．A

评析：中央处理器（CPU）主要包括运算器和控制器两大部件，它是计算机的核心部件。CPU 是一体积不大而元件集成度非常高、功能强大的芯片。计算机的所有操作都受 CPU 控制，所以它的品质直接影响着整个计算机系统的性能。

13．B

评析：硬件系统和软件系统是计算机系统两大组成部分。输入/输出设备、主机和外部设备属于硬件系统。系统软件和应用软件属于软件系统。

14．C

评析：声音的计算公式为：(采样频率 Hz *量化位数 bit *声道数)/8，单位为字节/秒。

按题面的计算即为：(10000Hz*16 位*2 声道)/8*60 秒=2400000B，由于 1KB 约等于 1000B，1MB 约等于 1000KB，则 2400000B 约等于 2.4MB。

15．C

评析：计算机网络系统具有丰富的功能，其中最主要的是资源共享和快速通信。

16．D

评析：所谓高级语言是一种用表达各种意义的“词”和“数学公式”按照一定的“语法规则”编写程序的语言。高级语言的使用，大大提高了编写程序的效率，改善了程序的可读性。

机器语言是计算机唯一能够识别并直接执行的语言。由于机器语言中每条指令都是一串二进制代码，因此可读性差、不易记忆；编写程序既难又繁，容易出错；程序的调试和修改难度也很大。

汇编语言不再使用难以记忆的二进制代码，而是使用比较容易识别、记忆的助记符号。汇编语言和机器语言的性质差不多，只是表示方法上的改进。

17．C

评析：广域网（Wide Area Network），也叫远程网络；局域网的英文全称是 Local Area Network；城域网的英文全称是 Metropolitan Area Network。

18．B

评析：整个互联网是一个庞大的计算机网络。为了实现互联网中计算机的相互通信，网络中的每一台计算机（也称为主机，host）必须有一个唯一的标识，该标识就称为 IP 地址。

19．C

评析：计算机软件分为系统软件和应用软件两大类。操作系统、数据库管理系统等属于系统软件。应用软件是用户利用计算机以及它所提供的系统软件、编制解决用户各种实际问题的程序。

20．B

评析：写邮件时，除了发件人地址之外，另一项必须要填写的是收件人地址。

第 31 套题

1．D

评析：计算机病毒（Computer Viruses）并非可传染疾病给人体的那种病毒，而是一种人为编制的可以制造故障的计算机程序。它隐藏在计算机系统的数据资源或程序中，借助系统运行和共享资源而进行繁殖、传播和生存，扰乱计算机系统的正常运行，篡改或破坏系统和用户的数据资源及程序。计算机病毒不是计算机系统自生的，而是一些别有用心的破坏者利用计算机的某些弱点设计出来的，并置于计算机存储介质中使之传播的程序。

2．D

评析：存储器的容量单位从小到大依次为 Byte、KB、MB、GB。

3．B

评析：字长是计算机运算部件一次能同时处理的二进制数据的位数。

4．C

评析：所谓计算机网络是指分布在不同地理位置上的具有独立功能的多个计算机系统，通过通信设备和通信线路相互连接起来，在网络软件的管理下实现数据传输和资源共享的系统，是计算机网络技术和通信技术相结合的产物。

5．C

评析：打印机、显示器和绘图仪属于输出设备，只有鼠标属于输入设备。

6．C

评析：与高级语言程序相比，汇编程序执行效率更高。

由于机器语言程序可直接在计算机硬件级别上执行。对机器来讲，汇编语言是无法直接执行的，必须经过用汇编语言编写的程序翻译成机器语言程序，机器才能执行。因此汇编语言程序执行效率比机器语言低。

高级语言接近于自然语言，汇编语言的可移植性、可读性不如高级语言，但是相对于机器语言来说，汇编语言的可移植性、可读性要好一些。

7．A

评析：微机的硬磁盘（硬盘）通常固定安装在微机机箱内。大型机的硬磁盘则常有单独的机柜。硬磁盘是计算机系统中最重要的一种外存储器。外存储器必须通过内存储器才能与 CPU 进行信息交换。

8．D

评析：声音数字化三要素：

采样频率	量化位数	声道数
每秒钟抽取声波幅度样本的次数	每个采样点用多少二进制位表示数据范围	使用声音通道的个数
采样频率越高 声音质量越好 数据量也越大	量化位数越多 音质越好 数据量也越大	立体声比单声道的表现力丰富，但数据量翻倍
11.025kHz 22.05kHz 44.1kHz	8 位=256 16 位=65536	单声道 立体声

9．C

评析：根据 Internet 的域名代码规定，域名中的 net 表示网络中心，com 表示商业组织，gov 表示政府部门，org 表示其他组织。

10．B

评析：数制也称计数制，是指用同一组固定的字符和统一的规则来表示数值的方法。十进制（自然语言中）通常用 0～9 表示，二进制（计算机中）用 0 和 1 表示，八进制用 0～7 表示，十六进制用 0～F 表示。

（1）十进制整数转换成二进制（八进制、十六进制）整数的转换方法：用十进制数除以二（八、十六），第一次得到的余数为最低有效位，最后一次得到的余数为最高有效位。

（2）二（八、十六）进制整数转换成十进制整数的转换方法：将二（八、十六）进制数按权展开，求累加和便可得到相应的十进制数。

（3）二进制数与八进制数之间的转换方法：3 位二进制数可转换为 1 位八进制数，1 位八进制数可以转换为 3 位二进制数。

二进制数与十六进制数之间的转换方法：4 位二进制数可转换为 1 位十六进制数，1 位十六进制数可转换为 4 位二进制数。

因此：59/2=29……1

29/2=14……1

14/2=7……0

7/2=3……1

3/2=1……1

1/2=0……1

所以转换后的二进制数为 111011。

11．B

评析：CPU 由运算器和控制器两部分组成，可以完成指令的解释与执行。计算机的存储器分为内存储器和外存储器。

内存储器是计算机主机的一个组成部分，它与 CPU 直接进行信息交换，CPU 直接读取内存中的数据。

12．D

评析： Windows XP、UNIX、Linux 都属于系统软件。

管理信息系统、文字处理程序、视频播放系统、军事指挥程序、Office 2003 都属于应用软件。

13．A

评析： 超文本传输协议（HTTP）是浏览器与 WWW 服务器之间的传输协议。它建立在 TCP 基础之上，是一种面向对象的协议。

14．B

评析： 千兆以太网的传输速率为 1Gbps，1Gbps=1024Mbps=1024*1024Kbps=1024*1024*1024bps≈1000000000 位/秒。

15．B

评析： 硬件系统和软件系统是计算机系统两大组成部分。输入/输出设备、主机和外部设备属于硬件系统。系统软件和应用软件属于软件系统。

16．A

评析： RAM 用于存放当前使用的程序、数据、中间结果和与外存交换的数据。

17．C

评析： 用高级程序设计语言编写的程序具有可读性和可移植性，基本上不作修改就能用于各种型号的计算机和各种操作系统。

机器语言可以直接在计算机上运行。汇编语言需要经过汇编程序转换成可执行的机器语言后，才能在计算机上运行。

机器语言中每条指令都是一串二进制代码，因此可读性差，不容易记忆，编写程序复杂，容易出错。

18．C

评析： ASCII 码是二进制代码，而 ASCII 码表的排列顺序是按十进制数，包括英文小写字母、英文大写字母、各种标点符号及专用符号、功能符等。字符 a 的 ASCII 码是 65+32＝97。

19．D

评析： MS Office 是微软公司开发的办公自动化软件，我们所使用的 Word、Excel、PowerPoint、Outlook 等应用软件都是 Office 中的组件，所以它不是操作系统。

20．C

评析： CIMS 是英文 Computer Integrated Manufacturing Systems 的缩写，即计算机集成制造系统。

第 32 套题

1．A

评析： 100 万像素的数码相机的最高可拍摄分辨率大约是 1024×768；

200 万像素的数码相机的最高可拍摄分辨率大约是 1600×1200；

300 万像素的数码相机的最高可拍摄分辨率大约是 2048×1600；

800 万像素的数码相机的最高可拍摄分辨率大约是 3200×2400。

2．D

评析：当今社会，计算机用于信息处理，对办公自动化、管理自动化乃至社会信息化都有积极的促进作用。

3．A

评析：计算机的结构部件为：运算器、控制器、存储器、输入设备和输出设备。运算器、控制器、存储器是构成主机的主要部件，运算器和控制器又称为 CPU。

4．C

评析：数制也称计数制，是指用同一组固定的字符和统一的规则来表示数值的方法。十进制（自然语言中）通常用 0～9 来表示，二进制（计算机中）用 0 和 1 表示，八进制用 0～7 表示，十六进制用 0～F 表示。

（1）十进制整数转换成二进制（八进制、十六进制）整数的转换方法：用十进制数除以二（八、十六），第一次得到的余数为最低有效位，最后一次得到的余数为最高有效位。

（2）二（八、十六）进制整数转换成十进制整数的转换方法：将二（八、十六）进制数按权展开，求累加和便可得到相应的十进制数。

（3）二进制数与八进制数之间的转换方法：3 位二进制数可转换为 1 位八进制数，1 位八进制数可以转换为 3 位二进制数。

二进制数与十六进制数之间的转换方法：4 位二进制数可转换为 1 位十六进制数，1 位十六进制数可转换为 4 位二进制数。

因此：100/2=50……0

50/2=25……0

25/2=12……1

12/2=6……0

6/2=3……0

3/2=1……1

1/2=0……1

5．D

评析：运算速度是指计算机每秒中所能执行的指令条数，一般用 MIPS 为单位。

字长是 CPU 能够直接处理的二进制数据位数。常见的微机字长有 8 位、16 位和 32 位。

内存容量是指内存储器中能够存储信息的总字节数，一般以 KB、MB 为单位。

传输速率用 bps 或 kbps 来表示。

6．B

评析：目前微机中所广泛采用的电子元器件是：大规模和超大规模集成电路。电子管是第一代计算机所采用的逻辑元件（1946－1958），晶体管是第二代计算机所采用的逻辑元件（1959－1964），小规模集成电路是第三代计算机所采用的逻辑元件（1965－1971），大规模和超大规模集成电路是第四代计算机所采用的逻辑元件（1971－今）。

7．A

评析：操作系统是运行在计算机硬件上的、最基本的系统软件，是系统软件的核心；操作系统的五大功能模块即：处理器管理、作业管理、存储器管理、设备管理和文件管理；操作系统的种类繁多，微机型的 DOS、Windows 操作系统均属于这一类。

8．C

评析：在计算机中通常使用三个数据单位：位、字节和字。

位的概念是：最小的存储单位，英文名称是 bit，常用小写 b 或 bit 表示。

用 8 位二进制数作为表示字符和数字的基本单元，英文名称是 byte，称为字节。通常用 B 表示。

1B（字节）=8b（位）

1KB（千字节）=1024B（字节）

1MB（兆字节）=1024KB（千字节）

1GB（吉字节）=1024MB（兆字节）

字长也称为字或计算机字，它是计算机能并行处理的二进制数的位数。

9．A

评析：显示器的主要技术指标是像素、分辨率和显示器的尺寸。

10．D

评析：电子邮件首先被送到收件人的邮件服务器，存放在属于收件人的 E-mail 邮箱里。所有的邮件服务器都是 24 小时工作，随时可以接收或发送邮件，发件人可以随时上网发送邮件，收件人也可以随时连接因特网，打开自己的邮箱阅读邮件。

11．B

评析：CD-RW，是 CD-ReWritable 的缩写，为一种可以重复写入的技术，而将这种技术应用在光盘刻录机上的产品即称为 CD-RW。

12．D

评析：系统软件和应用软件是组成计算机软件系统的两部分。系统软件主要包括操作系统、语言处理系统、系统性能检测和实用工具软件等，数据库管理系统也属于系统软件。

13．B

评析：一般认为，较典型的面向对象语言有：Simula 67、Smalltalk、EIFFEL、C++、Java、C#。

14．A

评析：计算机能直接识别、执行用机器语言编写的程序，所以选项 B 是错误的。

机器语言编写的程序执行效率是所有语言中最高的，所以选项 C 是错误的。

由于每台计算机的指令系统往往各不相同，所以，在一台计算机上执行的程序，要想在另一台计算机上执行，必须另编程序，不同型号的 CPU 不能使用相同的机器语言，所以选项 D 是错误的。

15．B

评析：控制器主要是用以控制和协调计算机各部件自动、连续地执行各条指令。

16．B

评析：ASCII 码是二进制代码，而 ASCII 码表的排列顺序是按十进制数，包括英文小写字母、英文大写字母、各种标点符号及专用符号、功能符等。字母 K 的十六进制码值 4B 转化为二进制 ASCII 码值为 1001011，而 1001000=1001011-011（3），比字母 K 的 ASCII 码值小 3 的是字母H，因此二进制ASCII码1001000对应的字符是H。

17．B

评析：病毒可以通过读写U盘感染，所以最好的方法是少用来历不明的U盘。

18．A

评析：Internet 最早来源于美国国防部高级研究计划局（DARPA）的前身 ARPA 建立的ARPAnet，该网于1969年投入使用。最初，ARPAnet主要用于军事研究目的。

19．B

评析：所谓计算机网络是指分布在不同地理位置上的具有独立功能的多个计算机系统，通过通信设备和通信线路相互连接起来，在网络软件的管理下实现数据传输和资源共享的系统，是计算机网络技术和通信技术相结合的产物。

20．B

评析：硬盘通常用来作为大型机、服务器和微型机的外部存储器。

第33套题

1．C

评析：电子邮件是Internet最广泛使用的一种服务，任何用户存放在自己计算机上的电子信函可以通过Internet的电子邮件服务传递到另外的Internet用户的信箱中去。反之，也可以收到从其他用户那里发来的电子邮件。发件人和收件人均必须有E-mail账号。

2．B

评析：ASCII码是二进制代码，而ASCII码表的排列顺序是按十进制数，包括英文小写字母、英文大写字母、各种标点符号及专用符号、功能符等。字符D的ASCII码是01000001＋11（3）＝01000100。

3．A

评析：RAM可分为静态RAM（SRAM）和动态RAM（DRAM）。静态RAM是利用其中触发器的两个稳态来表示所存储的“0”和“1”的。这类存储器集成度低、价格高，但存取速度快，常用来作高速缓冲存储器（Cache）。动态RAM则是用半导体器件中分布电容上有无电荷来表示“1”和“0”的。因为保存在分布电容上的电荷会随着电容器的漏电而逐渐消失，所以需要周期性地给电容充电，称为刷新。这类存储器集成度高、价格低，但由于要周期性地刷新，所以存取速度慢。

4．B

评析：位图图像，亦称为点阵图像或绘制图像，是由称作像素（图片元素）的单个点组成的。矢量图是根据几何特性来绘制图形，矢量可以是一个点或一条线，矢量图只能靠软件生成，文件占用内存空间较小。

5．B

评析：显示器的主要性能指标为：像素与点距、分辨率与显示器的尺寸。

6．A

评析：计算机软件系统包括系统软件和应用软件，系统软件又包括解释程序、编译程序、监控管理程序、故障检测程序，还有操作系统等；应用软件是用户利用计算机以及它所提供的系统软件编制解决用户各种实际问题的程序。

C++编译程序属于系统软件；Excel 2003、学籍管理系统和财务管理系统属于应用软件。

7. C

评析：广域网也称为远程网，它所覆盖的地理范围从几十公里到几千公里。广域网的通信子网主要使用分组交换技术。

8. D

评析：信息处理是目前计算机应用最广泛的领域之一，信息处理是指用计算机对各种形式的信息（如文字、图像、声音等）收集、存储、加工、分析和传送的过程。

9. A

评析：机器语言编写的程序执行效率最高，高级语言编写的程序可读性最好，高级语言编写的程序（例如 Java）可移植性好。

10. C

评析：优盘（也称 U 盘、闪盘）是一种可移动的数据存储工具，具有容量大、读写速度快、体积小、携带方便等特点。插入任何计算机的 USB 接口都可以使用。

11. D

评析：将高级语言源程序翻译成目标程序的软件称为编译程序。

12. B

评析：常用的计算机系统技术指标为：运算速度、主频（即 CPU 内核工作的时钟频率）、字长、存储容量和数据传输速率。

13. D

评析：字长是计算机一次能够处理的二进制数位数。常见的微机字长有 8 位、16 位和 32 位。

14. B

评析：操作系统是系统软件的重要组成和核心，是最贴近硬件的系统软件，是用户同计算机的接口，用户通过操作系统操作计算机并使计算机充分实现其功能。

15. C

评析：非十进制数转换成十进制数的方法是，把各个非十进制数按权展开求和即可。即把二进制数写成 2 的各次幂之和的形式，然后计算其结果。(111111)B=1*2^5+1*2^4+1*2^3+1*2^2+1*2^1+1*2^0=(63)D。

16. B

评析：通信技术具有扩展人的神经系统传递信息的功能。

17. A

评析：远程登录服务用于在网络环境下实现资源的共享。利用远程登录，用户可以把一台终端变成另一台主机的远程终端，从而使该主机允许外部用户使用任何资源。它采用 Telnet 协议，可以使多台计算机共同完成一个较大的任务。

18. C

评析：计算机的结构部件为：运算器、控制器、存储器、输入设备和输出设备。运算器、控制器、存储器是构成主机的主要部件，运算器和控制器又称为 CPU。

19. D

评析：计算机病毒是一种通过自我复制进行传染的、破坏计算机程序和数据的小程序。在计算机运行过程中，它们能把自己精确拷贝或有修改地拷贝到其他程序中或某些硬件中，从而达到破坏其他程序及某些硬件的作用。

病毒可以通过读写U盘或Internet进行传播。一旦发现电脑染上病毒后，一定要及时清除，以免造成损失。清除病毒的方法有两种，一是手工清除，二是借助反病毒软件清除。

20．B

评析：一个二进制位（bit）是构成存储器的最小单位。

第34套题

1．B

评析：PowerPoint 2003属于应用软件，而Windows XP、UNIX和Linux属于系统软件。

2．A

评析：注意本题的要求是“完全”属于“外部设备”的一组。一个完整的计算机包括硬件系统和软件系统，其中硬件系统包括中央处理器、存储器、输入输出设备。输入输出设备就是常说的外部设备，主要包括键盘、鼠标、显示器、打印机、扫描仪、数字化仪、光笔、触摸屏、条形码读入器、绘图仪、移动存储设备等。

3．D

评析：计算机操作系统的作用是统一管理计算机系统的全部资源，合理组织计算机的工作流程，以达到充分发挥计算机资源的效能；为用户提供使用计算机的友好界面。

4．D

评析：电子邮件地址一般由用户名、主机名和域名组成，如Xiyinliu@publicl.tpt.tj.cn，其中，@前面是用户名，@后面依次是主机名、机构名、机构性质代码和国家代码。

5．C

评析：字长是指微处理器能够直接处理二进制数的位数。1个字节由8个二进制数位组成，因此4个字节由32个二进制数位组成。微机的字长是4个字节，即微处理器能够直接处理二进制数的位数为32。

6．C

评析：数字图像保存在存储器中时，其数据文件格式繁多，PC上常用的就有：JPEG格式、BMP格式、GIF格式、TIFF格式、PNG格式。以.jpg为扩展名的文件为JPEG格式图像文件。

7．C

评析：IP地址由32位二进制数组成（占4个字节），也可用十进制数表示，每个字节之间用“.”分隔开。每个字节内的数值范围可从0～255。

8．B

评析：在计算机中，指挥计算机完成某个基本操作的命令称为指令。所有的指令集合称为指令系统，直接用二进制代码表示指令系统的语言称为机器语言。

9．C

评析：优盘（也称U盘、闪盘）是一种可移动的数据存储工具，具有容量大、读写速度快、体积小、携带方便等特点。优盘有基本型、增强型和加密型三种。插入任何计算机的USB接口都可以使用。它还具备了防磁、防震、防潮等诸多特性，明显增强了数据的安全性。优盘的性能稳定，数据传输高速高效；较强的抗震性能可使数据传输不受干扰。

10．C

评析： a 的 ASCII 码值是 97，A 的 ASCII 码值是 65，空格的 ASCII 码值是 32，故 a>A>空格。

11．C

评析： 计算机病毒是一种特殊的具有破坏性的恶意计算机程序，它具有自我复制能力，可通过非授权入侵而隐藏在可执行程序或数据文件中。当计算机运行时源病毒能把自身精确拷贝或者有修改地拷贝到其他程序体内，影响和破坏正常程序的执行和数据的正确性。

12．C

评析： 光纤的传输优点为：频带宽、损耗低、重量轻、抗干扰能力强、保真度高、工作性能可靠、成本不断下降。1000BASE-LX 标准使用的是波长为 1300 米的单模光纤，光纤长度可以达到 3000m。1000BASE-SX 标准使用的是波长为 850 米的多模光纤，光纤长度可以达到 300m～550m。

13．A

评析： USB1.1 标准接口的传输率是 12Mb/s，而 USB2.0 的传输率为 480Mb/s；USB 接口即插即用，当前的计算机都配有 USB 接口；在 Windows 操作系统下，无需驱动程序，可以直接热插拔。

14．B

评析： 在计算机中通常使用三个数据单位：位、字节和字。位的概念是：最小的存储单位，英文名称是 bit，常用小写 b 或 bit 表示。用 8 位二进制数作为表示字符和数字的基本单元，英文名称是 byte，称为字节。通常用 B 表示。

1B（字节）=8b（位）

1KB（千字节）=1024B（字节）

字长：字长也称为字或计算机字，它是计算机能并行处理的二进制数的位数。

15．B

评析： 不间断电源（UPS）总是直接从电池向计算机供电，当停电时，文件服务器可使用 UPS 提供的电源继续工作。UPS 中包含一个变流器，它可以将电池中的直流电转成纯正的正弦交流电供给计算机使用。

16．A

评析： 八进制是用 0～7 的字符来表示数值的方法。

17．C

评析： 服务器：局域网中，一种运行管理软件以控制对网络或网络资源（磁盘驱动器、打印机等）进行访问的计算机，并能够为在网络上的计算机提供资源使其犹如工作站那样地进行操作。

工作站：是一种以个人计算机和分布式网络计算为基础，主要面向专业应用领域，具备强大的数据运算与图形、图像处理能力，为满足工程设计、动画制作、科学研究、软件开发、金融管理、信息服务、模拟仿真等专业领域而设计开发的高性能计算机。

网桥：一种在链路层实现中继，常用于连接两个或多个局域网的网络互连设备。

网关：在采用不同体系结构或协议的网络之间进行互通时，用于提供协议转换、路由选择、数据交换等网络兼容功能的设施。

18．B

评析：汇编语言中使用了助记符号，用汇编语言编制的程序输入计算机，计算机不能像用机器语言编写的程序那样直接识别和执行，必须通过预先放入计算机的“汇编程序”进行加工和翻译，才能变成能够被计算机直接识别和处理的二进制代码程序。

对于不同型号的计算机，有着不同结构的汇编语言。因此汇编语言与 CPU 型号相关，但高级语言与 CPU 型号无关。

汇编语言编写复杂程序时，相对高级语言代码量较大，而且汇编语言依赖于具体的处理器体系结构，不能通用，因此不能直接在不同处理器体系结构之间移植。

19．C

评析：电子商务是基于因特网的一种新的商业模式，其特征是商务活动在因特网上以数字化电子方式完成。

20．A

评析：用来度量计算机外部设备传输率的单位是 MB/s。MB/s 的含义是兆字节每秒，是指每秒传输的字节数量。

第 35 套题

1．C

评析：调制解调器是实现数字信号和模拟信号转换的设备。例如，当个人计算机通过电话线路连入 Internet 时，发送方的计算机发出的数字信号，要通过调制解调器换成模拟信号才能在电话网上传输，接收方的计算机则要通过调制解调器，将传输过来的模拟信号转换成数字信号。

2．A

评析：RAM 又分为静态 RAM（SRAM）和动态 RAM（DRAM）两大类，静态 RAM 存储器集成度低、价格高，但存取速度快；动态 RAM 集成度高、价格低，但由于要周期性地刷新，所以存取速度较 SRAM 慢。

3．C

评析：为了适应汉字信息交换的需要，我国于 1980 年制定了国家标准 GB2312-80，即国标码。国标码中包含 6763 个汉字和 682 个非汉字的图形符号，其中常用一级汉字 3755 个和二级汉字 3008 个，一级汉字按字母顺序排列，二级汉字按部首顺序排列。

4．A

评析：总线型拓扑的网络中各个结点由一根总线相连，数据在总线上由一个结点传向另一个结点。

5．A

评析：显示器的参数：1024×768，它表示显示器的分辨率。

6．C

评析：一个高级语言源程序必须经过“编译”和“链接装配”两步后才能成为可执行的机器语言程序。

7．B

评析：wav 为微软公司开发的一种声音文件格式，它符合 RIFF 文件规范，用于保存

Windows 平台的音频信息资源，被 Windows 平台及其应用程序所广泛支持。

8. C

评析：计算机系统由运算器、存储器、控制器、输入设备、输出设备五大部件组成。通常将运算器和控制器合称为中央处理器。

9. D

评析：a 的 ASCII 码值为 97，Z 的码值为 90，8 的码值为 56。

10. D

评析：一台计算机可以安装多个操作系统，安装的时候需要先安装低版本，再安装高版本。

11. C

评析：嵌入式系统是将先进的计算机技术、半导体技术、电子技术和各个行业的具体应用相结合后的产物，这一点就决定了它必然是一个技术密集、资金密集、高度分散、不断创新的知识集成系统。

12. B

评析：时钟主频指 CPU 的时钟频率。它的高低在一定程度上决定了计算机速度的高低。

13. A

评析：硬盘、软盘和光盘存储器等都属于外部存储器，它们不是主机的组成部分。主机由 CPU 和内存组成。

14. A

评析：计算机病毒是一个程序、一段可执行代码。它对计算机的正常使用进行破坏，使得计算机无法正常使用，甚至整个操作系统或者硬盘损坏。

15. B

评析：根据 Internet 的域名代码规定，域名中的 net 表示网络中心，com 表示商业组织，gov 表示政府部门，org 表示其他组织。

16. C

评析：做此种类型的题可以把不同进制数转换为同一进制数来进行比较，由于十进制数是自然语言的表示方法，所以大多把不同的进制转换为十进制。就本题而言，选项 A 可以根据二进制转换十进制的方法进行转换，即 1*2^7+1*2^6+0*2^5+1*2^4+1*2^3+0*2^2+0*2^1+1*2^0=217；选项 C 可以根据八进制转换成二进制，再由二进制转换成十进制，也可以由八进制直接转换成十进制，即 3*8^1+7*8^0=31；同理十六进制也可用同样的两种方法进行转换，即 2*16^1+A*16^0=42，从而比较 217>75>42>31，最小的一个数为 37（八进制）。

17. A

评析：数制也称计数制，是指用同一组固定的字符和统一的规则来表示数值的方法。十进制（自然语言中）通常用 0～9 表示，二进制（计算机中）用 0 和 1 表示，八进制用 0～7 表示，十六进制用 0～F 表示。

（1）十进制整数转换成二进制（八进制、十六进制）整数的转换方法：用十进制数除以二（八、十六），第一次得到的余数为最低有效位，最后一次得到的余数为最高有效位。

（2）二（八、十六）进制整数转换成十进制整数的转换方法：将二（八、十六）进制数按权展开，求累加和便可得到相应的十进制数。

（3）二进制数与八进制数之间的转换方法：3 位二进制数可转换为 1 位八进制数，1 位八进制数可以转换为 3 位二进制数。

二进制数与十六进制数之间的转换方法：4 位二进制数可转换为 1 位十六进制数，1 位十六进制数可转换为 4 位二进制数。

因此：121/2=60……1

60/2=30……0

30/2=15……0

15/2=7……1

7/2=3……1

3/2=1……1

1/2=0……1

所以转换后的无符号二进制整数是 1111001。

18．D

评析：软件是指运行在计算机硬件上的程序、运行程序所需的数据和相关文档的总称。

19．C

评析：将目标程序（.OBJ）转换成可执行文件（.EXE）的程序称为链接程序。

20．B

评析：主频是指在计算机系统中控制微处理器运算速度的时钟频率，它在很大程度上决定了微处理器的运算速度。一般来说，主频越高，运算速度就越快。

第 36 套题

1．B

评析：ROM 是只能读出而不能随意写入信息的存储器，所以 CD-ROM 光盘就是只读光盘。

目前使用的光盘分为 3 类：只读光盘（CD-ROM）、一次写入光盘（WORM）和可擦写型光盘（MO）。

2．B

评析：操作系统管理用户数据的单位是文件，主要负责文件的存储、检索、共享和保护，为用户提供操作文件的方便。

3．D

评析：域名（Domain Name）的实质就是用一组由字符组成的名字代替 IP 地址，为了避免重名，域名采用层次结构，各层次的子域名之间用圆点“.”隔开，从右至左分别是第一级域名（或称顶级域名），第二级域名，……，直至主机名。其结构如下：

主机名.…….第二级域名.第一级域名

国际上，第一级域名采用通用的标准代码，它分组织机构和地理模式两类。由于因特网诞生在美国，所以美国的第一级域名采用组织机构域名，美国以外的其他国家都采用主机所在地的名称为第一级域名，例如 CN 代表中国，JP 代表日本、KR 代表韩国、UK 代表英国等。

4．A

评析：ASCII 码是美国标准信息交换码，被国际标准化组织指定为国际标准。国际通用的 7 位 ASCII 码是用 7 位二进制数表示一个字符的编码，其编码范围从 0000000B～1111111B，共有 2^7=128 个不同的编码值，相应可以表示 128 个不同字符的编码。计算机内部用一个字节

（8 位二进制位）存放一个 7 位 ASCII 码，最高位置 0。

7 位 ASCII 码表中对大、小写英文字母，阿拉伯数字，标点符号及控制符等特殊符号规定了编码。其中小写字母的 ASCII 码值大于大写字母。

一个英文字符的 ASCII 码即为它的内码，而对于汉字系统，ASCII 码与内码并不是同一个值。

5．C

评析：反病毒软件只能检测出已知的病毒并消除它们，并不能检测出新的病毒或病毒的变种，因此要随着各种新病毒的出现而不断升级；计算机病毒发作后，会使计算机出现异常现象，造成一定的伤害，但并不是永久性的物理损坏，清除过病毒的计算机如果不好好保护还是会有再次感染上病毒的可能。

6．C

评析：中央处理器（CPU）主要包括运算器（ALU）和控制器（CU）两大部件，它是计算机的核心部件。

7．A

评析：txt 是微软在操作系统上附带的一种文本格式，主要用于存文本信息，即文字信息。以.txt 为扩展名的文件通常是文本文件。

8．D

评析：将汇编语言源程序翻译成目标程序的软件称为汇编程序。

9．B

评析：调制解调器的主要技术指标是它的数据传输速率。现有 14.4kbps、28.8kbps、33.6kbps、56kbps 几种，数值越高，传输速度越快。

10．A

评析：汉字机内码是计算机系统内部处理和存储汉字的代码，国标码是汉字信息交换的标准编码，但因其前后字节的最高位均为 0，易与 ASCII 码混淆。因此汉字的机内码采用变形国标码，以解决与 ASCII 码冲突的问题。将国标码的两个字节中的最高位改为 1 即为汉字输入机内码。

11．A

评析：文件传输（FTP）为因特网用户提供在网上传输各种类型的文件的功能，是因特网的基本服务之一。

12．C

评析：中央处理器（CPU）主要包括运算器和控制器两大部件，它是计算机的核心部件。

13．C

评析：二进制是计算机使用的语言，十进制是自然语言。为了书写的方便和检查的方便常使用八进制或十六进制来表示，一个字长为 7 位的无符号二进制整数能表示的十进制数值范围是 0～127。

14．A

评析：任何一个数据通信系统都包括发送部分、接收部分和通信线路，其传输质量不但与传送的数据信号和收发特性有关，而且与传输介质有关。同时，通信线路沿途不可避免有噪声干扰，它们也会影响到通信和通信质量。双绞线是把两根绝缘铜线拧成有规则的螺旋形。双绞线抗干扰性较差，易受各种电信号的干扰，可靠性差。同轴电缆是由一根空心的外圆柱形的导体围绕单根内导体构成的。对于较高的频率，在抗干扰性方面同轴电缆优于双绞线。光缆是发展最为迅速的传输介质。不受外界电磁波的干扰，因而电磁绝缘性好，适宜在电气干扰严重的环境中应用；无串音干扰，不易窃听或截取数据，因而安全保密性好。

15．C

评析：软件系统分为系统软件和应用软件，系统软件如操作系统、多种语言处理程序（汇编和编译程序等）、连接装配程序、系统实用程序、多种工具软件等；应用软件是为多种应用目的而编制的程序。

UNIX、DOS 属于系统软件。MIS、WPS 属于应用软件。

16．C

评析：由于机器语言程序直接在计算机硬件级别上执行，所以效率比较高，能充分发挥计算机的高速计算能力。

用汇编语言编写程序与机器语言相比，除较直观和易记忆外，仍然存在工作量大、面向机器、无通用性等缺点，所以一般称汇编语言为“低级语言”，它仍然依赖于具体的机器。

用高级语言编写程序，可简化程序编制和测试，其通用性和可移植性好。

17．C

评析：Cache 是高速缓冲存储器。高速缓存的特点是存取速度快、容量小，它存储的内容是主存中经常被访问的程序和数据的副本，使用它的目的是提高计算机运行速度。

18．C

评析：VGA 是 IBM 在 1987 年随 PS/2 机一起推出的一种视频传输标准，具有分辨率高、显示速率快、颜色丰富等优点，在彩色显示器领域得到了广泛的应用。

19．D

评析：硬盘常见的技术指标：①每分钟转速；②平均寻道时间；③平均潜伏期；④平均访问时间；⑤数据传输率；⑥缓冲区容量；⑦噪音与温度。

20．A

评析：CAI 是计算机辅助教学（Computer Aided Instruction）的缩写，是指利用计算机媒体帮助教师进行教学或利用计算机进行教学的广泛应用领域。

第 37 套题

1．D

评析：AVI 英文全称为 Audio Video Interleaved，即音频视频交错格式，是将语音和影像同步组合在一起的文件格式。它对视频文件采用了一种有损压缩方式，但压缩比较高，因此尽管画面质量不是太好，但其应用范围仍然非常广泛。AVI 支持 256 色和 RLE 压缩。AVI 信息主要应用在多媒体光盘上，用来保存电视、电影等各种影像信息。这种视频格式的文件扩展名一般是.avi，所以也叫 DV-AVI 格式。

2．B

评析：输入/输出设备又称 I/O 设备、外围设备、外部设备等，也简称为外设。

3．A

评析：FTP（File Transfer Protocol），即文件传输协议，主要用于 Internet 上文件的双向传输。

4．B

评析：ASCII码是美国标准信息交换码，用7位二进制数来表示一个字符的编码，所以总共可以表示128个不同的字符。

5．D

评析：在数字信道中，以数据传输速率（比特率）来表示信道的传输能力，即每秒传输的二进制位数（bps），单位为：bps、kbps、Mbps和Gbps。

6．A

评析：计算机软件系统包括系统软件和应用软件，系统软件又包括解释程序、编译程序、监控管理程序、故障检测程序，还有操作系统等；应用软件是用户利用计算机以及它所提供的系统软件编制解决用户各种实际问题的程序。操作系统是紧靠硬件的一层系统软件，由一整套分层次的控制程序组成，统一管理计算机的所有资源。

7．B

评析：二进制是计算机使用的语言，十进制是自然语言。为了书写的方便和检查的方便常使用八进制或十六进制来表示，一个字长为 8 位的二进制整数可以表示的十进制数值范围是0～255。

8．B

评析：计算机病毒实质上是一个特殊的计算机程序，这种程序具有自我复制能力，可非法入侵而隐藏在存储介质中的引导部分、可执行程序或数据文件的可执行代码中。

一旦发现电脑染上病毒后，一定要及时清除，以免造成损失。清除病毒的方法有两种，一是手工清除，二是借助反病毒软件清除病毒。

9．C

评析：机内码是指汉字在计算机中的编码，汉字的机内码占两个字节，分别称为机内码的高位与低位。

10．C

评析：总线型拓扑结构中，各个结点由一根总线相连，数据在总线上由一个结点传向另一个结点。

环型拓扑结构中，各个结点通过中继器连接到一个闭合的环路上，环中的数据沿着一个方向传输，由目的结点接收。

星型拓扑结构中，每个结点与中心结点连接，中心结点控制全网的通信，任何两个结点之间的通信都要通过中心结点。

网状拓扑结构中，结点的连接是任意的，没有规律。

11．A

评析：汇编语言是面向机器的程序设计语言。在汇编语言中，用助记符（Memoni）代替操作码，用地址符号（Symbol）或标号（Label）代替地址码。

12．A

评析：移动硬盘是以硬盘为存储介质，多采用USB、IEEE1394等传输速度较快的接口，可以较高的速度与系统进行数据传输。移动硬盘可以提供相当大的存储容量，是一种较具性价比的移动存储产品，可以说是U盘，磁盘等闪存产品的升级版。

13．C

评析：CPU 的“字长”，是 CPU 一次能处理的二进制数据的位数，它决定着 CPU 内部寄存器、ALU 和数据总线的位数，字长是 CPU 断代的重要特征。

如果 CPU 的字长为 8 位，则它每执行一条指令可以处理 8 位二进制数据，如果要处理更多位数的数据，就需要执行多条指令。当前流行的 Pentium 4 CPU 的字长是 32 位，它执行一条指令可以处理 32 位数据。

14．B

评析：计算机的硬件系统由主机和外部设备组成。主机的结构部件为：中央处理器、内存储器。外部设备的结构部件为：外部存储器、输入设备、输出设备和其他设备。

15．B

评析：字长是计算机一次能够处理的二进制数位数。常见的微机字长有 8 位、16 位和 32 位。

16．A

评析：所谓数字图像处理就是利用计算机对图像信息进行加工以满足人的视觉心理或者应用需求的行为。

17．A

评析：所谓高级语言是一种用表达各种意义的“词”和“数学公式”按照一定的“语法规则”编写程序的语言。高级语言的使用，大大提高了编写程序的效率，改善了程序的可读性。高级语言主要是相对于汇编语言而言的，它是较接近自然语言和数学公式的编程，基本脱离了机器的硬件系统，用人们更易理解的方式编写程序。用高级语言编写的源程序在计算机中是不能直接执行的，必须翻译成机器语言后程序才能执行。

18．C

评析：防火墙的缺陷包括：

（1）防火墙无法阻止绕过防火墙的攻击。

（2）防火墙无法阻止来自内部的威胁。

（3）防火墙无法防止病毒感染程序或文件的传输。

19．D

评析：操作系统是管理、控制和监督计算机软件、硬件资源协调运行的程序系统，由一系列具有不同控制和管理功能的程序组成。它是直接运行在“裸机”上的最基本的系统软件。操作系统是计算机发展中的产物，它的主要目的有两个：一是方便用户使用计算机，是用户和计算机的接口；二是统一管理计算机系统的全部资源，合理组织计算机工作流程，以便充分、合理地发挥计算机的效率。

20．D

评析：内存：随机存储器（RAM），主要存储正在运行的程序和要处理的数据。

第 38 套题

1．A

评析：用 8 个二进制位表示无符号数最大为 11111111 即 2^8-1=255。

2．D

评析：摄像头是视频输入设备。

3．B

评析：存储器有内存储器和外存储器两种。内存储器按功能又可分为随机存取存储器（RAM）和只读存储器（ROM）。

4．A

评析：常用的计算机系统技术指标为：运算速度、主频、字长、存储容量和数据传输速率。

5．D

评析：中央处理器（CPU）主要包括运算器和控制器两大部件，它是计算机的核心部件。CPU 是一体积不大而元件集成度非常高、功能强大的芯片。计算机的所有操作都受 CPU 控制，所以它的品质直接影响着整个计算机系统的性能。

6．A

评析：常见的网页开发语言有：HTML、ASP、ASP.NET、PHP、JSP。

7．C

评析：时钟主频指 CPU 的时钟频率，它的高低在一定程度上决定了计算机速度的高低。频率的单位有：Hz（赫兹）、kHz（千赫兹）、MHz（兆赫兹）、GHz（吉赫兹）。

8．C

评析：当硬磁盘运行时，主轴底部的电机带动主轴，主轴带动磁盘高速旋转。盘片高速旋转时带动的气流将磁盘上的磁头托起，磁头是一个质量很轻的薄膜组件，它负责盘片上数据的写入或读出。移动臂用来固定磁头，使磁头可以沿着盘片的径向高速移动，以便定位到指定的磁道。

9．A

评析：反病毒软件是因病毒的产生而产生的，所以反病毒软件必须随着新病毒的出现而升级，提高查、杀病毒的功能。反病毒软件是针对已知病毒而言的，并不是可以查、杀任何种类的病毒。

10．B

评析：从域名到 IP 地址或者从 IP 地址到域名的转换由域名解析服务器（Domain Name Server，DNS）完成。

11．C

评析：ASCII 码是二进制代码，而 ASCII 码表的排列顺序是按十进制数，包括英文小写字母、英文大写字母、各种标点符号及专用符号、功能符等。字符 E 的 ASCII 码是 01000001＋100（4）＝01000101。

12．D

评析：编译方式是将源程序经编译、链接得到可执行文件后，就可脱离源程序和编译程序而单独执行，所以编译方式的效率高，执行速度快；而解释方式在执行时，源程序和解释程序必须同时参与才能运行，由于不产生目标文件和可执行程序文件，解释方式的效率相对较低，执行速度较慢。

与高级语言程序相比，汇编语言程序执行效率更高。

相对机器语言来说，汇编语言更容易理解、便于记忆。

13．B

评析：16×16 点阵表示在一个 16×16 的网格中用点描出一个汉字，整个网格分为 16 行

16 列，每个小格用 1 位二进制编码表示，从上到下，每一行需要 16 个二进制位，占两个字节，故用 16×16 点阵描述整个汉字的字形需要 32 个字节的存储空间。

14．C

评析：Internet 始于 1968 年美国国防部高级研究计划局（ARPA）提出并资助的 ARPANET 网络计划，其目的是将各地不同的主机以一种对等的通信方式连接起来，最初只有 4 台主机。此后，大量的网络、主机与用户接入 ARPANET，很多地方性网络也接入进来，并逐步扩展到其他国家和地区。

15．C

评析：实际上，区位码也是一种输入法，其最大优点是一字一码的无重码输入法，最大的缺点是难以记忆。

16．C

评析：系统软件主要包括操作系统、语言处理系统、系统性能检测和实用工具软件等。其中最主要的是操作系统，它提供了一个软件运行的环境。

17．C

评析：科学计算主要是使用计算机进行数学方法的实现和应用。今天计算机“计算”能力的提升，推进了许多科学研究的进展。如著名的人类基因序列分析计划、人造卫星的轨道测算等。

18．C

评析：UNIX 是一个多用户、多任务、交互式的分时操作系统，它为用户提供了一个简洁、高效、灵活的运行环境。

19．C

评析：JPEG 标准是第一个针对静止图像压缩的国际标准。

20．B

评析：在计算机中，操作系统的功能是管理、控制和监督计算机软件、硬件资源协调运行。它是直接运行在计算机硬件上的最基本的系统软件，是系统软件的核心。Android 是一种以 Linux 为基础的开放源代码操作系统，主要使用于便携设备。因此，对于便携设备来说，Android 属于系统软件。

第 39 套题

1．B

评析：Windows 操作系统是一单用户多任务操作系统，经过十几年的发展，已从 Windows 3.1 发展到 Windows NT，Windows 2000 和 Windows XP，目前最新版本为 Windows 10。

2．C

评析：内存是解决主机与外设之间速度不匹配问题；高速缓冲存储器是为了解决 CPU 与内存储器之间速度不匹配问题。

3．B

评析：计算机病毒是人为编制的一组具有自我复制能力的特殊的计算机程序。它主要感染扩展名为 COM、EXE、DRV、BIN、OVL、SYS 等可执行文件，它能通过移动介质盘文档的复制、E-mail 下载 Word 文档附件等途径蔓延。

4．B

评析：程序设计语言是人们用来与计算机交往的语言，分为机器语言、汇编语言与高级语言三类。计算机高级语言的种类很多，目前常见的有 Pascal、C、C++、Visual Basic、Visual C、Java 等。

5．D

评析：计算机的硬件系统通常由五大部分组成：输入设备、输出设备、存储器、中央处理器（CPU）（包括运算器和控制器）。

6．A

评析：字长是指计算机部件一次能同时处理的二进制数据的位数。目前普遍使用的 Intel 和 AMD 微处理器的微机大多支持 32 位字长，也有支持 64 位的，这意味着该类型的机器可以并行处理 32 位或 64 位二进制数的算术运算和逻辑运算。

7．B

评析：进程是操作系统中的一个核心概念。进程的定义：进程是程序的一次执行过程，是系统进行调度和资源分配的一个独立单位。

线程是可以独立、并发执行的程序单元。

8．D

评析：一个字长为 6 位的无符号二进制数能表示的十进制数值范围是 0～63。

9．D

评析：Z 的 ASCII 码值是 90，9 的 ASCII 码值是 57，空格的 ASCII 码值是 32，a 的 ASCII 码值是 97。

10．C

评析：由于机器语言程序直接在计算机硬件级别上执行，所以效率比较高，能充分发挥计算机的高速计算能力。

对机器来讲，汇编语言是无法直接执行的，必须把用汇编语言编写的程序翻译成机器语言程序，机器才能执行。

用高级语言编写的源程序在计算机中是不能直接执行的，必须翻译成机器语言后程序才能执行。

因此，执行效率最高的是机器语言编写的程序。

11．C

评析：要在 Web 浏览器中查看某一电子商务公司的主页，需要先在 Web 浏览器的地址栏中输入该公司的 WWW 地址，按回车键打开该公司网页。

12．A

评析：以太网是最常用的一种局域网，网络中所有结点都通过以太网卡和双绞线（或光纤）连接到网络中，实现相互间的通信。其拓扑结构为总线结构。

13．C

评析：CAD：计算机辅助设计（Computer Aided Design）。

CAM：计算机辅助制造（Computer Aided Manufacturing）。

CIMS：计算机集成制造系统（Computer Integrated Manufacturing Systems）。

ERP：企业资源计划（Enterprise Resource Planning）。

14．D

评析： 存储容量的换算：

1TB=1024GB

1GB=1024MB

1MB=1024KB

1KB=1024B

B 是英文 Byte（字节），K 是英文千，M 是英文百万，G 是英文亿，T 是英文千亿。所以 10GB 的硬盘表示其存储容量为一百亿个字节。

15．C

评析： 路由器是实现局域网和广域网互联的主要设备。

16．D

评析： 硬盘虽然安装在机箱内，但是它跟光盘驱动器、软盘等都属于外部存储设备，不是主机的组成部分。主机由 CPU 和内存组成。

17．C

评析： 计算机中显示器灰度和颜色的类型是用二进制数编码来表示的。例如，4 位二进制编码可表示 2^4=16 种颜色，8 位二进制编码可表示 2^8=256 种颜色，所以显示器的容量至少应等于分辨率乘以颜色编码位数，然后除以 8 转换成字节数，再除以 1024 以 KB 形式来表示，即：1024×768×8/8/1024=768。

18．D

评析： 汉字机内码是在计算机内部对汉字进行存储、处理和传输的汉字代码，它应能满足存储、处理和传输的要求。

19．B

评析： GIF 文件是供联机图形交换使用的一种图像文件格式，目前在网络通信中被广泛采用。

20．B

评析： 运算器的功能是对数据进行算术运算或逻辑运算。

第 40 套题

1．A

评析： 写盘就是通过磁头往介质写入信息数据的过程。

读盘就是磁头读取存储在介质上的数据的过程，比如硬盘磁头读取硬盘中的信息数据、光盘磁头读取光盘信息等。

2．C

评析： 科学计算主要是使用计算机进行数学方法的实现和应用。今天计算机“计算”能力的提升，推进了许多科学研究的进展。如著名的人类基因序列分析计划、人造卫星的轨道测算、天气预报等。

3．B

评析： 在标准 ASCII 码表中，英文字母 a 的码值是 97；A 的码值是 65。两者的差值为 32。

4．A

评析： 本题的考查知识点是计算机语言。

编译程序是把高级语言写的源程序转换为机器指令的程序，即目标程序。源程序经过编译生成目标文件，然后经过链接程序产生可执行程序。汇编语言是编译型语言，Intel架构的PC机指令向下兼容，不同的高级语言在运行机制上有所不同，效率不能一概而论。

5．A

评析：进程是一个程序与其数据一道在计算机上顺利执行时所发生的活动。简单地说，就是一个正在执行的程序。一个程序被加载到内存，系统就创建了一个进程，程序执行结束后，该进程也就消亡了。

6．D

评析：本题的考查知识点是液晶显示器的技术指标。

LCD的主要技术指标有分辨率、点距、波纹、响应时间、可视角度、刷新率、亮度和对比度、信号输入接口、坏点等。其中分辨率是指单位面积显示像素的数量，液晶显示器的标准分辨率是固定不变的，非标准分辨率由LCD内部的芯片通过插值算法计算而得。存储容量是存储设备的主要技术指标，不是液晶显示器的主要技术指标。

7．C

评析：电子邮件（E-mail）是Internet所有信息服务中用户最多和接触面最广泛的一类服务。电子邮件不仅可以到达那些直接与Internet连接的用户以及通过电话拨号可以进入Internet结点的用户，还可以用来同一些商业网（如CompuServe、America Online）以及世界范围的其他计算机网络（如BITNET）上的用户通信联系。

8．B

评析：用高级程序设计语言编写的程序称为源程序，源程序不可直接运行。要在计算机上使用高级语言，必须先经过编译，把用高级语言编制的程序翻译成机器指令程序，再经过链接装配，把经编译程序产生的目标程序变成可执行的机器语言程序，这样才能使用该高级语言。

目前流行的高级语言有C、C++、Visual Basic等。

9．A

评析：任何形式的数据，无论是数字、文字、图形、声音或视频，进入计算机都必须进行二进制编码转换。

10．B

评析：Wi-Fi是一种可以将个人电脑、手持设备（如PDA、手机）等终端以无线方式互相连接的技术。

电话拨号接入即Modem拨号接入，是指将已有的电话线路，通过安装在计算机上的Modem（调制解调器），拨号连接到互联网服务提供商（ISP）从而享受互联网服务的一种上网接入方式。

目前用电话线接入因特网的主流技术是ADSL（非对称数字用户线路）。采用ADSL接入因特网，除了一台带有网卡的计算机和一条直拨电话线外，还需要向电信部门申请ADSL业务。由相关服务部门负责安装话音分离器、ADSL调制调解器和拨号软件。完成安装后，就可以根据用户名和口令拨号上网了。

11．B

评析：输入设备是用来向计算机输入命令、程序、数据、文本、图形、图像、音频和视频等信息的，所以摄像头属于输入设备。输出设备的主要功能是将计算机处理后的各种内部格式的信息转换为人们能识别的形式（如文字、图形、图像和声音等）表达出来，所以投影仪属于输出设备。

12．A

评析：操作系统具有并发、共享、虚拟和异步性四大特征，其中最基本的特征是并发和共享。

13．A

评析：中央处理器（CPU）主要包括运算器和控制器两大部件，它是计算机的核心部件。CPU 是一体积不大而元件集成度非常高、功能强大的芯片。计算机的所有操作都受 CPU 控制，所以它的品质直接影响着整个计算机系统的性能。

14．D

评析：IPv4 中规定 IP 地址长度为 32 位，IPv6 则采用 128 位 IP 地址长度。

15．B

评析：无线移动网络相对于一般的无线网络和有线网络来说，可以提供随时随地的网络服务。

16．D

评析：计算机的硬件主要包括：中央处理器（CPU）、存储器、输出设备和输入设备。键盘和鼠标属于输入设备，显示器属于输出设备。

17．B

评析：5 位无符号二进制数可以表示从最小的 00000 至最大的 11111，即最大为 $2^5-1=31$。

18．A

评析：本题考查知识点是汉字的编码。

为避开 ASCII 码表中的控制码，将 GB2312-80 中的 6763 个汉字分为 94 行、94 列，代码表分为 94 个区（行）和 94 个位（列）。由区号（行号）和位号（列号）构成了区位码，最多可表示 94*94=8836 个汉字。区位码由 4 位十进制数字组成，前两位为区号，后两位为位号。在区位码中，01～09 区为特殊字符，10～55 区为一级汉字，56～87 为二级汉字。选项 A（即 5601）位于第 56 行、第 01 列，属于汉字区位码的范围内，其他选项不在其中。

19．B

评析：宏病毒不感染程序，只感染 Microsoft Word 文档文件（DOC）和模板文件（DOT），与操作系统没有特别的关联。

20．D

评析：微型计算机内存储器按字节编址，这是由存储器的结构决定的。

第 41 套题

1．B

评析：中央处理器（CPU）由运算器和控制器两部分组成，运算器主要完成算术运算和逻辑运算；控制器主要用以控制和协调计算机各部件自动、连续地执行各条指令。

2．A

评析：域名的格式：主机名.机构名.网络名.最高层域名。

3．C

评析：CPU 由运算器和控制器两部分组成，可以完成指令的解释与执行。计算机的存储器分为内存储器和外存储器。

内存储器是计算机主机的一个组成部分，它与 CPU 直接进行信息交换，CPU 直接读取内存中的数据。

4．C

评析： 20GB=20*1024MB=20*1024*1024KB=20*1024*1024*1024B=21474836480B，所以 20GB 的硬盘表示容量约为 200 亿个字节。

5．C

评析： 本题的考查知识点是软件分类。

软件可以分为系统软件和应用软件，系统软件主要有操作系统、驱动程序、程序开发语言、数据库管理系统等，应用软件则实现了计算机的一些具体应用功能。

6．D

评析： 一般说来，安全的系统会利用一些专门的安全特性来控制对信息的访问，只有经过适当授权的人，或者以这些人的名义进行的进程可以读、写、创建和删除这些信息。中国公安部计算机管理监察司的定义是：计算机安全是指计算机资产安全，即计算机信息系统资源和信息资源不受自然和人为有害因素的威胁和危害。

7．C

评析： 一个高级语言源程序必须经过“编译”和“链接装配”两步后才能成为可执行的机器语言程序。

8．D

评析： 一个完整的计算机系统包括硬件系统和软件系统。

9．B

评析： 一条指令必须包括操作码和地址码（或称操作数）两部分，操作码指出指令完成操作的类型。地址码指出参与操作的数据和操作结果存放的位置。

10．B

评析： 软件系统分为系统软件和应用软件。

Windows 是广泛使用的系统软件之一，所以选项 B 是错误的。

11．C

评析： 电子邮件（E-mail）是因特网上使用最广泛的一种服务。类似于普通邮件的传递方式，电子邮件采用存储转发方式传递，根据电子邮件地址由网上多个主机合作实现存储转发，从发信源结点出发，经过路径上若干个网络结点的存储和转发，最终使电子邮件传送到目的信箱。只要电子信箱地址正确，则可通过任何一台可联网的计算机收发电子邮件。

12．D

评析： 调制解调器是实现数字信号和模拟信号转换的设备。例如，当个人计算机通过电话线路连入 Internet 时，发送方的计算机发出的数字信号，要通过调制解调器转换成模拟信号才能在电话网上传输，接收方的计算机则要通过调制解调器，将传输过来的模拟信号转换成数字信号。

13．A

评析： 在微机的配置中看到“P4 2.4G”字样，其中“2.4G”表示处理器的时钟频率是 2.4GHz。

14．C

评析： 中央处理器（CPU）主要包括运算器和控制器两大部件，它是计算机的核心部件。

CPU 是一体积不大而元件集成度非常高、功能强大的芯片。计算机的所有操作都受 CPU 控制，所以它的品质直接影响着整个计算机系统的性能。

15．B

评析：西文字符所用的编码是 ASCII 码，它是以 7 位二进制位来表示一个字符的。

16．B

评析：标准的汉字编码表有 94 行、94 列，其行号称为区号，列号称为位号。双字节中，用高字节表示区号，低字节表示位号。非汉字图形符号置于第 1～11 区，一级汉字 3755 个置于第 16～55 区，二级汉字 3008 个置于第 56～87 区。

17．C

评析：编译方式是把高级语言程序全部转换成机器指令并产生目标程序，再由计算机执行。

18．C

评析：计算机病毒是可破坏他人资源的、人为编制的一段程序；计算机病毒具有以下几个特点：破坏性、传染性、隐藏性和潜伏性。

19．B

评析：计算机网络按地理范围进行分类可分为：局域网、城域网、广域网。ChinaDDN 网、ChinaNET 网属于城域网，Internet 属于广域网，Novell 网属于局域网。

20．B

评析：1946 年 2 月 15 日，第一台电子计算机 ENIAC 在美国宾夕法尼亚大学诞生了。

第 42 套题

1．B

评析：用高级程序设计语言编写的程序具有可读性和可移植性，基本上不做修改就能用于各种型号的计算机和各种操作系统。对源程序而言，经过编译、链接成可执行文件，就可以直接在本机运行该程序。

2．D

评析：目前流行的汉字输入码的编码方案有很多，如全拼输入法、双拼输入法、自然码输入法、五笔字型输入法等。全拼输入法和双拼输入法是根据汉字的发音进行编码的，称为音码；五笔字型输入法根据汉字的字形结构进行编码的，称为形码；自然码输入法是以拼音为主，辅以字形字义进行编码的，称为音形码。

3．D

评析：目前微机中所广泛采用的电子元器件是：大规模和超大规模集成电路。电子管是第一代计算机所采用的逻辑元件（1946－1958），晶体管是第二代计算机所采用的逻辑元件（1959－1964），小规模集成电路是第三代计算机所采用的逻辑元件（1965－1971），大规模和超大规模集成电路是第四代计算机所采用的逻辑元件（1971－今）。

4．C

评析：反病毒软件是因病毒的产生而产生的，所以反病毒软件必须随着新病毒的出现而升级，提高查、杀病毒的功能。反病毒软件是针对已知病毒而言的，并不是可以查、杀任何种类的病毒。计算机病毒是一种人为编制的可以制造故障的计算机程序，具有一定的破坏性。

5．D

评析：造成计算机中存储数据丢失的原因主要有：病毒侵蚀、人为窃取、计算机电磁辐射、计算机存储器硬件损坏等。

6．A

评析：计算机网络系统具有丰富的功能，其中最主要的是资源共享和快速通信。

7．A

评析：ROM（Read Only Memory），即只读存储器，其中存储的内容只能供反复读出，而不能重新写入。因此在 ROM 中存放的是固定不变的程序与数据，其优点是切断机器电源后，ROM 中的信息仍然保留不会改变。

8．C

评析：计算机病毒是一种通过自我复制进行传染的、破坏计算机程序和数据的小程序。在计算机运行过程中，它们能把自己精确拷贝或有修改地拷贝到其他程序中或某些硬件中，从而达到破坏其他程序及某些硬件的作用。

9．B

评析：蠕虫病毒是网络病毒的典型代表，它不占用除内存以外的任何资源，不修改磁盘文件，只利用网络功能搜索网络地址，将自身向下一地址传播。

10．A

评析：软件是指运行在计算机硬件上的程序、运行程序所需的数据和相关文档的总称。

11．B

评析：以太网是最常用的一种局域网，网络中所有结点都通过以太网卡和双绞线（或光纤）连接到网络中，实现相互间的通信。其拓扑结构为总线结构。

12．D

评析：输出设备的任务是将计算机的处理结果以人或其他设备所能接受的形式送出计算机。常用的输出设备有：打印机、显示器和数据投影设备。

本题中键盘、鼠标和扫描仪都属于输入设备。

13．A

评析：MHz 是时钟主频的单位，MB/s 的含义是兆字节每秒，指每秒传输的字节数量，Mbps 是数据传输速率的单位。

14．B

评析：非零无符号二进制整数之后添加一个 0，相当于向左移动了一位，也就是扩大为原来数的 2 倍。向右移动一位相当于缩小为原来数的 1/2。

15．A

评析：计算机操作系统的作用是控制和管理计算机的硬件资源和软件资源，从而提高计算机的利用率，方便用户使用计算机。

16．A

评析：控制器是计算机的神经中枢，由它指挥全机各个部件自动、协调地工作。

17．C

评析：用于查看、浏览和下载网页的软件是 Web 浏览器，例如微软公司的 Internet Explorer。安装了浏览器软件的用户，可以通过单击超链接来浏览网页，在网页之间实现跳转。

18．A

评析：空格的ASCII码值是32，0的ASCII码值是48，A的ASCII码值是65，a的ASCII码值是97，故A选项的ASCII码值最小。

19．B

评析：计算机软件分为系统软件和应用软件。

20．D

评析：通常一条指令包括两方面的内容：操作码和操作数。操作码决定要完成的操作，操作数指出参加运算的数据及其所在的单元地址。

第43套题

1．B

评析：在计算机软件中最重要且最基本的就是操作系统（OS），它是最底层的软件，控制计算机运行的所有程序并管理整个计算机的资源，是计算机裸机与应用程序及用户之间的桥梁。没有它，用户也就无法使用某种软件或程序。

2．B

评析：存储在计算机内的汉字要在屏幕或打印机上显示、输出时，汉字机内码并不能作为每个汉字的字形信息输出。需要显示汉字时，应根据汉字机内码向字模库检索出该汉字的字形信息输出。

3．C

评析：反病毒软件是因病毒的产生而产生的，所以反病毒软件必须随着新病毒的出现而升级，提高查、杀病毒的功能。反病毒软件是针对已知病毒而言的，并不是可以查、杀任何种类的病毒。计算机病毒是一种人为编制的可以制造故障的计算机程序，具有一定的破坏性。

4．D

评析：调制解调器（Modem）的作用是将计算机数字信号与模拟信号互相转换，以便数据传输。

5．B

评析：软件系统可以分为系统软件和应用软件两大类。

系统软件由一组控制计算机系统并管理其资源的程序组成，其主要功能包括：启动计算机，存储、加载和执行应用程序，对文件进行排序、检索，将程序语言翻译成机器语言等。

操作系统是直接运行在“裸机”上的最基本的系统软件。

本题中Windows XP属于操作系统，其他均属于应用软件。

6．B

评析：存储器分内存和外存，内存就是CPU能由地址线直接寻址的存储器。内存又分RAM、ROM两种，RAM是可读可写的存储器，它用于存放经常变化的程序和数据。只要一断电，RAM中的程序和数据就丢失。ROM是只读存储器，ROM中的程序和数据即使断电也不会丢失。

7．C

评析：总线就是系统部件之间传送信息的公共通道，各部件由总线连接并通过它传递数据和控制信号。总线分为内部总线和系统总线，系统总线又分为数据总线、地址总线和控制总线。

8．D

评析：计算机的主要技术性能指标是：字长、时钟频率、运算速度、存储容量和存取周期。

9．B

评析：世界上第一台电子计算机 ENIAC 是 1946 年在美国诞生的，它主要采用电子管和继电器，主要用于弹道计算。

10．B

评析：注意本题的要求是“完全”属于“外部设备”的一组。一个完整的计算机包括硬件系统和软件系统，其中硬件系统包括中央处理器、存储器、输入输出设备。输入输出设备就是常说的外部设备，主要包括键盘、鼠标、显示器、打印机、扫描仪、数字化仪、光笔、触摸屏、条形码读入器、绘图仪、移动存储设备等。

11．C

评析：计算机安全设置包括：

（1）物理安全。

（2）停掉 Guest 账号。

（3）限制不必要的用户数量。

（4）创建 2 个管理员用账号。

（5）把系统 administrator 账号改名。

（6）修改共享文件的权限。

（7）使用安全密码。

（8）设置屏幕保护密码。

（9）使用 NTFS 格式分区。

（10）运行防毒软件。

（11）保障备份盘的安全。

（12）查看本地共享资源。

（13）删除共享。

（14）删除 ipc$空连接。

（15）关闭 139 端口。

（16）防止 rpc 漏洞。

（17）445 端口的关闭。

（18）3389 端口的关闭。

（19）4899 端口的防范。

（20）禁用服务。

12．B

评析：ASCII 码是美国标准信息交换码，被国际标准化组织指定为国际标准。国际通用的 7 位 ASCII 码是用 7 位二进制数表示一个字符的编码，其编码范围从 0000000B～1111111B，共有 2^7=128 个不同的编码值，相应可以表示 128 个不同字符的编码。计算机内部用一个字节（8 位二进制位）存放一个 7 位 ASCII 码，最高位置 0。

7 位 ASCII 码表中对大、小写英文字母，阿拉伯数字，标点符号及控制符等特殊符号规定了编码。其中小写字母的 ASCII 码值大于大写字母的 ASCII 码值。

13．B

评析：在计算机中，操作系统的功能是管理、控制和监督计算机软件、硬件资源协调运行。它是直接运行在计算机硬件上的最基本的系统软件，是系统软件的核心。Android 是一种以 Linux 为基础的开放源代码操作系统，主要使用于便携设备。因此，对于便携设备来说，Android 属于系统软件。

14．C

评析：网络传输介质是指在网络中传输信息的载体，常用的传输介质分为有线传输介质和无线传输介质两大类。

（1）有线传输介质是指在两个通信设备之间实现的物理连接部分，它能将信号从一方传输到另一方，有线传输介质主要有双绞线、同轴电缆和光纤。双绞线和同轴电缆传输电信号，光纤传输光信号。

（2）无线传输介质指我们周围的自由空间。我们利用无线电波在自由空间的传播可以实现多种无线通信。在自由空间传输的电磁波根据频谱可将其分为无线电波、微波、红外线、激光等，信息被加载在电磁波上进行传输。

15．D

评析：非零无符号二进制整数之后添加一个 0，相当于向左移动了一位，也就是扩大了原来数的 2 倍。在一个非零无符号二进制整数之后去掉一个 0，相当于向右移动一位，也就是变为原数的 1/2。

16．C

评析：一条指令必须包括操作码和地址码（或称操作数）两部分。

17．C

评析：计算机网络系统具有丰富的功能，其中最主要的是资源共享和快速通信。

18．D

评析：目前微型计算机的 CPU 可以处理的二进制位至少为 8 位。

19．A

评析：软件是指运行在计算机硬件上的程序、运行程序所需的数据和相关文档的总称。

20．A

评析：IP 地址由 32 位二进制数组成（占 4 个字节），也可以用十进制数表示，每个字节之间用“.”隔开，每个字节内的数表示范围可从 0～255。

第 44 套题

1．B

评析：ADSL 是非对称数字用户线的缩写；ISP 是因特网服务提供商；TCP 是协议。

2．C

评析：防火墙是指为了增强机构内部网络的安全性而设置在不同网络或网络安全域之间的一系列部件的组合。它可以通过监测、限制、更改跨越防火墙的数据流，尽可能地对外部屏蔽网络内部的信息、结构和运行状况，以此来实现网络的安全防护。

3．C

评析：系统软件主要包括操作系统、语言处理系统、系统性能检测和实用工具软件等。其中最主要的是操作系统，它提供了一个软件运行的环境，如在微机中使用最为广泛的微软公司的 Windows 系统，Windows Vista 为微软 Windows 系列操作系统的一个版本。

4．B

评析：1946 年 2 月 15 日，第一台电子计算机 ENIAC 在美国宾夕法尼亚大学诞生了。

5．B

评析：计算机硬件只能直接识别机器语言。

6．C

评析：常用的存储容量单位有：字节（Byte）、KB（千字节）、MB（兆字节）、GB（千兆字节）。它们之间的关系为：

1 字节（Byte）=8 个二进制位（bit）；

1KB=1024B；

1MB=1024KB；

1GB=1024MB。

7．D

评析：计算机网络系统具有丰富的功能，其中最主要的是资源共享和快速通信。

8．C

评析：内存中存放的是当前运行的程序和程序所用的数据，属于临时存储器；外存属于永久性存储器，存放着暂时不用的数据和程序。

9．D

评析：m 的 ASCII 码值为 6DH，6DH 为十六进制数（在进制中最后一位，B 代表的是二进制数，D 表示的是十进制数，O 表示的是八进制数，H 表示的是十六进制数），用十进制表示为 6*16+13=109（D 对应十进制数为 13），q 的 ASCII 码值在 m 的后面 4 位，即 113，对应转换为十六进制 71H。

10．A

评析：域名的格式：主机名.机构名.网络名.最高层域名，顶级域名主要包括：COM 表示商业机构；EDU 表示教育机构；GOV 表示政府机构；MIL 表示军事机构；NET 表示网络支持中心；ORG 表示国际组织。

11．A

评析：CPU 的性能指标直接决定了由它构成的微型计算机系统的性能指标。CPU 的性能指标主要包括字长和时钟主频。字长表示 CPU 每次处理数据的能力；时钟主频以 MHz（兆赫兹）为单位来度量。时钟主频越高，其处理数据的速度相对也就越快。

12．B

评析：计算机病毒是一种人为编制的制造故障的计算机程序。预防计算机病毒的主要方法有：

（1）不随便使用外来软件，对外来软盘必须先检查、后使用。

（2）严禁在微型计算机上玩游戏。

（3）不用非原始软盘引导机器。

（4）不要在系统引导盘上存放用户数据和程序。

（5）保存重要软件的复制件。

（6）给系统盘和文件加以写保护。

（7）定期对硬盘作检查，及时发现病毒、消除病毒。

13．A

评析：汉字的机内码是将国标码的两个字节的最高位分别置 1 得到的。机内码和其国标码之差总是 8080H。

14．C

评析：鼠标、键盘、扫描仪、条码阅读器都属于输入设备。打印机、显示器、绘图仪属于输出设备。CD-ROM 驱动器、硬盘属于存储设备。

15．A

评析：数制也称计数制，是指用同一组固定的字符和统一的规则来表示数值的方法。十进制（自然语言中）通常用 0～9 表示，二进制（计算机中）用 0 和 1 表示，八进制用 0～7 表示，十六进制用 0～F 表示。

（1）十进制整数转换成二进制（八进制、十六进制）整数的转换方法：用十进制数除以二（八、十六），第一次得到的余数为最低有效位，最后一次得到的余数为最高有效位。

（2）二（八、十六）进制整数转换成十进制整数的转换方法：将二（八、十六）进制数按权展开，求累加和便可得到相应的十进制数。

（3）二进制数与八进制数之间的转换方法：3 位二进制数可转换为 1 位八进制数，1 位八进制数可以转换为 3 位二进制数。

二进制数与十六进制数之间的转换方法：4 位二进制数可转换为 1 位十六进制数，1 位十六进制数可转换为 4 位二进制数。

16．C

评析：把一个十进制数转换成等值的二进制数，需要对整数部分和小数部分别进行转换。十进制整数转换为二进制整数，十进制小数转换为二进制小数。

（1）整数部分的转换

十进制整数转换成二进制整数，通常采用除 2 取余法。就是将已知十进制数反复除以 2，在每次相除之后，若余数为 1，则对应于二进制数的相应位为 1；否则为 0。首次除法得到的余数是二进制数的最低位，最末一次除法得到的余数是二进制数的最高位。

（2）小数部分的转换

十进制纯小数转换成二进制纯小数，通常采用乘 2 取整法。所谓乘 2 取整法，就是将已知的十进制纯小数反复乘以 2，每次乘 2 以后，所得新数的整数部分若为 1，则二进制纯小数的相应位为 1；若整数部分为 0，则相应位为 0。从高位到低位逐次进行，直到满足精度要求或乘 2 后的小数部分是 0 为止。第一次乘 2 所得的整数记为 R_1，最后一次为 R_M，转换后的纯二进制小数为：$R_1R_2R_3\cdots\cdots R_M$。

因此：127/2=63……1

63/2=31……1

31/2=15……1

15/2=7……1

7/2=3……1

3/2=1……1

1/2=0……1

17．B

评析：RAM 用于存放当前使用的程序、数据、中间结果和与外存交换的数据。

18．D

评析：IE 的收藏夹提供保存 Web 页面地址的功能。它有两个优点：一、收入收藏夹的网页地址可由浏览者给定一个简明的名字以便记忆，当鼠标指针指向此名字时，会同时显示对应的 Web 页地址。单击该名字便可转到相应的 Web 页，省去了键入地址的麻烦。二、收藏夹的机理很像资源管理器，其管理、操作都很方便。

19．A

评析：在计算机软件中最重要且最基本的就是操作系统（OS）。它是最底层的软件，控制计算机运行的所有程序并管理整个计算机的资源，是计算机裸机与应用程序及用户之间的桥梁。没有它，用户也就无法使用某种软件或程序。

20．A

评析：冯•诺伊曼（Von Neumann）在研制 EDVAC 计算机时，提出把指令和数据一同存储起来，让计算机自动地执行程序。

第 45 套题

1．B

评析：CPU 包括运算器和控制器两大部件，可以直接访问内存储器，而硬盘属于外存，故不能直接读取；而存储程序和数据的部件是存储器。

2．A

评析：计算机的内存是按字节来进行编址的，每一个字节的存储单元对应一个地址编码。

3．B

评析：硬件系统和软件系统是计算机系统两大组成部分。输入/输出设备、主机和外部设备属于硬件系统。系统软件和应用软件属于软件系统。

4．D

评析：数据传输速率是描述数据传输系统的重要技术指标之一。数据传输速率在数值上，等于每秒钟传输构成数据代码的二进制比特数，它的单位为比特/秒（bit/second），通常记作 bps，其含义是二进制位/秒。

5．C

评析：网络接口卡（简称网卡）是构成网络必需的基本设备，用于将计算机和通信电缆连接在一起，以便经电缆在计算机之间进行高速数据传输。因此，每台连接到局域网的计算机（工作站或服务器）都需要安装一块网卡。

6．C

评析：数制也称计数制，是指用同一组固定的字符和统一的规则来表示数值的方法。十进制（自然语言中）通常用 0～9 表示，二进制（计算机中）用 0 和 1 表示，八进制用 0～7 表示，十六进制用 0～F 表示。

（1）十进制整数转换成二进制（八进制、十六进制）整数的转换方法：用十进制数除以二（八、十六），第一次得到的余数为最低有效位，最后一次得到的余数为最高有效位。

（2）二（八、十六）进制整数转换成十进制整数的转换方法：将二（八、十六）进制数按权展开，求累加和便可得到相应的十进制数。

（3）二进制数与八进制数之间的转换方法：3 位二进制数可转换为 1 位八进制数，1 位八进制数可以转换为 3 位二进制数。

二进制数与十六进制数之间的转换方法：4 位二进制数可转换为 1 位十六进制数，1 位十六进制数可转换为 4 位二进制数。

因此：18/2=9……0

9/2=4……1

4/2=2……0

2/2=1……0

1/2=0……1

所以转换后的二进制数为 010010。

7．D

评析：机器语言和汇编语言都是“低级”的语言，而高级语言是一种用表达各种意义的“词”和“数学公式”按照一定的语法规则编写程序的语言，如 C、C++、Visual C++、Visual Basic、FORTRAN 等，其中 FORTRAN 语言是世界上最早出现的计算机高级程序设计语言。

8．C

评析：第一代电子计算机的主要特点是采用电子管作为基本元件。

第二代电子计算机主要采用晶体管作为基本元件，体积缩小、功耗降低，提高了速度和可靠性。

第三代电子计算机采用集成电路作为基本元件，体积减小，功耗、价格等进一步降低，而速度及可靠性则有更大的提高。

第四代是大规模和超大规模集成电路计算机。

9．B

评析：常用的存储容量单位有：字节（Byte）、KB（千字节）、MB（兆字节）、GB（千兆字节）。它们之间的关系为：

1 字节（Byte）=8 个二进制位（bit）；

1KB=1024B；

1MB=1024KB；

1GB=1024MB。

10．C

评析：计算机操作系统的五大功能包括：处理器管理、存储管理、文件管理、设备管理和作业管理。

11．C

评析：计算机网络是由多个互连的结点组成的，结点之间要做到有条不紊地交换数据，每个结点都必须遵守一些事先约定好的原则。这些规则、约定与标准被称为网络协议（Protocol）。

12．B

评析：计算机病毒是人为编写的特殊小程序，能够侵入计算机系统并在计算机系统中潜伏、传播，破坏系统正常工作并具有繁殖能力。它可以通过读/写移动存储器或 Internet 进行传播。

13．C

评析：所谓防火墙指的是一个由软件和硬件设备组合而成、在内部网和外部网之间、专用网与公共网之间的界面上构造的保护屏障，是一种获取安全性方法的形象说法，它是一种计算机硬件和软件的结合，使 Internet 与 Intranet 之间建立起一个安全网关（Security Gateway），从而保护内部网免受非法用户的侵入。防火墙主要由服务访问规则、验证工具、包过滤和应用网关四部分组成。防火墙就是一个位于计算机和它所连接的网络之间的软件或硬件，该计算机流入流出的所有网络通信和数据包均要经过此防火墙。

14．C

评析：本题的考查知识点是计算机语言。

机器语言和汇编语言称为计算机低级语言，C 语言等在表示上接近自然语言和数学语言，称为高级语言。编译程序把高级语言写的源程序转换为机器指令的程序，即目标程序。源程序经过编译生成目标文件，然后经过链接程序产生可执行程序。

15．B

评析：软件系统可以分为系统软件和应用软件两大类。

系统软件由一组控制计算机系统并管理其资源的程序组成，其主要功能包括：启动计算机，存储、加载和执行应用程序，对文件进行排序、检索，将程序语言翻译成机器语言等。

操作系统是直接运行在“裸机”上的最基本的系统软件。

本题中 Linux、UNIX 和 Windows XP 都属于操作系统。而其余选项都属于计算机的应用软件。

16．B

评析：机器指令是一个按照一定的格式构成的二进制代码串，一条机器指令包括两个部分：操作性质部分、操作对象部分。基本格式为：

操作码	源操作数（或地址）	目的操作数地址

操作码指示指令所要完成的操作，如加法、减法、数据传送等；操作数指示指令执行过程中所需要的数据，如加法指令中的加数、被加数等，这些数据可以是操作数本身，也可以来自某寄存器或存储单元。

17．A

评析：在 ASCII 码表中，ASCII 码值从小到大的排列顺序是：空格字符、数字、大写英文字母、小写英文字母。

18．D

评析：环型拓扑结构是共享介质局域网的主要拓扑结构之一。在环型拓扑结构中，多个结点共享一条环通路。

19．D

评析：绘图仪是输出设备，网络摄像头和手写笔是输入设备，磁盘驱动器既可以作输入设备，也可以作输出设备。

20．A

评析：CPU 的性能指标直接决定了由它构成的微型计算机系统的性能指标。CPU 的性能指标主要包括字长和时钟主频。字长是指计算机运算部件一次能同时处理的二进制数据的位数。

第46套题

1．D

评析：建立计算机网络的目的主要是为了实现数据通信和资源共享。计算机网络最突出的优点是共享资源。

2．C

评析：控制器主要是用以控制和协调计算机各部件自动、连续地执行各条指令。

3．B

评析：计算机网络中常用的传输介质有双绞线、同轴电缆和光纤。在三种传输介质中，双绞线的地理范围最小、抗干扰性最低；同轴电缆的地理范围中等、抗干扰性中等；光纤的性能最好、不受电磁干扰或噪声影响、传输速率最高。

4．D

评析：用汇编语言编写程序与用机器语言相比，除较直观和易记忆外，仍然存在工作量大、面向机器、无通用性等缺点，所以一般称汇编语言为“低级语言”，它仍然依赖于具体的机器。

5．B

评析：指令系统也称机器语言。每条指令都对应一串二进制代码。

6．D

评析：硬件系统和软件系统是计算机系统两大组成部分。输入/输出设备、主机和外部设备属于硬件系统。系统软件和应用软件属于软件系统。

7．D

评析：信息处理是目前计算机应用最广泛的领域之一，信息处理是指用计算机对各种形式的信息（如文字、图像、声音等）收集、存储、加工、分析和传送的过程。

8．C

评析：用高级程序设计语言编写的程序称为源程序，源程序不可直接运行。要在计算机上使用高级语言，必须先经过编译，把用高级语言编制的程序翻译成机器指令程序，再经过链接装配，把经编译程序产生的目标程序变成可执行的机器语言程序，这样才能使用该高级语言程序。

9．A

评析：ISP（Internet Service Provider）是指因特网服务提供商。

10．A

评析：数字的ASCII码值从0～9依次增大，其后是大写字母，其ASCII码值从A～Z依次增大，再后面是小写字母，其ASCII码值从a～z依次增大。

11．D

评析：防火墙被嵌入到驻地网和Internet之间，从而建立受控制的连接并形成外部安全墙或者说是边界。这个边界的目的在于防止驻地网收到来自Internet的攻击，并在安全性将受到影响的地方形成阻塞点。防火墙可以是一台计算机系统，也可以是由两台或更多的系统协同工作起到防火墙的作用。

12．C

评析：常用的存储容量单位有：字节（Byte）、KB（千字节）、MB（兆字节）、GB（千兆字节）。它们之间的关系为：

1 字节（Byte）=8 个二进制位（bit）；

1KB=1024B；

1MB=1024KB；

1GB=1024MB。

13．D

评析：本题的考查知识点是宽带接入技术。

ADSL（Asymmetric Digital Subscriber Line）是非对称数字用户线，下行带宽要高于上行带宽，使用该方式接入国际互联网，需要安装 ADSL 调制解调器，利用用户现有电话网中的用户线进行上网。

14．B

评析：计算机病毒是指编制或者在计算机程序中插入的破坏计算机功能或者破坏数据，影响计算机使用并且能够自我复制的一组计算机指令或者程序代码。

15．B

评析：操作系统的主要功能是对计算机的所有资源进行控制和管理，为用户使用计算机提供方便。

16．D

评析：在 ASCII 码表中，ASCII 码值从小到大的排列顺序是：数字、大写英文字母、小写英文字母。

17．B

评析：把一个十进制数转换成等值的二进制数，需要对整数部分和小数部分别进行转换。十进制整数转换为二进制整数，十进制小数转换为二进制小数。

（1）整数部分的转换

十进制整数转换成二进制整数，通常采用除 2 取余法。就是将已知十进制数反复除以 2，在每次相除之后，若余数为 1，则对应于二进制数的相应位为 1；否则为 0。首次除法得到的余数是二进制数的最低位，最末一次除法得到的余数是二进制的最高位。

（2）小数部分的转换

十进制纯小数转换成二进制纯小数，通常采用乘 2 取整法。所谓乘 2 取整法，就是将已知的十进制纯小数反复乘以 2，每次乘 2 以后，所得新数的整数部分若为 1，则二进制纯小数的相应位为 1；若整数部分为 0，则相应位为 0。从高位到低位逐次进行，直到满足精度要求或乘 2 后的小数部分是 0 为止。第一次乘 2 所得的整数记为 R_1，最后一次为 R_M，转换后的纯二进制小数为：$R_1R_2R_3 \cdots\cdots R_M$。

因此：64/2=32……0

32/2=16……0

16/2=8……0

8/2=4……0

4/2=2……0

2/2=1……0

1/2=0……1

18. C

评析：RAM，也称为临时存储器。RAM 中存储当前使用的程序、数据、中间结果和与外存交换的数据，CPU 根据需要可以直接读/写 RAM 中的内容。RAM 有两个主要的特点：一是其中的信息随时可以读出或写入，当写入时，原来存储的数据将被冲掉；二是加电使用时其中的信息会完好无缺，但是一旦断电（关机或意外掉电），RAM 中存储的数据就会消失，而且无法恢复。

19. C

评析：世界上第一台电子计算机 ENIAC 是 1946 年在美国诞生的，它主要采用电子管和继电器，主要用于弹道计算。

20. B

评析：一个完整的电子邮箱地址应包括用户名和主机名两部分，用户名和主机名之间用@相分隔。

第 47 套题

1. B

评析：文件管理系统负责文件的存储、检索、共享和保护，并按文件名管理的方式为用户提供操作文件的方便。

2. B

评析：DVD 光盘存储密度高，一面光盘可以分单层或双层存储信息，一张光盘有两面，最多可以有 4 层存储空间，所以，存储容量极大。

3. B

评析：因特网是通过路由器或网关将不同类型的物理网互联在一起的虚拟网络。它采用 TCP/IP 协议控制各网络之间的数据传输，采用分组交换技术传输数据。

TCP/IP 是用于计算机通信的一组协议。TCP/IP 由网络接口层、网际层、传输层、应用层等四个层次组成。其中，网络接口层是最底层，包括各种硬件协议，面向硬件；应用层面向用户，提供一组常用的应用程序，如电子邮件、文件传送等。

4. C

评析：外部设备包括输入设备和输出设备。其中扫描仪是输入设备，常用的输入设备还有：鼠标、键盘、手写板等。

5. C

评析：计算机语言有高级程序设计语言和低级程序设计语言之分。而高级程序设计语言又主要是相对于汇编语言而言的，它是较接近自然语言和数学公式的编程语言，基本脱离了机器的硬件系统，用人们更易理解的方式编写程序。

用高级程序设计语言编写的源程序在计算机中是不能直接执行的，必须翻译成机器语言后才能执行，所以执行效率不高。

面向对象程序设计语言属于高级程序设计语言，可移植性较好。

6．D

评析：计算机之所以能按人们的意志自动进行工作，就计算机的组成来看，一个完整计算机系统由硬件系统和软件系统两部分组成，在计算机硬件中 CPU 用来完成指令的解释与执行，存储器主要用来完成存储功能。正是由于计算机的存储、自动解释和执行功能使得计算机能按人们的意志快速自动地完成工作。

7．B

评析：计算机病毒是一种通过自我复制进行传染的、破坏计算机程序和数据的小程序。在计算机运行过程中，它们能把自己精确拷贝或有修改地拷贝到其他程序中或某些硬件中，从而达到破坏其他程序及某些硬件的作用。

8．B

评析：操作系统是运行在计算机硬件上的、最基本的系统软件，是系统软件的核心。

9．A

评析：汇编语言需要经过汇编程序转换成可执行的机器语言，才能在计算机上运行。汇编语言不同于机器语言，不能直接在计算机上执行。

10．C

评析：ASCII 码是世界公认的标准符号信息码，7 位版的 ASCII 码共有 2^7=128 个字符。

其中 0 的 ASCII 码值是 30H；A～Z 的 ASCII 码值是 41H～5AH；a～z 的 ASCII 码值是 61H～7AH；空字符为 0。

11．D

评析：计算机的主要特点表现在以下几个方面：

（1）运算速度快；

（2）计算精度高；

（3）存储容量大；

（4）具有逻辑判断功能；

（5）自动化程度高，通用性强。

12．A

评析：常用的存储容量单位有：字节（Byte）、KB（千字节）、MB（兆字节）、GB（吉字节）。它们之间的关系为：

1 字节（Byte）=8 个二进制位（bit）；

1KB=1024B；

1MB=1024KB；

1GB=1024MB。

13．A

评析：一个完整的电子邮箱地址应包括用户名和主机名两部分，用户名和主机名之间用@相分隔。

14．B

评析：密码强度是对密码安全性给出的评级。一般来说，密码强度越高，密码就越安全。高强度的密码应该包括大小写字母、数字和符号，且长度不宜过短。在本题中，“nd@YZ@g1”采取大小写字母、数字和字符相结合的方式，相对其他选项来说密码强度要高，因此密码设置最安全。

15．A

评析：计算机存储器可分为两大类：内存储器和外存储器。内存储器是主机的一个组成部分，它与 CPU 直接进行数据的交换，而外存储器不能直接与 CPU 进行数据信息交换，必须通过内存储器才能与 CPU 进行信息交换，相对来说外存储器的存取速度没有内存储器的存取速度快。U 盘、光盘和固定硬盘都是外存储器。

16．B

评析：TCP/IP 协议是指传输控制协议/网际协议，它的主要功能是保证可靠的数据传输。

17．D

评析：中央处理器（CPU）主要包括运算器和控制器两大部件，它是计算机的核心部件。

18．D

评析：超文本传输协议（HTTP）是一种通信协议，它允许将超文本标记语言（HTML）文档从 Web 服务器传送到 Web 浏览器。

19．B

评析：数制也称计数制，是指用同一组固定的字符和统一的规则来表示数值的方法。十进制（自然语言中）通常用 0～9 表示，二进制（计算机中）用 0 和 1 表示，八进制用 0～7 表示，十六进制用 0～F 表示。

（1）十进制整数转换成二进制（八进制、十六进制）整数的转换方法：用十进制数除以二（八、十六），第一次得到的余数为最低有效位，最后一次得到的余数为最高有效位。

（2）二（八、十六）进制整数转换成十进制整数的转换方法：将二（八、十六）进制数按权展开，求累加和便可得到相应的十进制数。

（3）二进制数与八进制数之间的转换方法：3 位二进制数可转换为 1 位八进制数，1 位八进制数可以转换为 3 位二进制数。

二进制数与十六进制数之间的转换方法：4 位二进制数可转换为 1 位十六进制数，1 位十六进制数可转换为 4 位二进制数。

因此：29/2=14……1

14/2=7……0

7/2=3……1

3/2=1……1

1/2=0……1

所以转换后的二进制数为 11101。

20．C

评析：Hz 是度量所有物体频率的基本单位，由于 CPU 的时钟频率很高，所以 CPU 时钟频率的单位用 GHz 表示。

第 48 套题

1．B

评析：计算机存储器可分为两大类：内存储器和外存储器。内存储器是主机的一个组成部分，它与 CPU 直接进行数据的交换，而外存储器不能直接与 CPU 进行数据信息交换，必须通过内存储器才能与 CPU 进行信息交换，相对来说外存储器的存取速度没有内存储器的存取速度快。U 盘、光盘和固定硬盘都是外存储器。

2．C

评析：Pentium 微机的字长是 32 位。

3．B

评析：局域网硬件中主要包括工作站、网络适配器、传输介质和交换机。

4．B

评析：写盘就是通过磁头往介质写入信息数据的过程。

读盘就是磁头读取存储在介质上的数据的过程，比如硬盘磁头读取硬盘中的信息数据、光盘磁头读取光盘信息等。

5．D

评析：汉字字库是由所有汉字的字模信息构成的。一个汉字字模信息占若干字节，究竟占多少个字节由汉字的字形决定。例如，48×48 点阵字一个字占（48×48）个点，一个字节占 8 个点，所以 48×48 点阵字一个字就占（6×48）=288 字节。

6．B

评析：世界上第一台电子计算机采用电子管作为基本元件，主要应用于数值计算领域。

7．B

评析：采样频率，也称为采样速度或者采样率，定义了每秒从连续信号中提取并组成离散信号的采样个数，它用赫兹（Hz）来表示。采样频率越高，即采样的间隔时间越短，则在单位时间内计算机得到的声音样本数据就越多，对声音波形的表示也越精确。

8．B

评析：ASCII 码是二进制代码，而 ASCII 码表的排列顺序是按十进制数排列，包括英文小写字母、英文大写字母、各种标点符号及专用符号、功能符等。字符 A 的 ASCII 码值是 68-3=65。

9．C

评析：所谓 IP 地址就是给每个连接在 Internet 上的主机分配的一个地址。IP 地址的长度为 32 位，分为 4 段，每段 8 位，若用十进制数字表示，则每段数字范围为 0～255，段与段之间用句点隔开。

10．B

评析：所谓解释程序是高级语言翻译程序的一种，它将源语言（如 BASIC）书写的源程序作为输入，解释一句后就提交计算机执行一句，并不形成目标程序。

11．A

评析：Windows 操作系统是一单用户多任务操作系统，经过十几年的发展，已从 Windows 3.1 发展到 Windows NT，Windows 2000 和 Windows XP，目前最新版本是 Windows 10。

12．C

评析：面向对象程序设计语言属于高级程序设计语言。

13．A

评析：数制也称计数制，是指用同一组固定的字符和统一的规则来表示数值的方法。十进制（自然语言中）通常用 0～9 表示，二进制（计算机中）用 0 和 1 表示，八进制用 0～7 表示，十六进制用 0～F 表示。

（1）十进制整数转换成二进制（八进制、十六进制）整数的转换方法：用十进制数除以二（八、十六），第一次得到的余数为最低有效位，最后一次得到的余数为最高有效位。

（2）二（八、十六）进制整数转换成十进制整数的转换方法：将二（八、十六）进制数按权展开，求累加和便可得到相应的十进制数。

（3）二进制数与八进制数之间的转换方法：3 位二进制数可转换为 1 位八进制数，1 位八进制数可以转换为 3 位二进制数。

二进制数与十六进制数之间的转换方法：4 位二进制数可转换为 1 位十六进制数，1 位十六进制数可转换为 4 位二进制数。

因此：32/2=16……0

16/2=8……0

8/2=4……0

4/2=2……0

2/2=1……0

1/2=0……1

所以转换后的二进制数为 100000。

14．A

评析：硬件系统和软件系统是计算机系统两大组成部分。输入设备和输出设备、主机和外部设备属于硬件系统。系统软件和应用软件属于软件系统。

15．C

评析：中央处理器（CPU）主要包括运算器和控制器两大部件，它是计算机的核心部件。CPU 是一体积不大而元件集成度非常高、功能强大的芯片。计算机的所有操作都受 CPU 控制，所以它的品质直接影响着整个计算机系统的性能。

16．C

评析：计算机网络系统具有丰富的功能，其中最主要的是资源共享和快速通信。

17．D

评析：激光打印机属非击打式打印机，优点是无噪声、打印速度快、打印质量最好，缺点是设备价格高、耗材贵，打印成本在打印机中最高。

18．D

评析：计算机病毒可以通过有病毒的软盘传染，还可以通过网络传染。

19．B

评析：Internet 最早来源于美国国防部高级研究计划局（DARPA）的前身 ARPA 建立的 ARPAnet，该网于 1969 年投入使用。最初，ARPAnet 主要用于军事研究目的。

20．C

评析：计算机软件可以分为系统软件和应用软件两大类。系统软件包含程序设计语言处理程序、操作系统、数据库管理系统以及各种通用服务程序等。应用软件是为解决实际应用问题而开发的软件的总称，它涉及计算机应用的所有领域，各种科学和计算的软件和软件包、各种管理软件、各种辅助设计软件和过程控制软件都属于应用软件范畴。

第49套题

1．B

评析：在计算机内部用来传送、存储、加工处理的数据或指令都是以二进制码形式进行的。

2．C

评析：内存储器按功能分为随机存取存储器（RAM）和只读存储器（ROM）。CPU 对 ROM 只取不存，里面存放的信息一般由计算机制造厂写入并经固化处理，用户是无法修改的。即使断电，ROM 中的信息也不会丢失。

3．C

评析：在微机的配置中看到“P4 2.4G”字样，其中“2.4G”表示处理器的时钟频率是 2.4GHz。

4．B

评析：计算机软件系统包括系统软件和应用软件，系统软件又包括解释程序、编译程序、监控管理程序、故障检测程序，还有操作系统等。

Windows 操作系统是一单用户多任务操作系统。

5．C

评析：CAD：Computer Aided Design，计算机辅助设计。

CAM：Computer Aided Manufacturing，计算机辅助制造。

CAI：Computer Aided Instruction，计算机辅助教学。

6．C

评析：邮件服务器构成了电子邮件系统的核心。每个邮箱用户都有一个位于某个邮件服务器上的邮箱。

7．B

评析：24×24 点阵表示在一个 24×24 的网格中用点描出一个汉字，整个网格分为 24 行 24 列，每个小格用 1 位二进制编码表示，从上到下，每一行需要 24 个二进制位，占三个字节，故用 24×24 点阵描述整个汉字的字形需要 24×3=72 个字节的存储空间。存储 1024 个汉字字形需要 72 个千字节的存储空间（1024×72B/1KB=72KB）。

8．C

评析：操作系统以扇区为单位对磁盘进行读/写操作，扇区是磁盘存储信息的最小物理单位。

9．C

评析：计算机能直接识别并执行用机器语言编写的程序，机器语言编写的程序执行效率最高。

10．C

评析：二进制数中出现的数字字符只有两个：0 和 1。每一位计数的原则为“逢二进一”。所以，当 D>1 时，其相对应的 B 的位数必多于 D 的位数；当 D＝0,1 时，则 B＝D 的位数。

11．A

评析：汇编语言是一种把机器语言“符号化”的语言，汇编语言的指令和机器指令基本上一一对应。机器语言直接用二进制代码，而汇编语言指令采用了助记符。高级语言具有严格的语法规则和语义规则，在语言表示和语义描述上，它更接近人类的自然语言（指英语）和数学语言。因此与高级语言相比，汇编语言编写的程序执行效率更高。

12．B

评析：ROM（Read Only Memory），中文译名是只读存储器。

13．A

评析：鼠标和键盘都属于输入设置，打印机、显示器和绘图仪都为输出设备。

14．D

评析：计算机病毒是一种通过自我复制进行传染的、破坏计算机程序和数据的小程序。在计算机运行过程中，它们能把自己精确拷贝或有修改地拷贝到其他程序中或某些硬件中，从而达到破坏其他程序及某些硬件的作用。

15．D

评析：内置有无线网卡的笔记本电脑、具有上网功能的手机和平板电脑均可以利用无线移动网络进行上网。

16．A

评析：ASCII 码是美国标准信息交换码，用 7 位二进制数来表示一个字符的编码。

17．C

评析：系统软件和应用软件是组成计算机软件系统的两部分。系统软件主要包括操作系统、语言处理系统、系统性能检测和实用工具软件等，数据库管理系统也属于系统软件。

18．A

评析：域名的格式：主机名.机构名.网络名.最高层域名。顶级域名主要包括：COM 表示商业机构；EDU 表示教育机构；GOV 表示政府机构；MIL 表示军事机构；NET 表示网络支持中心；ORG 表示国际组织。

19．A

评析：音频信号数字化是把模拟信号转换成数字信号，此过程称为 A/D 转换（模数转换），它主要包括：

采样：在时间轴上对信号数字化；

量化：在幅度轴上对信号数字化；

编码：按一定格式记录采样和量化后的数字数据。

实现音频信号数字化最核心的硬件电路是 A/D 转换器。

20．D

评析：TCP/IP 是用来将计算机和通信设备组织成网络的一大类协议的统称。更通俗的说，Internet 依赖于数以千计的网络和数以百万计的计算机。而 TCP/IP 就是使所有这些连接在一起的“粘合剂”。

第 50 套题

1．C

评析：广域网（Wide Area Network），也叫远程网络；局域网的英文全称是 Local Area Network；城域网的英文全称是 Metropolitan Area Network。

2．C

评析：计算机软件分为系统软件和应用软件两大类。操作系统、数据库管理系统等属于系统软件。应用软件是用户利用计算机以及它所提供的系统软件编制解决用户各种实际问题的程序。

3．C

评析：MIPS 是 Million of Instructions Per Second 的缩写，亦即每秒钟所能执行的机器指令的百万条数。

4．C

评析：声音的计算公式为：(采样频率 Hz *量化位数 bit *声道数)/8，单位为字节/秒。

按题面的计算即为：(10000Hz*16 位*2 声道)/8*60 秒=2400000B，由于 1KB 约等于 1000B，1MB 约等于 1000KB，则 2400000B 约等于 2.4MB。

5．D

评析：磁盘是可读取的，既可以从磁盘读出数据输入计算机，又可以从计算机里取出数据输出到磁盘。

6．B

评析：写邮件时，除了发件人地址之外，另一项必须要填写的是收件人地址。

7．C

评析：计算机网络系统具有丰富的功能，其中最主要的是资源共享和快速通信。

8．B

评析：硬件系统和软件系统是计算机系统两大组成部分。输入/输出设备、主机和外部设备属于硬件系统。系统软件和应用软件属于软件系统。

9．A

评析：盘片两面均被划分为 80 个同心圆，每个同心圆称为一个磁道，磁道的编号是：最外面为 0 磁道，最里面为 79 磁道。每个磁道分为等长的 18 段，段又称为扇区，每个扇区可以记录 512 个字节。磁盘上所有信息的读写都以扇区为单位进行。

10．A

评析：程序设计语言通常分为：机器语言、汇编语言和高级语言三类。机器语言是计算机唯一能够识别并直接执行的语言。必须用翻释的方法把高级语言源程序翻释成等价的机器语言程序才能在计算机上执行。目前流行的高级语言如 C、C++、Visual Basic 等。

11．B

评析：整个互联网是一个庞大的计算机网络。为了实现互联网中计算机的相互通信，网络中的每一台计算机（也称为主机，host）必须有一个唯一的标识，该标识就称为 IP 地址。

12．D

评析：所谓高级语言是一种用表达各种意义的“词”和“数学公式”按照一定的“语法规则”编写程序的语言。高级语言的使用，大大提高了编写程序的效率，改善了程序的可读性。

机器语言是计算机唯一能够识别并直接执行的语言。由于机器语言中每条指令都是一串二进制代码，因此可读性差、不易记忆；编写程序既难又繁，容易出错；程序的调试和修改难度也很大。

汇编语言不再使用难以记忆的二进制代码，而是使用比较容易识别、记忆的助记符号。汇编语言和机器语言的性质差不多，只是表示方法上的改进。

13．C

评析：分时操作系统：不同用户通过各自的终端以交互方式共用一台计算机，计算机以“分时”的方法轮流为每个用户服务。分时系统的主特点是：多个用户同时使用计算机的同时性，人机问答的交互性，每个用户独立使用计算机的独占性，以及系统响应的及时性。

14．A

评析：数制也称计数制，是指用同一组固定的字符和统一的规则来表示数值的方法。十进制（自然语言中）通常用 0～9 表示，二进制（计算机中）用 0 和 1 表示，八进制用 0～7 表示，十六进制用 0～F 表示。

（1）十进制整数转换成二进制（八进制、十六进制）整数的转换方法：用十进制数除以二（八、十六），第一次得到的余数为最低有效位，最后一次得到的余数为最高有效位。

（2）二（八、十六）进制整数转换成十进制整数的转换方法：将二（八、十六）进制数按权展开，求累加和便可得到相应的十进制数。

（3）二进制数与八进制数之间的转换方法：3 位二进制数可转换为 1 位八进制数，1 位八进制数可以转换为 3 位二进制数。

二进制数与十六进制数之间的转换方法：4 位二进制数可转换为 1 位十六进制数，1 位十六进制数可转换为 4 位二进制数。

因此：60/2=30……0

30/2=15……0

15/2=7……1

7/2=3……1

3/2=1……1

1/2=0……1

所以转换后的二进制数为 111100。

15．B

评析：字长是指计算机运算部件一次能同时处理的二进制数据的位数；运算器主要对二进制数码进行算术运算或逻辑运算；SRAM 的集成度低于 DRAM。

16．A

评析：中央处理器（CPU）主要包括运算器和控制器两大部件。它是计算机的核心部件。CPU 是一体积不大而元件集成度非常高、功能强大的芯片。计算机的所有操作都受 CPU 控制，所以它的品质直接影响着整个计算机系统的性能。

17．D

评析：调制解调器（Modem）的作用是：将计算机数字信号与模拟信号互相转换，以便数据传输。

18．C

评析：在标准 ASCII 编码表中，数字、大写英文字母、小写英文字母数值依次增加。

19．A

评析：CAD——计算机辅助设计、CAM——计算机辅助制造、CIMS——计算机集成制造系统、CAI——计算机辅助教学。

20．A

评析：RAM 用于存放当前使用的程序、数据、中间结果和与外存交换的数据。

第 51 套题

1．C

评析：用高级程序设计语言编写的程序具有可读性和可移植性，基本上不做修改就能用于各种型号的计算机和各种操作系统。

机器语言可以直接在计算机上运行。汇编语言需要经过汇编程序转换成可执行的机器语言后，才能在计算机上运行。

机器语言中每条指令都是一串二进制代码，因此可读性差，不容易记忆，编写程序复杂，容易出错。

2．D

评析：MS Office 是微软公司开发的办公自动化软件，我们所使用的 Word、Excel、PowerPoint、Outlook 等应用软件都是 Office 中的组件，所以它不是操作系统。

3．A

评析：超文本传输协议（HTTP）是浏览器与 WWW 服务器之间的传输协议。它建立在 TCP 基础之上，是一种面向对象的协议。

4．A

评析：RAM 用于存放当前使用的程序、数据、中间结果和与外存交换的数据。

5．B

评析：千兆以太网的传输速率为 1Gbps，1Gbps=1024Mbps=1024*1024Kbps=1024*1024*1024bps≈1000000000 位/秒。

6．D

评析：存储器的容量单位从小到大依次为 Byte、KB、MB、GB。

7．C

评析：CIMS 是英文 Computer Integrated Manufacturing Systems 的缩写，即计算机集成制造系统。

8．D

评析：计算机病毒（Computer Viruses）并非可传染疾病给人体的那种病毒，而是一种人为编制的可以制造故障的计算机程序。它隐藏在计算机系统的数据资源或程序中，借助系统运行和共享资源而进行繁殖、传播和生存，扰乱计算机系统的正常运行，篡改或破坏系统和用户的数据资源及程序。计算机病毒不是计算机系统自生的，而是一些别有用心的破坏者利用计算机的某些弱点而设计出来的，并置于计算机存储介质中使之传播的程序。本题的四个选项中，只有 D 有可能感染上病毒。

9．C

评析：与高级语言程序相比，汇编执行效率更高。

由于机器语言程序直接在计算机硬件级别上执行。对机器来讲，汇编语言是无法直接执行的，必须经过把汇编语言编写的程序翻译成机器语言程序，机器才能执行。因此汇编语言程序的执行效率比机器语言低。

高级语言接近于自然语言，汇编语言的可移植性、可读性不如高级语言，但是相对于机器语言来说，汇编语言的可移植性、可读性要好一些。

10．C

评析：打印机、显示器和绘图仪属于输出设备，只有鼠标属于输入设备。

11．A

评析：微机的硬磁盘（硬盘）通常固定安装在微机机箱内。大型机的硬磁盘则常有单独的机柜。硬磁盘是计算机系统中最重要的一种外存储器。外存储器必须通过内存储器才能与 CPU 进行信息交换。

12．D

评析：Windows XP、UNIX、Linux 都属于系统软件。

管理信息系统、文字处理程序、视频播放系统、军事指挥程序、Office 2003 都属于应用软件

13．B

评析：略

14．B

评析：声音数字化三要素：

采样频率	量化位数	声道数
每秒钟抽取声波幅度样本的次数	每个采样点用多少二进制位表示数据范围	使用声音通道的个数
采样频率越高 声音质量越好 数据量也越大	量化位数越多 音质越好 数据量也越大	立体声比单声道的表现力丰富，但数据量翻倍
11.025kHz 22.05kHz 44.1kHz	8 位=256 16 位=65536	单声道 立体声

15．B

评析：CPU 由运算器和控制器两部分组成，可以完成指令的解释与执行。计算机的存储器分为内存储器和外存储器。

内存储器是计算机主机的一个组成部分，它与 CPU 直接进行信息交换，CPU 直接读取内存中的数据。

16．C

评析：根据 Internet 的域名代码规定，域名中的 net 表示网络中心，com 表示商业组织，gov 表示政府部门，org 表示其他组织。

17．C

评析：ASCII 码是二进制代码，而 ASCII 码表的排列顺序是按十进制数，包括英文小写字母、英文大写字母、各种标点符号及专用符号、功能符等。字符 a 的 ASCII 码是 65+32＝97。

18．B

评析：硬件系统和软件系统是计算机系统两大组成部分。输入/输出设备、主机和外部设备属于硬件系统。系统软件和应用软件属于软件系统。

19．B

评析：字长是计算机运算部件一次能同时处理的二进制数据的位数。

20．C

评析：所谓计算机网络是指分布在不同地理位置上的具有独立功能的多个计算机系统，通过通信设备和通信线路相互连接起来，在网络软件的管理下实现数据传输和资源共享的系统，是计算机网络技术和通信技术相结合的产物。

第 52 套题

1．A

评析：100 万像素的数码相机的最高可拍摄分辨率大约是 1024×768；

200 万像素的数码相机的最高可拍摄分辨率大约是 1600×1200；

300 万像素的数码相机的最高可拍摄分辨率大约是 2048×1600；

800 万像素的数码相机的最高可拍摄分辨率大约是 3200×2400。

2．B

评析：控制器主要是用以控制和协调计算机各部件自动、连续地执行各条指令。

3．D

评析：电子邮件首先被送到收件人的邮件服务器，存放在属于收件人的 E-mail 邮箱里。所有的邮件服务器都是 24 小时工作，随时可以接收或发送邮件，发件人可以随时上网发送邮件，收件人也可以随时连接因特网，打开自己的邮箱阅读邮件。

4．A

评析：操作系统是运行在计算机硬件上的、最基本的系统软件，是系统软件的核心；操作系统的五大功能模块即：处理器管理、作业管理、存储器管理、设备管理和文件管理；操作系统的种类繁多，微机型的 DOS、Windows 操作系统均属于这一类。

5．B

评析：病毒可以通过读写 U 盘感染病毒，所以最好的方法是少用来历不明的 U 盘。

6．D

评析：当今社会，计算机用于信息处理，对办公自动化、管理自动化乃至社会信息化都有积极的促进作用。

7．B

评析：硬盘通常用来作为大型机、服务器和微型机的外部存储器。

8．B

评析：CD-RW，是 CD-ReWritable 的缩写，为一种可以重复写入的技术，而将这种技术应用在光盘刻录机上的产品即称为 CD-RW。

9．A

评析：Internet 最早来源于美国国防部高级研究计划局（DARPA）的前身 ARPA 建立的 ARPAnet，该网于 1969 年投入使用。最初，ARPAnet 主要用于军事研究目的。

10．A

评析：计算机的结构部件为：运算器、控制器、存储器、输入设备和输出设备。运算器、控制器、存储器是构成主机的主要部件，运算器和控制器又称为 CPU。

11．D

评析：运算速度：运算速度是指计算机每秒中所能执行的指令条数，一般以 MIPS 为单位。

字长：字长是CPU能够直接处理的二进制数据位数。常见的微机字长有8位、16位和32位。

内存容量：内存容量是指内存储器中能够存储信息的总字节数，一般以KB、MB为单位。

传输速率用bps或kbps来表示。

12．C

评析：单击“开始-所有程序-附件-计算器-查看-科学型”。

13．B

评析：目前微机中所广泛采用的电子元器件是：大规模和超大规模集成电路。电子管是第一代计算机所采用的逻辑元件（1946－1958），晶体管是第二代计算机所采用的逻辑元件（1959－1964），小规模集成电路是第三代计算机所采用的逻辑元件（1965－1971），大规模和超大规模集成电路是第四代计算机所采用的逻辑元件（1971－今）。

14．B

评析：一般认为，较典型的面向对象语言有：Simula 67、Smalltalk、EIFFEL、C++、Java、C#。

15．D

评析：系统软件和应用软件是组成计算机软件系统的两部分。系统软件主要包括操作系统、语言处理系统、系统性能检测和实用工具软件等，数据库管理系统也属于系统软件。

16．C

评析：在计算机中通常使用三个数据单位：位、字节和字。

位的概念是：最小的存储单位，英文名称是bit，常用小写b或bit表示。

用8位二进制数作为表示字符和数字的基本单元，英文名称是byte，称为字节。通常用B表示。

1B（字节）=8b（位）

1KB（千字节）=1024B（字节）

1MB（兆字节）=1024KB（千字节）

1GB（吉字节）=1024MB（兆字节）

字长：字长也称为字或计算机字，它是计算机能并行处理的二进制数的位数。

17．B

评析：所谓计算机网络是指分布在不同地理位置上的具有独立功能的多个计算机系统，通过通信设备和通信线路相互连接起来，在网络软件的管理下实现数据传输和资源共享的系统，是计算机网络技术和通信技术相结合的产物。

18．B

评析：ASCII码是二进制代码，而ASCII码表的排列顺序是按十进制数，包括英文小写字母、英文大写字母、各种标点符号及专用符号、功能符等。字母K的十六进制码值4B转化为二进制ASCII码值为1001011，而1001000=1001011-011（3），比字母K的ASCII码值小3的是字母H，因此二进制ASCII码1001000对应的字符是H。

19．A

评析：显示器的主要技术指标是像素、分辨率和显示器的尺寸。

20．A

评析：计算机能直接识别、执行用机器语言编写的程序。

机器语言编写的程序执行效率是所有语言中最高的。

由于每台计算机的指令系统往往各不相同，所以，在一台计算机上执行的程序，要想在另一台计算机上执行，必须另编程序，不同型号的 CPU 不能使用相同的机器语言。

第53套题

1．C

评析：广域网也称为远程网，它所覆盖的地理范围从几十公里到几千公里。广域网的通信子网主要使用分组交换技术。

2．C

评析：优盘（也称 U 盘、闪盘）是一种可移动的数据存储工具，具有容量大、读写速度快、体积小、携带方便等特点。插入任何计算机的 USB 接口都可以使用。

3．D

评析：计算机病毒是一种通过自我复制进行传染的、破坏计算机程序和数据的小程序。在计算机运行过程中，它们能把自己精确拷贝或有修改地拷贝到其他程序中或某些硬件中，从而达到破坏其他程序及某些硬件的作用。

病毒可以通过读写 U 盘或 Internet 进行传播。一旦发现电脑染上病毒后，一定要及时清除，以免造成损失。清除病毒的方法有两种，一是手工清除，二是借助反病毒软件清除。

4．D

评析：字长是计算机一次能够处理的二进制数位数。常见的微机字长有 8 位、16 位和 32 位。

5．A

评析：RAM 又可分为静态 RAM（SRAM）和动态 RAM（DRAM）。静态 RAM 是利用其中触发器的两个稳态来表示所存储的“0”和“1”的。这类存储器集成度低、价格高，但存取速度快，常用来作高速缓冲存储器（Cache）。动态 RAM 则是用半导体器件中分布电容上有无电荷来表示“1”和“0”的。因为保存在分布电容上的电荷会随着电容器的漏电而逐渐消失，所以需要周期性地给电容充电，称为刷新。这类存储器集成度高、价格低，但由于要周期性地刷新，所以存取速度慢。

6．D

评析：将高级语言源程序翻译成目标程序的软件称为编译程序。

7．B

评析：ASCII 码是二进制代码，而 ASCII 码表的排列顺序是按十进制数，包括英文小写字母、英文大写字母、各种标点符号及专用符号、功能符等。字符 D 的 ASCII 码是 01000001＋11（3）＝01000100。

8．D

评析：信息处理是目前计算机应用最广泛的领域之一，信息处理是指用计算机对各种形式的信息（如文字、图像、声音等）收集、存储、加工、分析和传送的过程。

9．B

评析：常用的计算机系统技术指标为：运算速度、主频（即 CPU 内核工作的时钟频率）、字长、存储容量和数据传输速率。

10．B

评析：一个二进制位（bit）是构成存储器的最小单位。

11．C

评析：计算机的结构部件为：运算器、控制器、存储器、输入设备和输出设备。运算器、控制器、存储器是构成主机的主要部件，运算器和控制器又称为 CPU。

12．C

评析：$(11111)_2=1\times2^5+1\times2^4+1\times2^3+1\times2^2+1\times2^1+1\times2^0=63$。

13．B

评析：位图图像，亦称为点阵图像或绘制图像，是由称作像素（图片元素）的单个点组成的。矢量图是根据几何特性来绘制图形，矢量可以是一个点或一条线，矢量图只能靠软件生成，文件占用内存空间较小。

14．B

评析：显示器的主要性能指标为：像素与点距、分辨率与显示器的尺寸。

15．A

评析：机器语言编写的程序执行效率最高，高级语言编写的程序可读性最好，高级语言编写的程序（例如 Java）可移植性好。

16．C

评析：电子邮件是 Internet 最广泛使用的一种服务，任何用户存放在自己计算机上的电子信函可以通过 Internet 的电子邮件服务传递到另外的 Internet 用户的信箱中去。反之，你也可以收到从其他用户那里发来的电子邮件。发件人和收件人均必须有 E-mail 账号。

17．B

评析：通信技术具有扩展人的神经系统传递信息的功能。

18．A

评析：远程登录服务用于在网络环境下实现资源的共享。利用远程登录，用户可以把一台终端变成另一台主机的远程终端，从而使该主机允许外部用户使用任何资源。它采用 Telnet 协议，可以使多台计算机共同完成一个较大的任务。

19．B

评析：操作系统是系统软件的重要组成和核心，是最贴近硬件的系统软件，是用户同计算机的接口，用户通过操作系统操作计算机并使计算机充分实现其功能。

20．A

评析：计算机软件系统包括系统软件和应用软件，系统软件又包括解释程序、编译程序、监控管理程序、故障检测程序，还有操作系统等；应用软件是用户利用计算机以及它所提供的系统软件编制解决用户各种实际问题的程序。

C++编译程序属于系统软件；Excel 2003、学籍管理系统和财务管理系统属于应用软件。

第 54 套题

1．C

评析：a 的 ASCII 码值是 97，A 的 ASCII 码值是 65，空格的 ASCII 码值是 32，故 a>A>空格。

2．A

评析：用来度量计算机外部设备传输率的单位是 MB/s。MB/s 的含义是兆字节每秒，是指每秒传输的字节数量。

3．C

评析：字长是指微处理器能够直接处理二进制数的位数。1 个字节由 8 个二进制数位组成，因此 4 个字节由 32 个二进制数位组成。微机的字长是 4 个字节，即微处理器能够直接处理二进制数的位数为 32。

4．D

评析：计算机操作系统的作用是统一管理计算机系统的全部资源，合理组织计算机的工作流程，以充分发挥计算机资源的效能；为用户提供使用计算机的友好界面。

5．B

评析：汇编语言中使用了助记符号，用汇编语言编制的程序输入计算机，计算机不能像用机器语言编写的程序那样直接识别和执行，必须通过预先放入计算机的“汇编程序”进行加工和翻译，才能变成能够被计算机直接识别和处理的二进制代码程序。

对于不同型号的计算机，有着不同结构的汇编语言。因此汇编语言与 CPU 型号相关，但高级语言与 CPU 型号无关。

汇编语言编写复杂程序时，相对高级语言代码量较大，而且汇编语言依赖于具体的处理器体系结构，不能通用，因此不能直接在不同处理器体系结构之间移植。

6．A

评析：USB1.1 标准接口的传输率是 12Mb/s，而 USB2.0 的传输率为 480Mb/s；USB 接口即插即用，当前的计算机都配有 USB 接口；在 Windows 操作系统下，无需驱动程序，可以直接热插拔。

7．B

评析：在计算机中，指挥计算机完成某个基本操作的命令称为指令。所有的指令集合称为指令系统，直接用二进制代码表示指令系统的语言称为机器语言。

8．C

评析：电子商务是基于因特网的一种新的商业模式，其特征是商务活动在因特网上以数字化电子方式完成。

9．C

评析：优盘（也称 U 盘、闪盘）是一种可移动的数据存储工具，具有容量大、读写速度快、体积小、携带方便等特点。优盘有基本型、增强型和加密型三种。插入任何计算机的 USB 接口都可以使用。它还具备了防磁、防震、防潮等诸多特性，明显增强了数据的安全性。优盘的性能稳定，数据传输高速高效；较强的抗震性能可使数据传输不受干扰。

10．B

评析：在计算机中通常使用三个数据单位：位、字节和字。位的概念是：最小的存储单位，英文名称是 bit，常用小写 b 或 bit 表示。用 8 位二进制数作为表示字符和数字的基本单元，英文名称是 byte，称为字节。通常用 B 表示。

1B（字节）=8b（位）

1KB（千字节）=1024B（字节）

字长：字长也称为字或计算机字，它是计算机能并行处理的二进制数的位数。

11．C

评析：数字图像保存在存储器中时，其数据文件的格式繁多，PC 上常用的就有：JPEG 格式、BMP 格式、GIF 格式、TIFF 格式、PNG 格式。以.jpg 为扩展名的文件为 JPEG 格式图像文件。

12．C

评析：计算机病毒是一种特殊的具有破坏性的恶意计算机程序，它具有自我复制能力，可通过非授权入侵而隐藏在可执行程序或数据文件中。当计算机运行时源病毒能把自身精确拷贝或者有修改地拷贝到其他程序体内，影响和破坏正常程序的执行和数据的正确性。

13．A

评析：注意本题的要求是“完全”属于“外部设备”的一组。一个完整的计算机包括硬件系统和软件系统，其中硬件系统包括中央处理器、存储器、输入输出设备。输入输出设备就是常说的外部设备，主要包括键盘、鼠标、显示器、打印机、扫描仪、数字化仪、光笔、触摸屏、条形码读入器、绘图仪、移动存储设备等。

14．B

评析：不间断电源（UPS）总是直接从电池向计算机供电，当停电时，文件服务器可使用 UPS 提供的电源继续工作，UPS 中包含一个变流器，它可以将电池中的直流电转成纯正的正弦交流电供给计算机使用。

15．C

评析：光纤的传输优点为：频带宽、损耗低、重量轻、抗干扰能力强、保真度高、工作性能可靠、成本不断下降。1000BASE-LX 标准使用的是波长为 1300 米的单模光纤，光纤长度可以达到 3000m；1000BASE-SX 标准使用的是波长为 850 米的多模光纤，光纤长度可以达到 300m～550m。

16．C

评析：服务器：局域网中，一种运行管理软件以控制对网络或网络资源（磁盘驱动器、打印机等）进行访问的计算机，并能够为在网络上的计算机提供资源使其犹如工作站那样地进行操作。

工作站：是一种以个人计算机和分布式网络计算为基础，主要面向专业应用领域，具备强大的数据运算与图形、图像处理能力，为满足工程设计、动画制作、科学研究、软件开发、金融管理、信息服务、模拟仿真等专业领域而设计开发的高性能计算机。

网桥：一种在链路层实现中继，常用于连接两个或更多个局域网的网络互连设备。

网关：在采用不同体系结构或协议的网络之间进行互通时，用于提供协议转换、路由选择、数据交换等网络兼容功能的设施。

17．C

评析：IP 地址由 32 位二进制数组成（占 4 个字节），也可用十进制数表示，每个字节之间用“.”分隔开。每个字节内的数值范围可从 0～255。

18．A

评析：八进制是用 0～7 的字符来表示数值的方法。

19．D

评析：电子邮件地址一般由用户名、主机名和域名组成，如 Xiyinliu@publicl.tpt.tj.cn，其中，@前面是用户名，@后面依次是主机名、机构名、机构性质代码和国家代码。

20．B

评析：PowerPoint 2003 属于应用软件，而 Windows XP、UNIX 和 Linux 属于系统软件。

第 55 套题

1．C

评析：一个高级语言源程序必须经过“编译”和“链接装配”两步后才能成为可执行的机器语言程序。

2．A

评析：计算机病毒是一个程序、一段可执行代码。它对计算机的正常使用进行破坏，使得计算机无法正常使用，甚至整个操作系统或者硬盘损坏。

3．C

评析：计算机系统由运算器、存储器、控制器、输入设备、输出设备等五大部件组成。通常将运算器和控制器合称为中央处理器。

4．D

评析：一台计算机可以安装多个操作系统，安装的时候需要先安装低版本，再安装高版本。

5．D

评析：a 的 ASCII 码值为 97，Z 的码值为 90，8 的码值为 56。

6．B

评析：wav 为微软公司开发的一种声音文件格式，它符合 RIFF 文件规范，用于保存 Windows 平台的音频信息资源，被 Windows 平台及其应用程序所广泛支持。

7．B

评析：时钟主频指 CPU 的时钟频率，它的高低在一定程度上决定了计算机速度的高低。

8．A

评析：硬盘、软盘和光盘存储器等都属于外部存储器，它们不是主机的组成部分。主机由 CPU 和内存组成。

9．B

评析：主频是指在计算机系统中控制微处理器运算速度的时钟频率，它在很大程度上决定了微处理器的运算速度。一般来说，主频越高，运算速度就越快。

10．A

评析：单击“开始-所有程序-附件-计算器-查看-科学型”。

11．A

评析：总线型拓扑的网络中各个结点由一根总线相连，数据在总线上由一个结点传向另一个结点。

12．C

评析：嵌入式系统是将先进的计算机技术、半导体技术、电子技术和各个行业的具体应用相结合后的产物，这一点就决定了它必然是一个技术密集、资金密集、高度分散、不断创新的知识集成系统。

13．C

评析： 将目标程序（.OBJ）转换成可执行文件（.EXE）的程序称为链接程序。

14．B

评析： 根据 Internet 的域名代码规定，域名中的 net 表示网络中心，com 表示商业组织，gov 表示政府部门，org 表示其他组织。

15．C

评析： 做此种类型的题可以把不同进制数转换为同一进制数来进行比较，由于十进制数是自然语言的表示方法，所以大多把不同的进制转换为十进制。就本题而言，选项 A 可以根据二进制转换十进制的方法进行转换，即 1*2^7+1*2^6+0*2^5+1*2^4+1*2^3+0*2^2+0*2^1+1*2^0=217；选项 C 可以根据八进制转换成二进制，再由二进制转换成十进制，也可以由八进制直接转换成十进制，即 3*8^1+7*8^0=31；同理十六进制也可用同样的两种方法进行转换，即 2*16^1+A*16^0=42，从而比较 217>75>42>31，最小的一个数为 37（八进制）。

16．C

评析： 调制解调器是实现数字信号和模拟信号转换的设备。例如，当个人计算机通过电话线路连入 Internet 时，发送方的计算机发出的数字信号，要通过调制解调器转换成模拟信号在电话网上传输，接收方的计算机则要通过调制解调器，将传输过来的模拟信号转换成数字信号。

17．C

评析： 为了适应汉字信息交换的需要，我国于 1980 年制定了国家标准的 GB2312-80，即国标码。国标码中包含 6763 个汉字和 682 个非汉字的图形符号，其中常用一级汉字 3755 个和二级汉字 3008 个，一级汉字按字母顺序排列，二级汉字按部首顺序排列。

18．A

评析： RAM 分为静态 RAM（SRAM）和动态 RAM（DRAM）两大类。静态 RAM 存储器集成度低、价格高，但存取速度快；动态 RAM 集成度高、价格低，但由于要周期性地刷新，所以存取速度较 SRAM 慢。

19．A

评析： 显示器的参数：1024×768，它表示显示器的分辨率。

20．D

评析： 软件是指运行在计算机硬件上的程序、运行程序所需的数据和相关文档的总称。